R. D. Harrison

Datenbuch
Chemie Physik

R. D. Harrison (Hrsg.)

Datenbuch
Chemie Physik

Mit 144 Tabellen

Friedr. Vieweg & Sohn   Braunschweig / Wiesbaden

CIP-Kurztitelaufnahme der Deutschen Bibliothek

Datenbuch Chemie, Physik / R. D. Harrison (Hrsg.).
[Übers.: Uta Kellner]. – Braunschweig; Wiesbaden:
Vieweg, 1982.
  (Vieweg-Studium; 49: Basiswissen)
  Einheitssacht.: Book of data ⟨dt.⟩

NE: Harrison, R. D. [Hrsg.]; EST; GT

Titel der Originalausgabe: Book of Data

erschienen im Verlag:

Longman Group Ltd., London 1972
© der englischen Ausgabe: The Nuffield Foundation 1972

Übersetzung: *Uta Kellner,* Regensburg
Verlagsredaktion: *Alfred Schubert*

Satz: Friedr. Vieweg & Sohn, Braunschweig

ISBN-13: 978-3-528-07249-0   e-ISBN-13: 978-3-322-88777-1
DOI: 10.1007/978-3-322-88777-1

Inhaltsverzeichnis

Einleitung

Lange hatte ich schon erwogen, eine moderne Sammlung grundlegender physikalischer Daten in SI-Einheiten herauszugeben, die meine Studenten neben der
Vorlesung und bei Übungen benutzen können. Deshalb war ich sehr erfreut, als ich
von der Nuffield Foundation gebeten wurde, ein solches Werk zusammenzustellen
und herauszugeben: Es war eine Arbeit, die mir sehr am Herzen lag.

Die Auswahl der Daten stellte mich vor einige Probleme. Die Daten sollten nicht zu
eng an die Anforderungen einzelner Kurse gebunden sein; die Studenten, die andere
Kurse besuchen, benötigen ebenfalls Daten. Deshalb entschloß ich mich, so viele
Daten wie möglich aufzunehmen, in der Hoffnung, daß diese Flexibilität zukünftige
Entwicklungen ermöglicht und damit spätere Umarbeitungen erspart. Ich habe auch
Daten aufgenommen, die mehr für die Anfänge der akademischen Ausbildung
geeignet sind, um einen möglichst breiten Leserkreis anzusprechen. Durch ständigen
Bezug auf numerische Daten lernen die Studenten, kritisch gegenüber Theorie und
Experiment zu sein. Indem sie lernen, mehr mit tabellierten Daten zu arbeiten,
als Fakten dem Gedächtnis anzuvertrauen, haben sie eher eine Chance, mit der
wachsenden Informationsflut fertig zu werden. Ich hoffe, daß dieses Buch diese
Entwicklung fördern wird.

Gleichzeitig habe ich mich bemüht, Daten zu allen interessanten Eigenschaften von
wichtigen Stoffen aufzunehmen und habe diese mehr nach Stoffen als nach Eigenschaften geordnet, um eine Übersicht über die verschiedenen heute wichtigen
Materialtypen zu geben.

Die meisten Daten wurden auf drei Stellen gerundet, da diese Genauigkeit im
allgemeinen ausreicht, meist ist es sogar Zeitverschwendung, mit größerer Genauigkeit zu rechnen, denn mehr signifikante Stellen sind oft zweifelhaft. Sogar für diesen
Genauigkeitsgrad erwies es sich als bemerkenswert schwierig, zuverlässige Daten
zu erhalten. Die Informationen wurden bestehenden Tabellen und Handbüchern
entnommen und in SI-Einheiten umgerechnet. Das enthüllte eine erstaunlich große
Anzahl von mehr als trivialen Diskrepanzen. Ein Verzeichnis der Quellen ist am
Ende des Buches angegeben.

Erklärungen wurden auf ein Minimum beschränkt. Die Notation folgt neuesten
internationalen Empfehlungen und ist klar und leicht zu benutzen.

Ich bin dem Newcastle-upon-Tyne Polytechnikum dankbar für die Erlaubnis, diese Arbeit teilweise während der Arbeitszeit durchzuführen und den Computer des Polytechnikums und andere Arbeitsmittel zu benutzen. Es ist mir ein Vergnügen, für die bei der Vorbereitung möglicher Tabellen erhaltene Hilfe von zahlreichen Freunden, Kollegen, Studenten, Technikern und den Teams der Nuffield Hauptstellen, Anerkennung auszusprechen, unter ihnen B. Britton, T. Burns, R. Day, A. E. Dodd (British Ceramic Research Association), P. J. Doyle (British Glass Industry Research Association), Sister D. Furtado, R. F. Hearman (Forest Products Research Laboratory), E. Henshall, R. Hodgson, D. J. Hucknall, J. A. Hunter, L. V. Kite, T. R. Manley, G. G. Matthews, T. Priest (Exeter University), P. Pullar-Strecker (C.I.R.I.A.), P. Roe, I. S. Simpson, J. Thompson, B. Tunnard, R. W. Tyler, and Miss C. A. Wigglesworth. Mein besonderer Dank gilt Professor M. L. McGlashan, der sich große Mühe machte, den korrekten Gebrauch der neuen Konventionen anzuleiten. Die übriggebliebenen Fehler sind mir allein zuzuschreiben. Mrs. E. Hadwin tippte den Großteil des Manuskriptes und Miss. M. Nicholson lochte die Computerkarten.

Trotz der Sorgfalt, die zur Ausmerzung von Fehlern verwendet wurde, ist es unvermeidlich, daß eine Anzahl von Fehlern in einem Werk dieser Art verblieben sein wird. Ich bin allen Lesern dankbar, die Fehler aufzeigen oder Vorschläge für die Verbesserung zukünftiger Auflagen machen.

R. D. Harrison
The Open University

Wie man mit dem Buch arbeitet

Im Inhaltsverzeichnis sind alle Tabellenüberschriften aufgeführt. Jede Tabelle (oder Reihe von zusammengehörigen Tabellen) hat einen Buchstabenkode, der in der rechten oberen Ecke auf jeder rechten Seite abgedruckt ist, z. B. **PTO** für die Tabelle „Physikalische, thermochemische und andere Eigenschaften organischer Verbindungen".

Die meisten Tabellen sind nach Gruppen ähnlicher oder verwandter Substanzen zusammengestellt, nicht nach Eigenschaften. Zum Beispiel findet man die Dichte von Cadmiumoxid in der Tabelle „Physikalische, thermochemische und andere Eigenschaften anorganischer Verbindungen" **PTA**. Die *Symbole* der aufgeführten Größen sind am Kopf der ersten Seite der Tabelle angegeben und in der Einführung zur Tabelle erläutert. Die *Einheiten* sind am Kopf jeder Spalte angegeben.

Eintragungen in den Tabellen, die nicht direkt der Definition im Kopf der Spalte entsprechen, sind im allgemeinen fett gedruckt und durch Indizes gekennzeichnet. Wo keine geeigneten Daten gefunden werden konnten, sind die entsprechenden Stellen freigelassen. Wo es keine entsprechenden Daten gibt (z. B. Halbwertszeit eines stabilen Nuklids), steht ein Gedankenstrich. Mit * gekennzeichnete Eintragungen bedeuten Werte, die zwischen Proben variieren. Bei Eintragungen mit einem † variieren die Angaben in den Quellen; Eintragungen mit‡ werden in den Quellen als unsicher angegeben. Die benutzten Quellen sind als Fußnoten zu jeder Tabelle aufgelistet — ihnen können weitere Einzelheiten entnommen werden.

SI-Einheiten

Das Internationale Einheitensystem, abgekürzt SI (Système International d'Unités), bildet ein zusammen-hängendes Einheitensystem, das auf sieben Basiseinheiten (Meter, Kilogramm, Sekunde, Ampere, Kelvin, Mol und Candela) und zwei ergänzenden SI-Einheiten (Radiant und Steradiant) basiert. Es wird in der ganzen Welt anerkannt und soll für Maße in allen Zweigen von Wissenschaft, Technologie, Industrie und Handel ebenso wie im Alltagsleben benutzt werden. Die großen Vorteile des SI gegenüber früheren Maßsystemen, wie dem Britischen System (foot, pound, second) und dem früheren metrischen System (Zentimeter, Gramm, Sekunde), sind, daß es vollkommen dezimal und völlig kohärent ist. Dies vereinfacht Rechnungen, die auf Maßen beruhen, wesentlich. Mit kohärent meint man, daß alle abgeleiteten Einheiten durch einfache Multiplikation oder Division aus den Basiseinheiten gebildet werden, ohne Einführung eines numerischen Faktors, nicht einmal einer Zehnerpotenz. Wenn daher Maße ausgedrückt in Basiseinheiten von SI in eine Gleichung eingesetzt werden, erhält man das Ergebnis automatisch in der entsprechenden Basiseinheit von SI.

Einheitennamen und Symbole

Namen wie „Meter" oder „Coulomb" sind Einheitennamen und werden in Sätzen wie gewöhnliche Substantive gebraucht. Wir schreiben „zwanzig Coulomb" oder „20 Coulomb", „ein Zehntel Coulomb" oder „0,1 Coulomb". Alle Einheitennamen werden groß geschrieben. Zwischen eine Zahl und einen Einheitennamen wird ein Bindestrich gesetzt, also ein „Fünf-Liter-Kolben".

Einheitenzeichen wie m oder C bedeuten jeweils ein Meter Länge oder ein Coulomb Ladung. Sie können mit Zahlen multipliziert werden, so daß 5 m fünf mal ein Meter, und 0,1 C ein Zehntel mal ein Coulomb bedeutet. Sie können auch mit anderen Symbolen multipliziert oder dividiert werden, zum Beispiel m^2, Nm (oder $N \cdot m$), ms^{-1} (oder m/s), $Wm^{-2}K^{-4}$ (oder $W/(m^2K^4)$), aber *nicht* $W/m^2/K^4$. – Erkennen Sie den Grund?

Einheitenzeichen werden algebraisch benutzt und folgen allen gebräuchlichen Regeln der Algebra. Insbesondere ist kein Punkt notwendig (um eine Abkürzung zu kennzeichnen) oder ein s (um den Plural zu kennzeichnen), da sie, obwohl es so aussieht, *keine* Abkürzungen sind. Symbole für Einheiten, die nach einem Mann oder einer Frau benannt sind, beginnen mit einem Großbuchstaben.

Vorsätze (siehe folgende Seite) können benutzt werden, um dezimale Teile oder Vielfache von Einheiten anzuzeigen. Der Vorsatz und das Einheitenzeichen zusammen bilden ein abgebraisches Symbol. Also bedeutet km 1000 m, km^{-2} bedeutet $(1000 m)^{-2}$ oder $10^{-6} m^{-2}$. mN bedeutet ein Tausendstel eines Newton. Wir müssen dies sorgfältig von m N unterscheiden, was bedeuten würde Meter multipliziert mit Newton – es ist sicherer Nm oder $N \cdot m$ zu schreiben. Bei einer Einheit mit eigenem Namen darf nicht mehr als ein Vorsatz verwendet werden. Es ist normalerweise am günstigsten, den Vorsatz so zu wählen, daß die Zahl, mit der die Einheit multipliziert werden soll, im Bereich zwischen 0,1 und 999,9 liegt.
Vergessen Sie nicht, den Multiplikator in Zehnerpotenzen zu schreiben, bevor Sie einen Wert in eine Gleichung einsetzen.

Das ist eine häufige Fehlerquelle. Wenn Sie diesen Fehler oft machen, sollten Sie den Gebrauch von Vorsätzen überhaupt vermeiden.

Dimensionslose Zahlen können durch Division eines Größensymbols mit einem geeigneten Einheitenzeichen entstehen. Anstatt $l = 5$ m, wobei l eine Länge darstellt, kann man $l/m = 5$ schreiben, so daß die rechte Seite keine Einheit enthält. Dieser Trick ist nützlich in Köpfen von Tabellen (siehe fast jede Seite dieses Buches), für die Beschriftung der Achsen eines Graphen, und um empirische Gleichungen zu schreiben (s. S. 35, NUK).

Manchmal ist es angebracht, eine Zehnerpotenz oder eine andere Zahl in den Divisor einzuschließen, um den Zahlen brauchbare Werte zu geben. Die Achse eines Graphen könnte also mit $l/(10^4 m)$ beschriftet werden, um den Werten den Bereich von 1 bis 10 zu geben.

Temperatur: Die SI-Einheit ist Kelvin, das Zeichen K (nicht °K); aber im allgemeinen wird für praktische Messungen die Celsius-Skala benutzt. 273 K ist ungefähr 0 °C (beachten Sie den Abstand zwischen der Null und dem Grad-Zeichen). Der Name Zentigrad sollte vermieden werden, da dieses Wort eine Winkeleinheit darstellt.

Das **Meter** ist das 1 650 763,73fache der Wellenlänge der vom Atom des Nuklids ^{86}Kr beim Übergang vom Zustand 5 d$_5$ [3]) zum Zustand 2 p$_{10}$ ausgesandten, sich im Vakuum ausbreitenden Strahlung.

Einheitenzeichen: m

Das **Kilogramm** ist die Masse des Internationalen Kilogrammprototyps. *Einheitenzeichen:* kg

Die **Sekunde** ist das 9 192 631 770fache der Periodendauer der dem Übergang zwischen den Hyperfeinstrukturniveaus des Grundzustands des Atoms des Nuklids ^{133}Cs entsprechenden Strahlung.

Einheitenzeichen: s

Das **Ampere** ist die Stärke eines konstanten elektrischen Stromes, der, durch zwei parallele, geradlinige, unendlich lange und im Vakuum im Abstand von 1 Meter voneinander angeordnete Leiter von vernachlässigbar kleinem, kreisförmigen Querschnitt fließend, zwischen diesen Leitern je 1 Meter Leiterlänge die Kraft $2 \cdot 10^{-7}$ Newton hervorrufen würde.

Einheitenzeichen: A

Das **Kelvin**, die Einheit der thermodynamischen Temperatur, ist der 273,16te Teil der thermodynamischen Temperatur des Tripelpunktes des Wassers.

Einheitenzeichen: K

Das **Mol** ist die Stoffmenge eines Systems, das aus ebensoviel Einzelteilchen besteht, wie Atome in 0,012 Kilogramm des Kohlenstoffnuklids ^{12}C enthalten sind. Bei Benutzung des Mols müssen die Einzelteilchen spezifiziert sein und können Atome, Moleküle, Ionen, Elektronen sowie andere Teilchen oder Gruppen solcher Teilchen genau angegebener Zusammensetzung sein.

Einheitenzeichen: mol

Die **Candela** ist die Lichtstärke in senkrechter Richtung von einer 1/600 000 Quadratmeter großen Oberfläche eines Schwarzen Strahlers bei der Temperatur des beim Druck 101 325 Newton durch Quadratmeter erstarrenden Platins.

Einheitenzeichen: cd

Der **Radiant** ist der ebene Winkel zwischen zwei Radien eines Kreises, die aus dem Kreisumfang einen Bogen von der Länge des Radius ausschneiden.

Einheitenzeichen: rad

Der **Steradiant** ist der räumliche Winkel, dessen Scheitelpunkt im Mittelpunkt einer Kugel liegt und der aus der Kugeloberfläche eine Fläche gleich der eines Quadrats von der Seitenlänge des Kugelradius ausschneidet.

Einheitenzeichen: sr

Multiplikative Vorsätze können zusammen mit jedem Einheitenzeichen verwendet werden, um dezimale Teile oder Vielfache zu bezeichnen.

10^{12}	Tera-	T	10^2	Hekto-[1])	h	10^{-3}	Milli-	m	10^{-15} Femto- f
10^9	Giga-	G	10	Deka-[1])	da	10^{-6}	Mikro-	μ	10^{-18} Atto- a
10^6	Mega-	M	10^{-1}	Dezi-[1])	d	10^{-9}	Nano-	n	
10^3	Kilo-	k	10^{-2}	Zenti-[1])	c	10^{-12}	Piko-	p	

Einheiten mit besonderen SI-Namen

Frequenz	Hertz[2])	Hz	$= \mathrm{s}^{-1}$
Kraft	Newton	N	$= \mathrm{kg\,m\,s}^{-2}$
Energie	Joule	J	$= \mathrm{kg\,m^2\,s}^{-2}$
Leistung	Watt	W	$= \mathrm{kg\,m^2\,s}^{-3}$
Lichtstrom	Lumen	lm	$= \mathrm{cd\,sr}$
Beleuchtungsstärke	Lux	lx	$= \mathrm{cd\,sr\,m}^{-2}$
Druck	Pascal	Pa	$= \mathrm{kg\,m}^{-1}\,\mathrm{s}^{-2}$
Elektrische Ladung	Coulomb	C	$= \mathrm{As}$
Elektrische Spannung	Volt	V	$= \mathrm{kg\,m^2\,s}^{-3}\,\mathrm{A}^{-1}$
Widerstand (elektrisch)	Ohm	Ω	$= \mathrm{kg\,m^2\,s}^{-3}\,\mathrm{A}^{-2}$
Kapazität (elektrisch)	Farad	F	$= \mathrm{A^2\,s^4\,kg}^{-1}\,\mathrm{m}^{-2}$
Magnetischer Fluß	Weber	Wb	$= \mathrm{kg\,m^2\,s}^{-2}\,\mathrm{A}^{-1}$
Flußdichte (magnetisch)	Tesla	T	$= \mathrm{kg\,s}^{-2}\,\mathrm{A}^{-1}$
Induktivität	Henry	H	$= \mathrm{kg}^{+1}\,\mathrm{m}^{+2}\,\mathrm{s}^{-2}\,\mathrm{A}^{-2}$
Leitwert (elektrisch)	Siemens	S	$= \Omega^{-1} = \mathrm{kg}^{-1}\,\mathrm{m}^{-2}\,\mathrm{s}^3\,\mathrm{A}^2$

Anmerkungen

[1]) Diese Vorsilben sollten in wissenschaftlichen Arbeiten nur benutzt werden, wo sie bereits gut bekannt sind, z.B. cm, dm^3 usw.: mm ist cm bei Maßangaben von Laborausrüstung usw. vorzuziehen.

[2]) Einige Autoren geben an, daß Hz nur benutzt werden sollte, wenn es sich um periodische Phänomene handelt, nicht aber beispielsweise für radioaktive Zählraten.

[3]) Dies ist die spektroskopische Schreibweise, um anzugeben, welche Spektrallinie benutzt wird.

Literaturhinweis: R 15, R 60, R 80.

Physikalische Größen, empfohlene Symbole und SI-Einheiten

Eine physikalische Größe kann durch ein algebraisches Symbol, bestehend aus einem Buchstaben darge-
stellt werden, wie l für eine Länge oder I für einen Strom. So weit als möglich sollte man für jede physikalische Größe immer die international empfohlenen Symbole (unten aufgelistet) verwenden, damit
Formeln, usw. leichter zu erkennen sind. Die Tabelle gibt auch die entsprechenden SI-Einheiten (Einheiten ohne Vorsatz) für die Größe an. Wenn Sie irgendwelche Schwierigkeiten bei der Interpretation
oder Benutzung von Größensymbolen haben, können die folgenden Bemerkungen nützlich sein.

Schriftsatz

Größensymbole sind allgemein in Kursiv (Schräg)-Schrift *gedruckt*, um sie leichter von mathematischen
Konstanten, Einheitssymbolen und Symbolen für chemische Elemente zu unterscheiden, die alle in
Steilschrift gedruckt sind. Vektorgrößen sind fett gedruckt.

Definitionen

Ein Größensymbol sollte immer präzis definiert werden, wenn es das erste Mal benutzt wird, da seine
Bedeutung nicht notwendigerweise vom Leser erraten werden kann und jeder Buchstabe des Alphabets
für mehrere verschiedene Größen in verschiedenen Zusammenhängen benutzt wird. Es gibt eine Anzahl
von Möglichkeiten, über Schwierigkeiten hinwegzukommen, die entstehen, wenn alle Buchstaben des
griechischen und lateinischen Alphabets verbraucht sind. Manchmal gibt es alternativ empfohlene Buchstaben. Manchmal kann man einen kleinen Buchstaben anstelle des entsprechenden großen verwenden,
oder umgekehrt. Im allgemeinen aber ist es notwendig, Unterscheidungszeichen den Buchstaben beizu-
fügen.

Unterscheidungszeichen

1. Numerische (untere) Indizes: U_1, U_2 und U_3 für die Spannung dreier Zellen.
2. Alphabetische untere Indizes: ρ_m für Massendichte und ρ_e für Ladungsdichte; $C_{V,m}$ für molare
   Wärmekapazität bei konstantem Volumen.
3. Klammern: ρ (Luft) und ρ (Wasser) für die Dichten von Luft und Wasser.
4. Standardindizes (oben):

   G Fl F Kr wss   gasförmiger, flüssiger, fester oder kristalliner Zustand oder wäßrige Lösung

   $\ominus$ Standardzustand, der definiert werden muß (sehr oft bedeutet dies 298 K und 101 kPa
   (1 atm) Druck)

   $\cdot$ reine Substanz

   $+-$ positives oder negatives Ion, oder Elektrode

5. Standardindizes (unten):

   ∞ Grenzwert bei unendlicher Verdünnung

   c   kritischer Zustand oder kritischer Wert

   B Z V Sb U Vd   Bildung, Zerfall, Verdampfen, Sublimation, Umwandlung oder Verdünnung
   F S   werden in diesem Buch benutzt, um normales Schmelzen und Sieden darzustellen.

Spezielle Werte

Ein Symbol wie ρ wird benutzt, um Dichte im allgemeinen anzugeben. Wenn man sich auf die Dichte
von Luft bei bestimmter Temperatur und bestimmtem Druck beziehen will, kann man dies in Klammern hinter dem Symbol angeben; z.B. ρ (Luft, 273 K, 101 kPa). Das ist zu umständlich, um es wieder-
holt in Gleichungen zu schreiben; deshalb einfacher: $\rho_a^{\ominus}$, *in einem getrennten Satz festzulegen*, daß $\rho_a^{\ominus}$
die Dichte von Luft bei einer Temperatur von 273 K und einem Druck von 101 kPa bedeutet.

Thermodynamische Größen

Es gibt eine spezielle Konvention, die unterscheiden hilft, ob das, worauf Bezug genommen ist, eine Ge-
samtmenge für das System, eine molare Größe oder eine spezifische* Größe ist. „Molar" bedeutet „dividiert durch die Substanzmenge" und „spezifisch" bedeutet „dividiert durch die Masse". Das heißt, die
Einheiten sind je nachdem … pro Mol oder … pro Kilogramm.

---

* Beachten Sie, daß spezifisch in keinem anderen Sinn verwendet werden sollte. Spezifisches Gewicht
ist veraltet; benutzen Sie: relative Dichte.

Literaturhinweis: R 15, R 60.

Großbuchstaben beziehen sich auf Gesamtmengen: z.B. H für die gesamte Enthalpie, C für die gesamte Wärmekapazität.

Großbuchstaben mit unterem Index $_m$ beziehen sich auf molare Größen: z.B. H_m für molare Enthalpie, C_m für molare Wärmekapazität. (Aber in vielen Fällen wird der Index $_m$ weggelassen, wenn bereits festgelegt wurde, daß molare Größen gemeint sind)

Großbuchstaben mit dem unteren Index $_B$ (wobei $_B$ eine chemische Spezies bedeutet) kennzeichnen die spezielle molare Größe: z.B., H_{Al} für die spezielle molare Enthalpie von Aluminium.

Die entsprechenden Kleinbuchstaben stehen für spezifische Größen: z.B. h für spezifische Enthalpie, c für spezifische Wärmekapazität (nicht spezifische Wärme). Man merke sich, daß c_p für spezifische Wärmekapazität bei konstantem Druck steht; und c_V für spezifische Wärmekapazität bei konstantem Volumen.

Einheiten und physikalische Größen

Ein Größensymbol wie l bedeutet eine Länge (z.B. von einem Stab) ohne Rücksicht auf die Einheiten, in denen die Länge gemessen ist. Also kann man schreiben $l = 1$ cm $= 0,01$ m; d.h. l ist nicht allein eine Zahl, sondern eine Zahl multipliziert mit einer Einheit. Es ist deshalb algebraisch unkorrekt, l cm zu schreiben (was tatsächlich eine Fläche darstellen würde, nämlich eine Länge l multipliziert mit einer Länge 1 cm). Will man sich an die entsprechenden SI-Einheiten für eine spezielle Größe erinnern, so sollte man das in einer getrennten Anmerkung tun; z.B., die Selbstinduktion der Spule ist L (L wird in Henry gemessen).

Zu vermeiden sind auch Gleichungen, die von Einheiten abhängige Zahlen enthalten. Z.B. Druck $= 1,33 \cdot 10^5 h$ Pa; dabei ist nicht geklärt, was zu tun ist, wenn h in Meter gemessen wird. Besser: $p = h k$, wobei p Druck, h Wasserhöhe bedeutet und $k = 1,33 \cdot 10^5$ Nm^{-3}. Oder alternativ: $p = 1,33 \cdot 10^5 (h/m)$ Pa, wobei h/m eine dimensionslose Größe ist. Das ist eine gebräuchliche Art, empirische Gleichungen zu schreiben (siehe Seite 4).

Ein allgemeiner Punkt

Es ist umständlich, algebraische Operationen in Worten oder Abkürzungen auszudrücken. Besser:
$p = \rho g h$, wobei p Druck, ..., bedeutet, *als* Druck $= \rho g h$.
$V^{3/2}$, wobei V Potentialdifferenz bedeutet, *als* (P.D.)$^{3/2}$.
Quadratmeter *als* Meter^2.

Das griechische Alphabet

Buchstabe		Name	Buchstabe		Name	Buchstabe		Name
A	α	Alpha	I	ι	Jota	P	ρ	Rho
B	β	Beta	K	κ	Kappa	Σ	σ	Sigma
Γ	γ	Gamma	Λ	λ	Lambda	T	τ	Tau
Δ	δ	Delta	M	μ	My	Υ	υ	Ypsilon
E	ϵ	Epsilon	N	ν	Ny	Φ	$\phi\,\varphi$	Phi
Z	ζ	Zeta	Ξ	ξ	Ksi	X	χ	Chi
H	η	Eta	O	o	Omikron	Ψ	ψ	Psi
Θ	$\theta\,\vartheta$	Theta	Π	π	Pi	Ω	ω	Omega

Physikalische Größen, empfohlene Symbole und SI-Einheiten

	Größe	Symbol	SI-Einheit
1	Absorptionsgrad (Strahlung)	α	—
2	Absorptionsgrad (akustisch)	α_a	—
3	Abweichungswinkel	D	rad[A]
4	Aktivierungsenergie	$E, E^\ddagger$	$J\,mol^{-1}$
5	Aktivität (radioaktiv)	A	s^{-1}
6	Aktivitätskoeffizient der Substanz B	F_B, γ_B, y_B	—
7	Amplitude	a oder x_0 usw.	sachgemäß
8	Arbeit	W, A	J
9	Atomordnungszahl	Z	
10	Ausdehnungskoeffizient kubischer	α_V, γ	K^{-1}
11	Ausdehnungskoeffizient, linearer	α, α_1	K^{-1}
12	Austrittsarbeit, Anregungsstärke	ϕ	V
13	Avogadro-Konstante	N_A, L	mol^{-1}
14	Bahndrehimpuls	b, p_θ, L	$J\,s$
15	Beschleunigung	a	$m\,s^{-2}$
16	Beschleunigung, Fall-	g	$m\,s^{-2}$
17	Beschleunigung, Winkel-	α	$rad\,s^{-2}$
18	Bildweite	v	m
19	Boltzmann-Konstante	k	$J\,K^{-1}$
20	Bragg-Winkel	θ	rad[A]
21	Brechzahl	n	—
22	Breite	b	m
23	Brennweite	f	m
24	Dämpfungskoeffizient (Teilchen)	α	m^{-1}
25	Dichte	ρ	$kg\,m^{-3}$
26	Dicke	d, δ	m
27	Dielektrizitätskonstante (Permittivität)	ϵ	$F\,m^{-1}$
28	Dielektrizitätszahl (Permittivitätszahl)	ϵ_r	—
29	Dielektrizitätskonstante des leeren Raumes (elektrische Feldkonstante)	ϵ_0	$F\,m^{-1}$
30	Dispersionsvermögen	σ	—
31	Dissoziationsgrad	α	—
32	Druck	p, P	$Pa\,(=N\,m^{-2})$
33	Durchlässigkeit (Transmissionsgrad)	τ	—
34	Durchmesser	d	m
35	Durchschnittsgeschwindigkeit	$\bar{v}, \bar{u}$	$m\,s^{-1}$
36	Eintrittswinkel	θ	rad[A]
37	Elastizitätsmodul,	E	$N\,m^{-2}$
38	elektrische Feldstärke	E	$V\,m^{-1}$
39	elektrische Flußdichte	D	$C\,m^{-2}$
40	elektrische Ladung	Q	C
41	elektrische Leitfähigkeit (Konduktivität)	γ, σ, κ	$S\,m^{-1}$
42	elektrische Polarisation	P	$C\,m^{-2}$
43	elektrische Spannung, elektrische Potentialdifferenz	U	V
44	elektrische Stromdichte	J, S	$A\,m^{-2}$
45	elektrische Suszeptibilität	χ_e, χ	—
46	elektrische Verschiebung	D	$C\,m^{-2}$
47	elektrischer Fluß	Ψ, Ψ_e	C
48	elektrischer Strom	I	A

[A] In der Praxis wird im allgemeinen in Grad (°) gemessen.

	Größe	Symbol	SI-Einheit
49	elektrisches Dipolmoment	p, p_e	$C\,m$
50	elektrisches Potential	φ	V
51	elektromagnetisches Moment	m	$A\,m^2$
52	elektromotorische Kraft	E	V
53	Elektronenmasse	m_e	kg
54	Elementarladung	e	C
55	Emissionsgrad	ϵ	—
56	Energie	E, W	J
57	Energie, innere (von Gas)	U	J
58	Energie, kinetische	E_k, W_k	J
59	Energie, potentielle	E_p, W_p	J
60	Energie, Strahlungs-	Q_e, W	J
61	Enthalpie	H	J
62	Entropie	S	$J\,K^{-1}$
63	Faraday-Konstante	F, g_F	$C\,mol^{-1}$
64	Feldstärke, elektrische	E	$V\,m^{-1}$
65	Feldstärke, magnetische	H	$A\,m^{-1}$
66	Fläche	A, S	m^2
67	freie Energie	F	J
68	Frequenz	ν, f	Hz, s^{-1}
69	Frequenz, Kreis-	ω	s^{-1}
70	Frequenz, Rotations-, Drehzahl-	n	s^{-1}
71	Gegenseitige Induktivität	L_{12}	H
72	Geschwindigkeit	v, u	$m\,s^{-1}$
73	Geschwindigkeit von elektromagnetischen Wellen (Licht) im Vakuum	c	$m\,s^{-1}$
74	Gewichtskraft	G, F_G	N
75	Gitterabstand oder Spaltabstand	d	m
76	Gleichgewichtskonstante	K	sachgemäß
77	Gravitationskonstante	f, G	$N\,m^2\,kg^{-2}$
78	Halbwertszeit (radioaktiv)	$T_{\frac{1}{2}}$	s
79	Hall-Koeffizient	R_H	$m^3\,C^{-1}$
80	Helmholtzsche freie Energie	F	J
81	Höhe	h	m
82	Impedanz	Z	Ω
83	Impuls	p, I	$kg\,m\,s^{-1}$
84	innere Energie	U	J
85	Intensität des Gravitationsfeldes	g	$N\,kg^{-1} = m\,s^{-2}$
86	Ionenstärke	I	$mol\,kg^{-1}$
87	Kapazität	C	F
88	kinetische Energie	E_k, W_k	J
89	Kompressibilität	κ, χ	$m^2\,N^{-1}$
90	Kompressionsmodul	K	$N\,m^{-2}$
91	Konduktanz	G	$S = \Omega^{-1}$
92	Koordinate (kartesische)	x, y, z	m
93	Kraft	F	N
94	Kraftmoment, Drehmoment	M	$N\,m$
95	Ladungsdichte (Oberfläche)	σ	$C\,m^{-2}$
96	Ladungsdichte (Volumen)	ρ, η	$C\,m^{-3}$
97	Ladungszahl eines Ions	z_i	—
98	Länge	l	m
99	latente Wärme	$L, \Delta H$	J
100	Lautstärke, Schallintensität	J	$W\,m^{-2}$
101	Leistung	P	W
102	Leistungsfaktor	λ	—
103	Leitfähigkeit, elektrische	γ, σ, κ	$S\,m^{-1}$
104	Leitfähigkeit, thermische	λ	$W\,m^{-1}\,K^{-1}$
105	Leuchtdichte	L, L_v	$cd\,m^{-2}$
106	Lichtmenge	Q, Q_v	$lm\,s$
107	Lichtstärke	I, I_v	cd
108	Lichtstrom	Φ, Φ_v	lm
109	Linsenstärke, Brechwert von Linsen	D	$rad\,m^{-1}$

Physikalische Größen, empfohlene Symbole und SI-Einheiten — (Fortsetzung)

	Größe	Symbol	SI-Einheit		Größe	Symbol	SI-Einheit
110	magnetische Feldstärke	H	$A\,m^{-1}$	136	Oberflächenspannung	σ, γ	$N\,m^{-1}$
111	magnetische Flußdichte	B	T	137	Objektabstand	u	m
112	magnetische Polarisation	J, B_i	T	138	optischer Drehwinkel	α	rad[A]
113	magnetische Suszeptibilität	χ_m, κ	—	139	Ordnung von Reflexion oder Interferenz	n	—
114	magnetischer Fluß	Φ	Wb	140	osmotischer Druck	Π	Pa
115	magnetisches Moment	m	$A\,m^2$				
116	Magnetisierung	M, H_i	$A\,m^{-1}$	141	Paarmoment	T	N m
117	magnetomotorische Kraft	F_m	A	142	Packungsanteil	f	—
118	Masse	m	kg	143	Peltier-Koeffizient	Π	V
119	Masse eines Elektrons	m_e	kg	144	Periodendauer	T	s
120	Masse eines Neutrons	m_n	kg	145	Permeabilität des leeren Raumes; magnetische Feldkonstante	μ_0	$H\,m^{-1}$
121	Masse eines Protons	m_p	kg				
122	Massenüberschuß	Δ	kg	146	Permeabilität, magnetische	μ	$H\,m^{-1}$
123	Massenzahl	A	—	147	Permeabilität, relative, Permeabilitätszahl	μ_r	—
124	mittlere freie Weglänge	l, λ	m				
125	mittlere Lebensdauer (radioaktiv)	τ	s	148	Phasenwinkel	φ	rad (oder °)
126	Molalität	b, m	$mol\,kg^{-1}$	149	Plancksche Konstante	h	J s
127	molare Leitfähigkeit (Konduktanz)	Λ	$S\,m^2\,mol^{-1}$	150	Plancksche Konstante dividiert durch 2π	$\hbar$	J s
128	molare Masse einer Verbindung B	M_B	$kg\,mol^{-1}$	151	potentielle Energie	E_p, W_p	J
129	molare Masse eines Elements	M	$kg\,mol^{-1}$	152	Prismenwinkel	A	rad[A]
130	molares Volumen	V_m	$m^3\,mol^{-1}$	153	Protonenzahl	Z	—
131	Molekülanzahl	N	—				
132	Molekulargeschwindigkeit	v, u	$m\,s^{-1}$	154	Quantenzahl (Haupt-)	n	—
133	Molekularmasse	m	kg	155	Querdehnungszahl	μ, ν	—
134	Molenbruch einer Substanz B	x_B, y_B	—				
135	Neutronenzahl	N	—	156	Radius	r	m
				157	Raumwinkel	Ω, ω	sr
				158	Reaktanz, Blindwiderstand	X	Ω
				159	Reaktionen von $(n+1)$ter Ordnung, Geschwindigkeitskonstante	k, k_r	$m^{3n}mol^{-n}s^{-1}$

[A] In der Praxis wird im allgemeinen in Grad (°) gemessen.

Größe	Symbol	SI-Einheit
160 Reflexionsgrad	ρ	—
161 Reibungszahl	μ, f	—
162 relative Atommasse	A_r	—
163 Resistivität, spezifischer elektrischer Widerstand	ρ	$\Omega\,m$
164 Schallgeschwindigkeit	c	$m\,s^{-1}$
165 Scherungsanteil	γ	—
166 Schubmodul	G	$N\,m^{-2}$
167 Selbstinduktivität	L, L_{mn}	H
168 Spaltabstand oder Gitterabstand	d	m
169 Spannung, Normal-	σ	$N\,m^{-2}$
170 Spannung, Schub-	τ	$N\,m^{-2}$
171 Spannung, Volumen-	p	$N\,m^{-2}$
172 spezifische Ladung (Elektron)	e/m_e	$C\,kg^{-1}$
173 spezifische Wärmekapazität	c	$J\,kg^{-1}\,K^{-1}$
174 spezifische Wärmekapazität bei konstantem Druck	c_p	$J\,kg^{-1}\,K^{-1}$
175 spezifische Wärmekapazität bei konstantem Volumen	c_V	$J\,kg^{-1}\,K^{-1}$
176 Stefan-Boltzmann-Konstante	σ	$W\,m^{-2}\,K^{-4}$
177 Stoffmenge	$n\,\nu$	mol
178 Teilchenzahldichte von Molekülen	n	m^{-3}
179 Temperatur	θ, t	$°C$
180 Temperatur, thermodynamische	T, Θ	K
181 Temperaturdifferenz	$\Delta T = \Delta t = \Delta \vartheta$	K
182 thermische Kapazität, Wärmekapazität	C	$J\,K^{-1}$
183 thermische Leitfähigkeit, Wärmeleitfähigkeit	λ	$W\,m^{-1}\,K^{-1}$
184 Thermokraft (Differential)	S	$V\,K^{-1}$
185 Thomson-Koeffizient	μ	$V\,K^{-1}$
186 Torsionsmoment	T	$N\,m$
187 Trägheitsmoment	J	$kg\,m^2$
188 Trägheitsradius	k	m
189 Überführungszahl	t	—
190 van der Waals-Koeffizienten	a und b	$N\,m^4\,mol^{-2}$, $m^3\,mol^{-1}$
191 Vergrößerung, lineare	m	—
192 Vergrößerungsfaktor	M	—
193 Verhältnis c_p/c_V	γ	—
194 Verzerrung, lineare	ϵ, e	—
195 Viskosität (dynamische)	η	$Pa\,s$
196 Viskosität (kinematische)	ν	$m^2\,s^{-1}$
197 Volumen	V	m^3
198 Volumenänderung, relative	ϑ, η	—
199 Volumenausdehungskoeffizient thermischer	α_V, γ	K^{-1}
200 Wärmekapazität	C	$J\,K^{-1}$
201 Wärmemenge	Q	J
202 Wärmestrom	Φ	W
203 Weglänge, Kurvenlänge	s	m
204 Wellenlänge	λ	m
205 Wellenzahl	σ	m^{-1}
206 Widerstand	R	Ω
207 Windungsanzahl einer Spule	N, W	—
208 Windungsanzahlverhältnis	n	—
209 Winkel	α, β, γ	rad^A
210 Winkelbeschleunigung	α	$rad\,s^{-2}$
211 Winkelgeschwindigkeit	ω, Ω	$rad\,s^{-1}$
212 Zeit	t	s
213 Zeitkonstante	τ, T	s
214 Zerfallskonstante, radioaktive	λ	s^{-1}

A In der Praxis wird im allgemeinen in Grad ($°$) gemessen.

Mathematische Symbole

Symbol	Bedeutung
$=$	gleich
$\neq$	nicht gleich
$\equiv$	identisch gleich
$\mathrel{\hat{=}}$	entspricht (siehe Seite 14)
$\approx$	nahezu gleich, angenähert gleich
$\sim, \propto$	proportional
$\rightarrow$	geht gegen …, nähert sich
$A/B, \dfrac{A}{B}, A:B, AB^{-1}$	A dividiert durch B
a^n	n-te Potenz von a
$a^{\frac{1}{2}}, \sqrt{a}$	Wurzel aus a
$a^{1/n}, \sqrt[n]{a}$	n-te Wurzel aus a
$\lim\limits_{x \to a} f(x) = b$	$f(x)$ strebt gegen den Grenzwert b, wenn x sich in beliebiger Weise dem Wert a nähert.
∞	unendlich
Δx	endliche Zunahme von x
δx	unendlich kleine Zunahme von x; Änderung (Variation) von x
$\dfrac{df}{dx}, df/dx, f'(x)$	Ableitung (Differentiation) von $f(x)$ nach x
$\dfrac{d^n f}{dx^n}, f^{(n)}(x)$	n-te Ableitung von $f(x)$ nach x
$\dot{x}$	Ableitung von x nach t
$>$	größer als
$\gg$	groß gegen
$\geqslant, \geqq, \geq$	größer oder gleich
$<$	kleiner als
$\ll$	klein gegen
$\leqslant, \leqq, \leq$	kleiner oder gleich
$\pm$	plus oder minus
$\parallel$	parallel
$\perp$	senkrecht auf
$\angle A$	Winkel A

senkrecht auf, parallel, Winkel A $\Big\}$ hauptsächlich in der reinen Mathematik verwendet

Symbol	Bedeutung
$r!$	r Fakultät $= 1 \cdot 2 \cdot \ldots \cdot r$
$\dbinom{n}{r}$	n über r; Binomialkoeffizient $= \dfrac{n!}{r!\,(n-r)!}$
$\bar{x}, \langle x \rangle$	Mittelwert von x
$x_{\max}$	Maximalwert von x
$x_{\min}$	Minimalwert von x

Symbol	Bedeutung
x_{eff}	Effektivwert von x (mittlere Quadratwurzel)
$\int f(x)\,dx$	unbestimmtes Integral von f bezüglich x
$\int_a^b f(x)\,dx$	bestimmtes Integral von f bezüglich x
$\oint f(x)\,dx$	Integral von $f(x)$ über einen geschlossenen Weg
$\sum_i x_i$ oder $\sum_{i=1}^{n} x_i$	Summe der Glieder der Folge $x_1 \ldots x_n$
$\prod_i x_i$ oder $\prod_{i=1}^{n} x_i$	Produkt der Glieder der Folge $x_1 \ldots x_n$
$|x|$	Betragsfunktion oder absoluter Wert von x
$|A|$	Determinante der Matrix A_{ij}
e^x, $\exp x$	Exponentialfunktion von x
e	Basis des natürlichen Logarithmus
$\ln x$, $\log_e x$	natürlicher Logarithmus von x
$\lg x$, $\log_{10} x$	Logarithmus von x zur Basis 10
$\log_a x$	Logarithmus von x zur Basis a
$\text{lb } x$, $\log_2 x$	Binärlogarithmus von x
$\sin x$, $\cos x$, $\tan x$ $\sec x$, $\csc x$, $\cot x$	} trigonometrische Funktionen
$\arcsin x$ oder $\sin^{-1} x$ usw.	Argument einer trigonometrischen Funktion

Namen für Modifizierungszeichen

− Querstrich	· Punkt	$_x$	Index unten
+ Kreuz	ˆ Dach	^{x}	Index oben
' Strich	* Stern	~	Tilde, Schlange
( ) runde Klammern	[ ] eckige Klammern	{ }	geschweifte Klammern

Schreibweise von Zahlen und mathematischen Ausdrücken

Als Dezimalzeichen wird ein Komma auf der Zeile verwendet, z.B. 123,45. Bei Zahlen, die kleiner als die Einheit sind, ist vor das Komma eine Null zu setzen, z.B. 0,123.

Große Zahlen werden in Dreiergruppen geschrieben, mit Zwischenraum zwischen den Gruppen, z.B. 1 234,567 89.

Im englischsprachigen Schrifttum wird anstelle des Dezimalkommas ein Dezimalpunkt verwendet, z.B. 123.45.

Das Argument einer Funktion sollte in Klammern geschrieben werden (außer bei Standardfunktionen mit nicht mehr als zwei Symbolen im Argument). Also $f(x)$, $\exp\{(\tau - \tau_0)/\lambda\}$, aber e^{kx}, $\sin \omega t$.

Verschiedene Einheiten: Namen und Umrechnungsfaktoren in SI; SI-Einheiten mit besonderen Namen

Nicht-SI-Einheiten werden in SI-Einheiten definiert. Eine Ausnahme bilden die mit * gekennzeichneten. (Größen, die nicht in SI-Einheiten *definierbar* sind, werden als nicht akzeptable Einheiten betrachtet). Exakte Werte sind fett gedruckt. Vielfache und Bruchteile von SI-Einheiten können, wo es sinnvoll ist, durch Vorsätze gebildet werden, vorausgesetzt, daß dies eindeutig möglich ist. Namen von Einheiten innerhalb SI sind unterstrichen. (Diese Tabelle kann auch benutzt werden, um die Bedeutung fremder Einheiten und Einheitensymbole herauszufinden).

Es ist ratsam, vor der Durchführung von Berechnungen alle Nicht-SI-Einheiten und Nicht-SI-Basiseinheiten in SI-Basiseinheiten umzurechnen. Zusammengesetzte Einheiten, die nicht in dieser Tabelle angegeben sind, können mit Hilfe der entsprechenden Umrechnungsfaktoren für jeden einzelnen Faktor des Einheitensymbols umgerechnet werden, z. B. $1\ \mathrm{lb\,ft^{-3}} = \{0{,}4536\ (\mathrm{kg\,lb^{-1}})/(0{,}3048)^3\,(\mathrm{mft^{-1}})^3\}\ \mathrm{lb\,ft^{-3}} = 16{,}0\ \mathrm{kg\,m^{-3}}$.

Einheit	Symbol	SI-Äquivalent	$\log_{10}$
acre (= 4840 yd^2)	acre	$4{,}047 \cdot 10^3$ m^2	3,6071
Ångström	Å	$\mathbf{1{,}000 \cdot 10^{-10}}$ m	0,0000 −10
Astronomische Einheit	*AE	$1{,}496 \cdot 10^{11}$ m	11,1749
Atmosphäre	atm	$1{,}013 \cdot 10^5$ N m^{-2}	5,0056
atomare Masseneinheit	u	$1{,}661 \cdot 10^{-27}$ kg	0,2203 −27
Bar	bar	$\mathbf{1{,}000 \cdot 10^5}$ N m^{-2}	5,0000
Barn	barn	$\mathbf{1{,}000 \cdot 10^{-28}}$ m^2	0,0000 −28
Biot (CGS: elektromagnetische Einheit der Stromstärke)[A]	Bi	$\mathbf{1{,}000 \cdot 10}$ A	1,0000
British thermal unit	Btu	$1{,}055 \cdot 10^3$ J	3,0233
	Btu h^{-1}	$2{,}931 \cdot 10^{-1}$ W	0,4670 −1
bushel (UK) (= 8 gal)	bushel (UK)	$3{,}637 \cdot 10^{-2}$ m^2	0,5607 −2
Coulomb (SI: elektrische Ladung)	C	$\mathbf{1{,}000}$ A s	—
cubic foot (Kubikfuß)	ft^3	$2{,}832 \cdot 10^{-2}$ m^3	0,4521 −2
cubic yard (Kubikyard)	yd^3	$7{,}646 \cdot 10^{-1}$ m^3	0,8834 −1
Curie (radioaktiv)	Ci	$\mathbf{3{,}7 \cdot 10^{10}}$ s^{-1}	10,5682
Debye	D	$3{,}336 \cdot 10^{-30}$ C m	0,5232 −30
Dezibel[B]	dB		
Dyn (CGS: Kraft)	dyn	$\mathbf{1{,}000 \cdot 10^{-5}}$ N	0,0000 −5
Elektronenvolt	eV	$1{,}602 \cdot 10^{-19}$ J	0,2047 −19
Erg (CGS: Energie)	erg	$\mathbf{1{,}000 \cdot 10^{-7}}$ J	0,0000 −7
Farad (SI: Kapazität)	F	$\mathbf{1{,}000}$ C V^{-1}	—
foot (Fuß)	ft	$3{,}048 \cdot 10^{-1}$ m	0,4840 −1
foot pound-force	ft lbf	$1{,}356$ J	0,1323
Franklin (CGS: elektrostatische Einheit Ladung)[A]	Fr	$3{,}336 \cdot 10^{-10}$ C	0,5237 −10

* Experimentell, nicht definiert.

[A] Biot oder Franklin wurde benutzt, wenn ein Viertel der elektrischen Elementarladung in CGS-Rechnungen vorkam.

[B] Dezibel bedeutet $10\,\log_{10} P/P^{\ominus}$, wobei P eine Leistung und $P^{\ominus}$ eine Normalleistung ist, die spezifiziert werden muß. In der Akustik ist $P^{\ominus}$ im allgemeinen 10^{-2} W. Lautstärken werden im allgemeinen in dB ausgedrückt, wobei $J^{\ominus} = 10^{-2}\ \mathrm{W\,m^{-2}}$. In der Elektrotechnik werden Verstärkungsverhältnisse in dB ausgedrückt. Dezibel ist nicht strenggenommen eine Einheit im Sinne der anderen Einheiten in dieser Tabelle. Es ist sehr nützlich für Messungen, die über viele Zehnerpotenzen reichen wenn sie in SI-Einheiten ausgedrückt werden.

Anmerkung

In diesen Tabellen entsprechen ($\hat{=}$) die CGS und SI-Einheiten einander, sind aber nicht gleich, da die elektrischen SI-Einheiten auf vier Basiseinheiten (m, kg, s, A) basieren und die CGS-Einheiten auf nur dreien (cm, g, s).

Einheit	Symbol	SI-Äquivalent		$\log_{10}$
gallon (UK)	gal (UK)	$4{,}546 \cdot 10^{-3}$	m^3	$0{,}6576 - 3$
Gauß (CGS: elektromagnetische Einheit Flußdichte)[F]	G	$\hat{=} 1{,}000 \cdot 10^{-4}$	$T (= Wb\,m^{-2})$	$0{,}0000 - 4$
Grad (Winkel)	...°	$1{,}745 \cdot 10^{-2}$	rad	$0{,}2418 - 2$
Grad Celsius[D]	°C	$1{,}000$	K	—
Grad Fahrenheit[D]	°F	$5{,}556 \cdot 10^{-1}$	K	$0{,}7448 - 1$
Hektar (Landfläche)	ha	$1{,}000 \cdot 10^4$	m^2	$4{,}0000$
Henry (SI: Induktivität)	H	$1{,}000$	$J\,A^{-2}$	—
Hertz (SI: Frequenz)	Hz	$1{,}000$	s^{-1}	—
horsepower	hp	$7{,}457 \cdot 10^2$	W	$2{,}8726$
horsepower hour	hp h	$2{,}685 \cdot 10^6$	J	$6{,}4289$
hundredweight (UK)	cwt (UK)	$5{,}080 \cdot 10$	kg	$1{,}7058$
inch	in	$2{,}54 \cdot 10^{-2}$	m	$0{,}4048 - 2$
Jahr (tropisch)*	a	$3{,}156 \cdot 10^7$	s	$7{,}4991$
Joule (SI: Energie)	J oder Nm	$1{,}000$	N m	—
Kalorie (thermochemische)	cal (thermochem)	$4{,}184$	J	$0{,}6216$
Kilopond	kp	$9{,}807$	N	$0{,}9915$
Kilowattstunde	kWh	$3{,}600 \cdot 10^6$	J	$6{,}5563$
Knoten (international)	kn	$5{,}144 \cdot 10^{-1}$	$m\,s^{-1}$	$0{,}7113 - 1$
Lichtjahr*	Lichtjahr Lj.	$9{,}461 \cdot 10^{15}$	m	$15{,}9759$
Liter[B]	l	$1{,}000 \cdot 10^{-3}$	m^3	$0{,}0000 - 3$
Lumen (SI: Lichtstrom)	lm	$1{,}000$	cd sr	—
Lux (SI: Beleuchtungsstärke)	lx	$1{,}000$	$lm\,m^{-2}$	—
Maxwell (CGS: Elektromag. Einheit Magnetischer Fluß)[F]	maxwell	$1{,}000 \cdot 10^{-8}$	Wb	$0{,}0000 - 8$
mho (reziprokes Ohm)[C]	mho	$1{,}000$	$S (= \Omega^{-1})$	—
mile (britisch)	mile	$1{,}609 \cdot 10^3$	m	$3{,}2066$
mile per hour	mile h^{-1}	$4{,}470 \cdot 10^{-1}$	$m\,s^{-1}$	$0{,}6503 - 1$
Minute (Winkel)	...'	$2{,}909 \cdot 10^{-4}$	rad	$0{,}4637 - 4$
Minute (Zeit)	min[E]	$6{,}0 \cdot 10$	s	$1{,}7782$
Mykron (Mikrometer)[C]	μm (μ)	$1{,}000 \cdot 10^{-6}$	m	$0{,}0000 - 6$
Newton (SI: Kraft)	N	$1{,}000$	$kg\,m\,s^{-2}$	—
Oersted (CGS: elektromagnetische Einheit, Magnetisches Feld)[F]	Oe	$\hat{=} 7{,}958 \cdot 10$ $\hat{=} 1{,}0 \cdot 10^{-4}$	$A\,m^{-1}$ T (im Vakuum)	$1{,}9008$ $0{,}0000 \quad -4$
Ohm (SI: Widerstand)	Ω	$1{,}000$	$V\,A^{-1}$	—

* Experimentell, nicht definiert.

A Biot oder Franklin wird benutzt wenn ein Viertel elektrischer Elementarladung in CGS-Berechnungen vorkommt.

B Die Definition des Britischen Litre als $1000 \cdot 028\,cm^3$ wurde 1964 geändert. Wegen der möglichen Zweideutigkeit sollte Liter in sehr präzisen Arbeiten nicht verwendet werden: dm^3 ist eindeutig.

C Diese Ausdrücke werden in der modernen Wissenschaft nicht benutzt, man kann sie allerdings in einigen Büchern und Zeitschriften finden.

B Die oben definierten Grade sind Temperaturabstände. Die Temperaturen lassen sich nach folgender Formel umrechnen:
$$t_\mathrm{c}/°C = (5/9)\left\{(t_\mathrm{f}/°F) - 32{,}0\right\} = 0{,}556\left\{(t_\mathrm{f}/°F) - 32{,}0\right\} = T/K - 273{,}15.$$

E Bei Tageszeiten wird manchmal m benutzt, zum Beispiel 18 h 23 m.

F Vorsicht ist notwendig bei der Umrechnung von magnetischen CGS-Größen in SI-Einheiten, da zur Vereinfachung ein Faktor von 4π zum Umrechnungsfaktor hinzugefügt wurde und dafür aus der Bestimmungsgleichung entfernt wurde. Ein Magnetfeld von 1 Oe erzeugt eine magnetische Flußdichte von 10^{-4} T im Vakuum. Ist magnetisches Material vorhanden, ist es üblich, eine Ersatzgröße einzuführen, die mit H bezeichnete Magnetfeldstärke, die in Oe im CGS-System gemessen wird und im $A\,m^{-1}$ in SI-Einheiten. Wir haben also $B = \mu_\mathrm{r}\mu_0 H$ als Gleichung für die magnetische Flußdichte, die auch als magnetische Induktion bekannt ist. μ_r ist in Ferromagneten im allgemeinen von B abhängig. Siehe ‚Eigenschaften magnetischer Materialien', FST

Einheit	Symbol	SI-Äquivalent		$\log_{10}$
ounce (avoirdupois, Unze)	oz	$2{,}835 \cdot 10^{-2}$	kg	0,4526 −2
ounce (flüssig UK)	fl oz (UK)	$2{,}841 \cdot 10^{-5}$	m^3	0,4535 −5
Parsec*	parsec	$3{,}086 \cdot 10^{16}$	m	16,4893
Pascal (SI: Druck)	Pa	**1,000**	$N\,m^{-2}$	—
Phon (Lautstärke)[C]	phon			
pint (UK)	pt (UK)	$5{,}683 \cdot 10^{-4}$	m^3	0,7546 −4
Poise (CGS: dynamische Viskosität)	P	**$1{,}000 \cdot 10^{-1}$**	$kg\,m^{-1}\,s^{-1}$	0,0000 −1
pound	lb	$4{,}536 \cdot 10^{-1}$	kg	0,6567 −1
pound-force	lbf	4,448	N	0,6482
pound-force foot	lbf ft	1,356	N m	0,1323
pound-force pro sq. inch[D]	lbf in^{-2}	$6{,}895 \cdot 10^3$	$N\,m^{-2}$	3,8385
pound-force pro sq. foot	lbf ft^{-2}	$4{,}788 \cdot 10$	$N\,m^{-2}$	1,6801
Rad (Energiedosis)	rd	$1{,}00 \cdot 10^{-2}$	$J\,kg^{-1}\ (= Gy)$	0,0000 −2
Rem (Äquivalentdosis)[B]	Rem	**$1{,}000 \cdot 10^{-2}$**	$J\,kg^{-1}\ (Gy)$	0,0000 −4
Röntgen (Ionendosis)	R	$2{,}58 \cdot 10^{-4}$	$C\,kg^{-1}$	0,4116 −4
Seemeile (nautische Meile)	sm	$1{,}852 \cdot 10^3$	m	3,2677
Sekunde (Winkel)	..."	$4{,}848 \cdot 10^{-6}$	rad	0,6856 −6
Siemens (SI: reziprokes Ohm)	S	**1,000**	$\Omega^{-1}\,(= A\,V^{-1})$	—
square foot (Quadratfuß)	ft^2	$9{,}290 \cdot 10^{-2}$	m^2	0,9680 −2
square inch (Quadratinch)	in^2	$6{,}452 \cdot 10^{-4}$	m^2	0,8097 −4
square mile (Quadratmeile)	mile^2	$2{,}590 \cdot 10^6$	m^2	6,4133
square yard (Quadratyard)	yd^2	$8{,}361 \cdot 10^{-1}$	m^2	0,9223 −2
Stokes (CGS: kinematische Viskosität)	St	**$1{,}000 \cdot 10^{-4}$**	$m^2\,s^{-1}$	0,0000 −4
Stunde	h	**$3{,}600 \cdot 10^3$**	s	3,5563
Tag	d	**$8{,}6400 \cdot 10^4$**	s	4,9365
talbot	talbot	1,000	lm s	
Tesla (SI: magnetische Flußdichte)	T	**1,000**	$Wb\,m^{-2}(= V\,s\,m^{-2})$	—
therm (100 000 Btu)	therm	$1{,}055 \cdot 10^8$	J	8,0233
ton (UK, 2240 lb)	ton	$1{,}016 \cdot 10^3$	kg	3,0069
ton-force	ton f	$9{,}964 \cdot 10^3$	N	3,9984
ton-force pro square inch	ton f in^{-2}	$1{,}544 \cdot 10^7$	$N\,m^{-2}$	7,1886
Tonne (metrisch)[A]	t	**$1{,}000 \cdot 10^3$**	kg	3,0000
Torr (= mm Hg entsprechend 1 in 10^7)	Torr	$1{,}333 \cdot 10^2$	$N\,m^{-2}$	2,1248
Volt (SI: elektromagn. Kraft und Spannungsabfall)	V	**1,000**	$J\,C^{-1}$	—
Watt (SI: Leistung)	W	**1,000**	$J\,s^{-1}$	—
Weber (SI: magnetischer Fluß)	Wb	**1,000**	$V\,s\,(J\,s\,C^{-1})$	—
X unit (entspricht 0,001 Å)	Xu	$1{,}002 \cdot 10^{-13}$	m	0,0009 −13
yard	yd	$9{,}144 \cdot 10^{-1}$	m	0,9611 −1

Anmerkungen

* Experimentell, nicht definiert.

A Tonne wird im Handel und in der Technik benutzt, ist aber nicht SI. In wissenschaftlichen Arbeiten ist Mg vorzuziehen.

B 1 Rem einer beliebigen Ionisierungsstrahlung erzeugt in Menschen denselben biologischen Effekt wie 1 R Röntgenstrahlung.

C Phon ist eine individuelle (d. h. vom Individuum abhängige) Einheit für Lautstärke auf einer Dezibelskala (siehe Seite 14).

D Die Abkürzung psi wird oft benutzt, wird aber nicht empfohlen.

F siehe Seite 15.

Literaturhinweis: R 2 (Seite F 204).

Umrechnungstafel: Energie-Einheiten und verwandte Größen

Diese Tafel enthält Faktoren zur Umrechnung von Energieeinheiten und von der Energie verwandten Größen, die häufig in der Atomphysik und Chemie benutzt werden.

Die Zahlen haben „Einheiten" UL^{-1}, wobei U den Kopf der Spalte bezeichnet und L den linken Zeilenanfang.

A Definierte Energieeinheiten.

B Energieeinheiten pro Stoffmenge, die in die entsprechende Energie pro Atom oder andere Elementargröße durch Division mit der Avogadrokonstante N_A umgerechnet werden können.

C Das Elektronvolt ist gleich der kinetischen Energie, die ein Elektron beim Durchlaufen einer Potentialdifferenz von 1 Volt im Vakuum gewinnt.

D Hz und cm^{-1} sind mit der Energie verknüpft über die Plancksche Gleichung $E = (h)\, \nu = (hc)\, \tilde{\nu}$, wobei ν in Hz gemessen wird und $\tilde{\nu}$ im allgemeinen in cm^{-1}. Die Tabelleneintragungen sind bezogen auf die in Klammern stehenden Größen.

E Kelvin ist mit der Energie über die Gleichung $E = (k)\, T$ verbunden.

F Masse ist mit der Energie über die Einsteinsche Gleichung $E = m\,(c^2)$ verbunden. D, E und F sind nicht Energieeinheiten, sondern Einheiten von Größen, die zur Energie proportional sind.

		J	cal	l atm	kJ mol⁻¹	kcal mol⁻¹	eV	Hz	cm⁻¹	K	kg
A	J	1	$2{,}39 \cdot 10^{-1}$	$0{,}99 \cdot 10^{-2}$	$6{,}02 \cdot 10^{20}$	$1{,}44 \cdot 10^{20}$	$6{,}24 \cdot 10^{18}$	$1{,}51 \cdot 10^{33}$	$5{,}04 \cdot 10^{22}$	$7{,}25 \cdot 10^{22}$	$1{,}11 \cdot 10^{-17}$
	cal	$4{,}18$	1	$4{,}13 \cdot 10^{-2}$	$2{,}52 \cdot 10^{21}$	$6{,}02 \cdot 10^{20}$	$2{,}61 \cdot 10^{19}$	$6{,}32 \cdot 10^{33}$	$2{,}11 \cdot 10^{23}$	$3{,}03 \cdot 10^{23}$	$4{,}65 \cdot 10^{-17}$
	l atm	$1{,}01 \cdot 10^{2}$	$24{,}22$	1	$6{,}10 \cdot 10^{22}$	$1{,}46 \cdot 10^{22}$	$6{,}33 \cdot 10^{20}$	$1{,}53 \cdot 10^{35}$	$5{,}10 \cdot 10^{24}$	$7{,}34 \cdot 10^{24}$	$1{,}13 \cdot 10^{-15}$
B	kJ mol⁻¹	$1{,}66 \cdot 10^{-21}$	$3{,}97 \cdot 10^{-22}$	$1{,}64 \cdot 10^{-23}$	1	$2{,}39 \cdot 10^{-1}$	$1{,}04 \cdot 10^{-2}$	$2{,}51 \cdot 10^{12}$	$83{,}6$	$1{,}20 \cdot 10^{2}$	$1{,}85 \cdot 10^{-38}$
	kcal mol⁻¹	$6{,}95 \cdot 10^{-21}$	$1{,}66 \cdot 10^{-22}$	$6{,}86 \cdot 10^{-23}$	$4{,}18$	1	$4{,}34 \cdot 10^{-2}$	$1{,}05 \cdot 10^{13}$	$3{,}5 \cdot 10^{2}$	$5{,}04 \cdot 10^{2}$	$7{,}73 \cdot 10^{-38}$
C	eV	$1{,}60 \cdot 10^{-19}$	$3{,}83 \cdot 10^{-20}$	$1{,}58 \cdot 10^{-21}$	$96{,}5$	$23{,}1$	1	$2{,}42 \cdot 10^{14}$	$8{,}07 \cdot 10^{3}$	$1{,}16 \cdot 10^{4}$	$1{,}78 \cdot 10^{-34}$
D	Hz	$6{,}63 \cdot 10^{-34}$	$1{,}58 \cdot 10^{-34}$	$6{,}54 \cdot 10^{-36}$	$3{,}99 \cdot 10^{-13}$	$9{,}54 \cdot 10^{-14}$	$4{,}14 \cdot 10^{-15}$	1	$3{,}34 \cdot 10^{-11}$	$4{,}80 \cdot 10^{-11}$	$7{,}37 \cdot 10^{-51}$
	cm⁻¹	$1{,}99 \cdot 10^{-23}$	$4{,}75 \cdot 10^{-24}$	$1{,}96 \cdot 10^{-25}$	$1{,}20 \cdot 10^{-2}$	$2{,}86 \cdot 10^{-3}$	$1{,}24 \cdot 10^{-4}$	$3{,}00 \cdot 10^{10}$	1	$1{,}44$	$2{,}21 \cdot 10^{-40}$
E	K	$1{,}38 \cdot 10^{-23}$	$3{,}30 \cdot 10^{-24}$	$1{,}36 \cdot 10^{-25}$	$8{,}31 \cdot 10^{-3}$	$2{,}99 \cdot 10^{-3}$	$8{,}61 \cdot 10^{-5}$	$2{,}08 \cdot 10^{10}$	$6{,}95 \cdot 10^{-1}$	1	$1{,}54 \cdot 10^{-40}$
F	kg	$8{,}99 \cdot 10^{16}$	$2{,}15 \cdot 10^{16}$	$8{,}87 \cdot 10^{14}$	$5{,}41 \cdot 10^{37}$	$1{,}29 \cdot 10^{37}$	$5{,}61 \cdot 10^{35}$	$1{,}36 \cdot 10^{50}$	$4{,}53 \cdot 10^{39}$	$6{,}51 \cdot 10^{39}$	1
	u	$1{,}49 \cdot 10^{-10}$	$3{,}57 \cdot 10^{-11}$	$1{,}47 \cdot 10^{-12}$	$8{,}98 \cdot 10^{10}$	$2{,}15 \cdot 10^{10}$	$9{,}31 \cdot 10^{8}$	$2{,}25 \cdot 10^{23}$	$7{,}51 \cdot 10^{12}$	$1{,}08 \cdot 10^{13}$	$1{,}66 \cdot 10^{-27}$
	m_e	$8{,}19 \cdot 10^{-14}$	$1{,}96 \cdot 10^{-14}$	$8{,}08 \cdot 10^{-16}$	$4{,}93 \cdot 10^{7}$	$1{,}18 \cdot 10^{7}$	$5{,}11 \cdot 10^{5}$	$1{,}14 \cdot 10^{20}$	$4{,}12 \cdot 10^{9}$	$5{,}93 \cdot 10^{9}$	$9{,}11 \cdot 10^{-31}$

Zum Beispiel

1 J = 0,99·10⁻² l atm, 1 J (pro Teilchen) ≙ 6,02·10²⁰ kJ mol⁻¹, 1 kJ mol⁻¹ ≙ 1,66·10⁻²¹ J (pro Teilchen).

1 eV (pro Teilchen) = 1,60·10⁻¹⁹ J (pro Teilchen) ≙ 1,58·10⁻¹³ l atm ≙ Quantenfrequenz von 2,42·10¹⁴ Hz, usw.

Umrechnungstafel: Millimeter Quecksilbersäule in Kilopascal

$$1 \text{ mmHg} = (13\,595{,}1 \text{ kg m}^{-3}) \cdot (9{,}806\,65 \text{ N kg}^{-1}) \cdot (0{,}001 \text{ m}) \approx 0{,}4333 \text{ k Pa}$$

mmHg	0	1	2	3	4	5	6	7	8	9
100	13,33	13,47	13,60	13,73	13,87	14,00	14,13	14,27	14,40	14,53
110	14,67	14,80	14,93	15,07	15,20	15,33	15,47	15,60	15,73	15,87
120	16,00	16,13	16,27	16,40	16,53	16,67	16,80	16,93	17,07	17,20
130	17,33	17,47	17,60	17,73	17,87	18,00	18,13	18,27	18,40	18,53
140	18,67	18,80	18,93	19,07	19,20	19,33	19,47	19,60	19,73	19,87
150	20,00	20,13	20,27	20,40	20,53	20,66	20,80	20,93	21,06	21,20
160	21,33	21,46	21,60	21,73	21,86	22,00	22,13	22,26	22,40	22,53
170	22,66	22,80	22,93	23,06	23,20	23,33	23,46	23,60	23,73	23,86
180	24,00	24,13	24,26	24,40	24,53	24,66	24,80	24,93	25,06	25,20
190	25,33	25,46	25,60	25,73	25,86	26,00	26,13	26,26	26,40	26,53
200	26,66	26,80	26,93	27,06	27,20	27,33	27,46	27,60	27,73	27,86
210	28,00	28,13	28,26	28,40	28,53	28,66	28,80	28,93	29,06	29,20
220	29,33	29,46	29,60	29,73	29,86	30,00	30,13	30,26	30,40	30,53
230	30,66	30,80	30,93	31,06	31,20	31,33	31,46	31,60	31,73	31,86
240	32,00	32,13	32,26	32,40	32,53	32,66	32,80	32,93	33,06	33,20
250	33,33	33,46	33,60	33,73	33,86	34,00	34,13	34,26	34,40	34,53
260	34,66	34,80	34,93	35,06	35,20	35,33	35,46	35,60	35,73	35,86
270	36,00	36,13	36,26	36,40	36,53	36,66	36,80	36,93	37,06	37,20
280	37,33	37,46	37,60	37,73	37,86	38,00	38,13	38,26	38,40	38,53
290	38,66	38,80	38,93	39,06	39,20	39,33	39,46	39,60	39,73	39,86
300	40,00	40,13	40,26	40,40	40,53	40,66	40,80	40,93	41,06	41,20
310	41,33	41,46	41,60	41,73	41,86	42,00	42,13	42,26	42,40	42,53
320	42,66	42,80	42,93	43,06	43,20	43,33	43,46	43,60	43,73	43,86
330	44,00	44,13	44,26	44,40	44,53	44,66	44,80	44,93	45,06	45,20
340	45,33	45,46	45,60	45,73	45,86	46,00	46,13	46,26	46,40	46,53
350	46,66	46,80	46,93	47,06	47,20	47,33	47,46	47,60	47,73	47,86
360	48,00	48,13	48,26	48,40	48,53	48,66	48,80	48,93	49,06	49,20
370	49,33	49,46	49,60	49,73	49,86	50,00	50,13	50,26	50,40	50,53
380	50,66	50,80	50,93	51,06	51,20	51,33	51,46	51,60	51,73	51,86
390	52,00	52,13	52,26	52,40	52,53	52,66	52,80	52,93	53,06	53,20
400	53,33	53,46	53,60	53,73	53,86	54,00	54,13	54,26	54,40	54,53
410	54,66	54,80	54,93	55,06	55,20	55,33	55,46	55,60	55,73	55,86
420	56,00	56,13	56,26	56,40	56,53	56,66	56,80	56,93	57,06	57,20
430	57,33	57,46	57,60	57,73	57,86	58,00	58,13	58,26	58,40	58,53
440	58,66	58,80	58,93	59,06	59,20	59,33	59,46	59,60	59,73	59,86
450	60,00	60,13	60,26	60,40	60,53	60,66	60,80	60,93	61,06	61,19
460	61,33	61,46	61,59	61,73	61,86	61,99	62,13	62,26	62,39	62,53
470	62,66	62,79	62,93	63,06	63,19	63,33	63,46	63,59	63,73	63,86
480	63,99	64,13	64,26	64,39	64,53	64,66	64,79	64,93	65,06	65,19
490	65,33	65,46	65,59	65,73	65,86	65,99	66,13	66,26	66,39	66,53
500	66,66	66,79	66,93	67,06	67,19	67,33	67,46	67,59	67,73	67,86
510	67,99	68,13	68,26	68,39	68,53	68,66	68,79	68,93	69,06	69,19
520	69,33	69,46	69,59	69,73	69,86	69,99	70,13	70,26	70,39	70,53
530	70,66	70,79	70,93	71,06	71,19	71,33	71,46	71,59	71,73	71,86
540	71,99	72,13	72,26	72,39	72,53	72,66	72,79	72,93	73,06	73,19
mmHg	0	1	2	3	4	5	6	7	8	9

mmHg	0	1	2	3	4	5	6	7	8	9
550	73,33	73,46	73,59	73,73	73,86	73,99	74,13	74,26	74,39	74,53
560	74,66	74,79	74,93	75,06	75,19	75,33	75,46	75,59	75,73	75,86
570	75,99	76,13	76,26	76,39	76,53	76,66	76,79	76,93	77,06	77,19
580	77,33	77,46	77,59	77,73	77,86	77,99	78,13	78,26	78,39	78,53
590	78,66	78,79	78,93	79,06	79,19	79,33	79,46	79,59	79,73	79,86
600	79,99	80,13	80,26	80,39	80,53	80,66	80,79	80,93	81,06	81,19
610	81,33	81,46	81,59	81,73	81,86	81,99	82,13	82,26	82,39	82,53
620	82,66	82,79	82,93	83,06	83,19	83,33	83,46	83,59	83,73	83,86
630	83,99	84,13	84,26	84,39	84,53	84,66	84,79	84,93	85,06	85,19
640	85,33	85,46	85,59	85,73	85,86	85,99	86,13	86,26	86,39	86,53
650	86,66	86,79	86,93	87,06	87,19	87,33	87,46	87,59	87,73	87,86
660	87,99	88,13	88,26	88,39	88,53	88,66	88,79	88,93	89,06	89,19
670	89,33	89,46	89,59	89,73	89,86	89,99	90,13	90,26	90,39	90,53
680	90,66	90,79	90,93	91,06	91,19	91,33	91,46	91,59	91,73	91,86
690	91,99	92,13	92,26	92,39	92,53	92,66	92,79	92,93	93,06	93,19
700	93,33	93,46	93,59	93,73	93,86	93,99	94,13	94,26	94,39	94,53
710	94,66	94,79	94,93	95,06	95,19	95,33	95,46	95,59	95,73	95,86
720	95,99	96,13	96,26	96,39	96,53	96,66	96,79	96,93	97,06	97,19
730	97,33	97,46	97,59	97,73	97,86	97,99	98,13	98,26	98,39	98,53
740	98,66	98,79	98,93	99,06	99,19	99,33	99,46	99,59	99,73	99,86
750	99,99	100,1	100,3	100,4	100,5	100,7	100,8	100,9	101,1	101,2
760	101,3	101,5	101,6	101,7	101,9	102,0	102,1	102,3	102,4	102,5
770	102,7	102,8	102,9	103,1	103,2	103,3	103,5	103,6	103,7	103,9
780	104,0	104,1	104,3	104,4	104,5	104,7	104,8	104,9	105,1	105,2
790	105,3	105,5	105,6	105,7	105,9	106,0	106,1	106,3	106,4	106,5
800	106,7	106,8	106,9	107,1	107,2	107,3	107,5	107,6	107,7	107,9
810	108,0	108,1	108,3	108,4	108,5	108,7	108,8	108,9	109,1	109,2
820	109,3	109,5	109,6	109,7	109,9	110,0	110,1	110,3	110,4	110,5
830	110,7	110,8	110,9	111,1	111,2	111,3	111,5	111,6	111,7	111,9
840	112,0	112,1	112,3	112,4	112,5	112,7	112,8	112,9	113,1	113,2
850	113,3	113,5	113,6	113,7	113,9	114,0	114,1	114,3	114,4	114,5
860	114,7	114,8	114,9	115,1	115,2	115,3	115,5	115,6	115,7	115,9
870	116,0	116,1	116,3	116,4	116,5	116,7	116,8	116,9	117,1	117,2
880	117,3	117,5	117,6	117,7	117,9	118,0	118,1	118,3	118,4	118,5
890	118,7	118,8	118,9	119,1	119,2	119,3	119,5	119,6	119,7	119,9
900	120,0	120,1	i20,3	120,4	120,5	120,7	120,8	120,9	121,1	121,2
910	121,3	121,5	121,6	121,7	121,9	122,0	122,1	122,3	122,4	122,5
920	122,7	122,8	122,9	123,1	123,2	123,3	123,5	123,6	123,7	123,9
930	124,0	124,1	124,3	124,4	124,5	124,7	124,8	124,9	125,1	125,2
940	125,3	125,5	125,6	125,7	125,9	126,0	126,1	126,3	126,4	126,5
950	126,7	126,8	126,9	127,1	127,2	127,3	127,5	127,6	127,7	127,9
960	128,0	128,1	128,3	128,4	128,5	128,7	128,8	128,9	129,1	129,2
970	129,3	129,5	129,6	129,7	129,9	130,0	130,1	130,3	130,4	130,5
980	130,7	130,8	130,9	131,1	131,2	131,3	131,5	131,6	131,7	131,9
990	132,0	132,1	132,3	132,4	132,5	132,7	132,8	132,9	133,1	133,2
mmHg	0	1	2	3	4	5	6	7	8	9

Umrechnungstafel: Thermochemische Kalorien in Joule

1 cal (thermochemische Kalorie) = 4,1840 J

cal	0	1	2	3	4	5	6	7	8	9
100	418,4	422,6	426,8	431,0	435,1	439,3	443,5	447,7	451,9	456,1
110	460,2	464,4	468,6	472,8	477,0	481,2	485,3	489,5	493,7	497,9
120	502,1	506,3	510,4	514,6	518,8	523,0	527,2	531,4	535,6	539,7
130	543,9	548,1	552,3	556,5	560,7	564,8	569,0	573,2	577,4	581,6
140	585,8	589,9	594,1	598,3	602,5	606,7	610,9	615,0	619,2	623,4
150	627,6	631,8	636,0	640,2	644,3	648,5	652,7	656,9	661,1	665,3
160	669,4	673,6	677,8	682,0	686,2	690,4	694,5	698,7	702,9	707,1
170	711,3	715,5	719,6	723,8	728,0	732,2	736,4	740,6	744,8	748,9
180	753,1	757,3	761,5	765,7	769,9	774,0	778,2	782,4	786,6	790,8
190	795,0	799,1	803,3	807,5	811,7	815,9	820,1	824,2	828,4	832,6
200	836,8	841,0	845,2	849,4	853,5	857,7	861,9	866,1	870,3	874,5
210	878,6	882,8	887,0	891,2	895,4	899,6	903,7	907,9	912,1	916,3
220	920,5	924,7	928,8	933,0	937,2	941,4	945,6	949,8	954,0	958,1
230	962,3	966,5	970,7	974,9	979,1	983,2	987,4	991,6	995,8	1000
240	1004	1008	1013	1017	1021	1025	1029	1033	1038	1042
250	1046	1050	1054	1059	1063	1067	1071	1075	1079	1084
260	1088	1092	1096	1100	1105	1109	1113	1117	1121	1125
270	1130	1134	1138	1142	1146	1151	1155	1159	1163	1167
280	1172	1176	1180	1184	1188	1192	1197	1201	1205	1209
290	1213	1218	1222	1226	1230	1234	1238	1243	1247	1251
300	1255	1259	1264	1268	1272	1276	1280	1284	1289	1293
310	1297	1301	1305	1310	1314	1318	1322	1326	1331	1335
320	1339	1343	1347	1351	1356	1360	1364	1368	1372	1377
330	1381	1385	1389	1393	1397	1402	1406	1410	1414	1418
340	1423	1427	1431	1435	1439	1443	1448	1452	1456	1460
350	1464	1469	1473	1477	1481	1485	1490	1494	1498	1502
360	1506	1510	1515	1519	1523	1527	1531	1536	1540	1544
370	1548	1552	1556	1561	1565	1569	1573	1577	1582	1586
380	1590	1594	1598	1602	1607	1611	1615	1619	1623	1628
390	1632	1636	1640	1644	1648	1653	1657	1661	1665	1669
400	1674	1678	1682	1686	1690	1695	1699	1703	1707	1711
410	1715	1720	1724	1728	1732	1736	1741	1745	1749	1753
420	1757	1761	1766	1770	1774	1778	1782	1787	1791	1795
430	1799	1803	1807	1812	1816	1820	1824	1828	1833	1837
440	1841	1845	1849	1854	1858	1862	1866	1870	1874	1879
450	1883	1887	1891	1895	1900	1904	1908	1912	1916	1920
460	1925	1929	1933	1937	1941	1946	1950	1954	1958	1962
470	1966	1971	1975	1979	1983	1987	1992	1996	2000	2004
480	2008	2013	2017	2021	2025	2029	2033	2038	2042	2046
490	2050	2054	2059	2063	2067	2071	2075	2079	2084	2088
500	2092	2096	2100	2105	2109	2113	2117	2121	2125	2130
510	2134	2138	2142	2146	2151	2155	2159	2163	2167	2171
520	2176	2180	2184	2188	2192	2197	2201	2205	2209	2213
530	2218	2222	2226	2230	2234	2238	2243	2247	2251	2255
540	2259	2264	2268	2272	2276	2280	2284	2289	2293	2297
cal	0	1	2	3	4	5	6	7	8	9

cal	0	1	2	3	4	5	6	7	8	9
550	2301	2305	2310	2314	2318	2322	2326	2330	2335	2339
560	2343	2347	2351	2356	2360	2364	2368	2372	2377	2381
570	2385	2389	2393	2397	2402	2406	2410	2414	2418	2423
580	2427	2431	2435	2439	2443	2448	2452	2456	2460	2464
590	2469	2473	2477	2481	2485	2489	2494	2498	2502	2506
600	2510	2515	2519	2523	2527	2531	2536	2540	2544	2548
610	2552	2556	2561	2565	2569	2573	2577	2582	2586	2590
620	2594	2598	2602	2607	2611	2615	2619	2623	2628	2632
630	2636	2640	2644	2648	2653	2657	2661	2665	2669	2674
640	2678	2682	2686	2690	2694	2699	2703	2707	2711	2715
650	2720	2724	2728	2732	2736	2741	2745	2749	2753	2757
660	2761	2766	2770	2774	2778	2782	2787	2791	2795	2799
670	2803	2807	2812	2816	2820	2824	2828	2833	2837	2841
680	2845	2849	2853	2858	2862	2866	2870	2874	2879	2883
690	2887	2891	2895	2900	2904	2908	2912	2916	2920	2925
700	2929	2933	2937	2941	2946	2950	2954	2958	2962	2966
710	2971	2975	2979	2983	2987	2992	2996	3000	3004	3008
720	3012	3017	3021	3025	3029	3033	3038	3042	3046	3050
730	3054	3059	3063	3067	3071	3075	3079	3084	3088	3092
740	3096	3100	3105	3109	3113	3117	3121	3125	3130	3134
750	3138	3142	3146	3151	3155	3159	3163	3167	3171	3176
760	3180	3184	3188	3192	3197	3201	3205	3209	3213	3217
770	3222	3226	3230	3234	3238	3243	3247	3251	3255	3259
780	3264	3268	3272	3276	3280	3284	3289	3293	3297	3301
790	3305	3310	3314	3318	3322	3326	3330	3335	3339	3343
800	3347	3351	3356	3360	3364	3368	3372	3376	3381	3385
810	3389	3393	3397	3402	3406	3410	3414	3418	3423	3427
820	3431	3435	3439	3443	3448	3452	3456	3460	3464	3469
830	3473	3477	3481	3485	3489	3494	3498	3502	3506	3510
840	3515	3519	3523	3527	3531	3535	3540	3544	3548	3552
850	3556	3561	3565	3569	3573	3577	3582	3586	3590	3594
860	3598	3602	3607	3611	3615	3619	3623	3628	3632	3636
870	3640	3644	3648	3653	3657	3661	3665	3669	3674	3678
880	3682	3686	3690	3694	3699	3703	3707	3711	3715	3720
890	3724	3728	3732	3736	3740	3745	3749	3753	3757	3761
900	3766	3770	3774	3778	3782	3787	3791	3795	3799	3803
910	3807	3812	3816	3820	3824	3828	3833	3837	3841	3845
920	3849	3853	3858	3862	3866	3870	3874	3879	3883	3887
930	3891	3895	3899	3904	3908	3912	3916	3920	3925	3929
940	3933	3937	3941	3946	3950	3954	3958	3962	3966	3971
950	3975	3979	3983	3987	3992	3996	4000	4004	4008	4012
960	4017	4021	4025	4029	4033	4038	4042	4046	4050	4054
970	4058	4063	4067	4071	4075	4079	4084	4088	4092	4096
980	4100	4105	4109	4113	4117	4121	4125	4130	4134	4138
990	4142	4146	4151	4155	4159	4163	4167	4171	4176	4180
cal	0	1	2	3	4	5	6	7	8	9

Länge, Geschwindigkeit, Zeit, Masse: einige nützliche Werte

Im folgenden ist eine Reihe von Längen, Massen, usw. aufgestellt, die für Abschätzungen und Überschlagsrechnungen nützlich sein können. Diese Tabelle sollte häufig benutzt werden, bis man mit den aufgeführten Größen vertraut ist. Größenordnungen physikalischer Größen wie Enthalpie oder Zugfestigkeit sind in den entsprechenden Tabellen nachzuschlagen.

Länge

10^{-15} m	Protonenradius		
10^{-12} m	Wellenlänge von Gammastrahlen (0,8 MeV)	0,24 m	Länge eines Standardziegelsteins
10^{-10} m	Untere Grenze des Auflösungsvermögens vom Elektronenmikroskop	1,8 m	Größe eines Menschen
10^{-10} m	Durchmesser des Wasserstoffatoms	6,0 m	Höhe eines modernen zweistöckigen Hauses bis zum Dach
10^{-7} m	Mittlere freie Weglänge von Luftmolekülen	20 m	Breite eines Hallenhandballfeldes
$5 \cdot 10^{-7}$ m	Wellenlänge von sichtbarem Licht	300 m	Wellenlänge von Radiowellen (1 MHz)
10^{-6} m	Durchmesser feinster gezogener Quarzfäden	380 m	Länge von Supertankern
$2 \cdot 10^{-6}$ m	Durchmesser von Staphylokokken (kleine Bakterien)	450 m	Höhe des Empire State Building
$5 \cdot 10^{-6}$ m	Länge menschlicher Chromosome	8800 m	Höhe des Mount Everest
$7,5 \cdot 10^{-6}$ m	Durchmesser menschlicher Blutkörperchen	10^4 m	Größte Tiefe des Ozeans
$2 \cdot 10^{-5}$ m	Durchmesser feinster kommerzieller Glaskapillaren	$1,7 \cdot 10^6$ m	Mondradius
10^{-4} m	Dicke von Papier	$6 \cdot 10^6$ m	Erdradius
$2 \cdot 10^{-4}$ m	Durchmesser einer einzelnen Glasfaser eines Lichtleiters	$4 \cdot 10^8$ m	Abstand Erde − Mond
10^{-3} m	Durchmesser eines einadrigen 5-A-Leiters	$1,5 \cdot 10^{11}$ m	Abstand Erde − Sonne
$1,4 \cdot 10^{-3}$ m	Dicke eines Pfennigs	$9,5 \cdot 10^{15}$ m	1 Lichtjahr
0,02 m	Breite einer Briefmarke / Durchmesser eines 50-Pfennig-Stücks	$4,6 \cdot 10^{16}$ m	Abstand des nächsten Sterns
0,03 m	Durchmesser eines Fünf-Mark-Stücks	10^{21} m	Radius der lokalen Galaxis (Milchstraße)
0,210 m · 0,297	DIN-A-4-Papierblatt [A]	10^{22} m	Mittlerer Abstand zwischen Galaxien
		$3 \cdot 10^{26}$ m	Radius des beobachtbaren Universums

Geschwindigkeit

$3 \cdot 10^8$ m s^{-1}	Licht in Vakuum		
$6 \cdot 10^5$ m s^{-1}	Elektron (1 eV)	283 m s^{-1}	Geschwindigkeitsrekord an Land
$1,1 \cdot 10^4$ m s^{-1}	Fluchtgeschwindigkeit von der Erde	147 m s^{-1}	Geschwindigkeitsrekord im Wasser
$2 \cdot 10^3$ m s^{-1}	Neutron (0,025 eV)	47 m s^{-1}	Schnellster Vogel
500 m s^{-1}	Luftmolekül	28 m s^{-1}	Geschwindigkeitsbegrenzung auf Straßen (100 km/h)
330 m s^{-1}	Schallgeschwindigkeit in Luft	27 m s^{-1}	Schnellstes Landtier
		10 m s^{-1}	Schnellster Sprint (Mensch)

Anmerkung [A] aufeinanderfolgende Papierformate in der A-Reihe halbieren die längste Dimension. Dieses Buch hat das Format DIN A5.

Zeit

$3 \cdot 10^{-24}$ s	Licht durchläuft Proton
10^{-22} s	Protonendrehung im Kern
$3 \cdot 10^{-19}$ s	Licht durchläuft Atom
10^{-16} bis 10^{-20} s	Dauer des Elektronenumlaufs um den Kern
$2 \cdot 10^{-15}$ s	Periode von sichtbarem Licht
10^{-13} s	Schwingungsperiode von Ionen im Festkörper
10^{-12} s	Periode des molekularen Spins (Infrarot)
10^{-11} s	Periode von Millimeterwellen
10^{-9} s	untere Grenze direkter Zeitmessung
10^{-8} s	Licht durchquert einen Raum
10^{-7} s	Totzeit eines Szintillationszählers
10^{-6} s	Periode der Trägerfrequenz des kommerziellen MW-Rundfunks
10^{-5} s	Stroboskopischer Lichtblitz
$2 \cdot 10^{-5}$ s	Totzeit eines Geigerzählers
10^{-4} s	Periode von Schall (höchste wahrnehmbare Frequenz)
$2 \cdot 10^{-2}$ s	Periode des Netzwechselstromes
0,1 bis 0,2 s	Menschliche Reaktionszeit
0,7 s	angenehme Widerhallzeit in der Wohnung
60 s	1 Minute
500 s	Laufzeit des Lichts von der Sonne zur Erde
10^{5} s	1 Tag
$3 \cdot 10^{7}$ s	1 Jahr
$2 \cdot 10^{9}$ s	durchschnittliche Lebenserwartung eines Menschen
$5 \cdot 10^{10}$ s	Halbwertszeit von Radium
10^{14} s	Alter des Menschen (*Homo sapiens*)
10^{17} s	Alter der Erde und der ältesten Felsen
$1,4 \cdot 10^{17}$ s	Halbwertszeit von Uran
10^{18} s	erwartete Dauer der Existenz der Sonne als strahlender Stern

Masse

10^{-30} kg	Elektron
$1,7 \cdot 10^{-27}$ kg	Proton
$4 \cdot 10^{-25}$ kg	Uran-Atom
10^{-22} kg	Hämoglobin-Molekül
$4 \cdot 10^{-15}$ kg	Staphylokokken
$6 \cdot 10^{-10}$ kg	Grenze für direktes Wägen
10^{-7} kg	Sandkorn (Radius $2 \cdot 10^{-4}$ m)
$2,5 \cdot 10^{-3}$ kg	kleinstes englisches Säugetier (Zwerg-Spitzmaus)
$1,5 \cdot 10^{-2}$ kg	Hausmaus
4 kg	Standard-Ziegelstein
5 kg	Katze
65 kg	Mensch
100 kg	Erdsatellit (Sputnik I)
650 kg	Auto ('Mini')
10^{3} kg	Kubikmeter Wasser
$2 \cdot 10^{4}$ kg	Elefant
10^{5} kg	Blauwal
$3 \cdot 10^{6}$ kg	schwerster Baum
$3 \cdot 10^{8}$ kg	beladener Super-Öltanker
$5 \cdot 10^{18}$ kg	Gesamtmasse der Atmosphäre
10^{21} kg	Gesamtmasse der Ozeane
$7 \cdot 10^{22}$ kg	Mondmasse
$6 \cdot 10^{24}$ kg	Erdmasse
$2 \cdot 10^{20}$ kg	Sonnenmasse
10^{41} kg	Masse der lokalen Galaxis (Michstraße)
10^{52} kg	Gesamtmasse des beobachtbaren Universums

Chemische Elemente (alphabetische Ordnung)

Name, Symbol, Ordnungszahl, molare Masse, Isotopenverhältnis, Radius, natürliche Häufigkeit und Preis.

Z Ordnungszahl

M molare Masse für das natürlich auftretende Isotopenverhältnis ($\hat{=}$ zahlenmäßig der relativen Atommasse) mit der höchsten bisher erreichten Genauigkeit.

r_{kov} Atomradius in Kovalenzbindungen

$Q_{r\oplus}$ Häufigkeit des Elements auf der Erde bezüglich der Masse relativ zur Masse von Silicium. $Q_{r\oplus}(Si) = 100$.

Anmerkungen

1 Molare Masse

Zur Umrechnung von M auf die alte Skala mit der Basis $M(^{16}O) =$ 16,000 000 0 g mol^{-1} multipliziere man mit 1,000 320 3. Abgesehen von den folgenden Ausnahmen wird angenommen, daß das natürlich auftretende Isotopenverhältnis und damit der Wert von M für jedes Element im ganzen Sonnensystem und möglicherweise im ganzen Universum konstant ist.

Die folgenden Elemente, gekennzeichnet mit *, zeigen Schwankungen in M, die auf Variation des Isotopenverhältnisses zurückzuführen sind.

H	B	C	O	Si	S
± 0,000 01	± 0,003	± 0,000 05	± 0,000 1	± 0,001	± 0,003 g mol^{-1}

Die folgenden Elemente, gekennzeichnet mit ‡, zeigen ziemlich große experimentelle Unsicherheiten in M.

Ne	Cl	Cr	Fe	Cu	Br	Ag
±0,003	± 0,001	± 0,001	± 0,003	± 0,001	± 0,002	± 0,003 g mol^{-1}

2 Massenzahlen

Radioaktive Nuklide sind in Kursiv-Schrift gesetzt. NR kennzeichnet ein natürlich auftretendes Radionuklid und KR ein künstliches Radionuklid. Die Namen von Elementen, die nicht natürlich auf der Erde gefunden werden, sind kursiv gesetzt.

3 Häufigkeit

Die angegebenen Werte beziehen sich auf die ganze Erde und es gibt sehr signifikante lokale Unterschiede. Einige der genannten Zahlen können um einen Faktor 10 oder mehr falsch sein. Siehe auch S. 63 TCE.

Es wird angenommen, daß die absolute irdische Häufigkeit bezüglich der Masse von Si 27,72 Prozent beträgt.

In anderen Teilen des Universums ist die relative Häufigkeit der weniger flüchtigen Elemente wahrscheinlich ungefähr so groß wie auf der Erde, aber die relative Häufigkeit von Gasen und flüchtigen Elementen hängt sehr stark von der Größe und der thermischen Entwicklung des jeweiligen Körpers ab. Die folgenden Häufigkeiten im Sonnensystem, ebenfalls relativ zu Silicium ($Q_{r\odot}(Si) = 100$), sind wahrscheinlich ungefähr so groß wie die Werte für das gesamte Universum.

Element	H	He	C	N	O	Mg	Fe
$Q_{r\odot}$	110 000	91 000	730	150	1 700	68	24

Literaturhinweise: R 1, R 24, R 65.

Element	Symbol	Z	$M/\text{g mol}^{-1}$	Stabile Massenzahlen und prozentuale Häufigkeiten (in Klammern)	r_{kov}/nm	$\varrho_{\text{r}\oplus}$
					—	$1,3 \cdot 10^{-15}$
Actinium	Ac	89	227,0000	*227* (NR), *228* (NR)	0,125	35,8
Aluminium	Al	13	26,9185	27(100)	—	
Americium	Am	95	243,0000	*243* (KR)	0,141	$4,4 \cdot 10^{-4}$
Antimon	Sb A	51	121,7550	121(57,25), *123*(42,75)	—	$1,8 \cdot 10^{-5}$
Argon	Ar B	18	39,9480	36(0,34), 38(0,063), 40(99,6)	0,121	$2,2 \cdot 10^{-3}$
Arsen	As	33	74,9216	75(100)	—	—
Astat	At	85	210,0000	*206* (NR), *215* (NR)		
Barium	Ba	56	137,3400	130(0,101), 132(0,097), 134(2,42), 135(6,59), 136(7,81), 137(11,32), 138(71,66)	0,198	$5,7 \cdot 10^{-1}$
Berkelium	Bk	97	249,0000	*249* (KR)	0,089	$2,6 \cdot 10^{-3}$
Beryllium	Be	4	9,0122	9(100)	0,154	$7,0 \cdot 10^{-3}$
Blei	Pb C	82	207,1900**	*202*(0,5), 204(1,40), **206**(25,1), 207(21,7), **208**(52,3)	0,080	$1,3 \cdot 10^{-3}$
Bor	B	5	10,8110*	10(19,7)*, 11(80,3*)	0,114	$7,1 \cdot 10^{-4}$
Brom	Br	35	79,9090‡	79(50,52), 81(49,48)		
Cadmium	Cd	48	112,4000	106(1,22), 108(0,88), 110(12,39), 111(12,75), 112(24,07), 113(12,26), 114(28,86), 116(7,58)	0,141	$6,6 \cdot 10^{-5}$
Caesium D	Cs	55	132,9050	133(100)	0,235	$3,1 \cdot 10^{-3}$
Calcium	Ca	20	40,0800	40(96,97), 42(0,64), 43(0,15), 44(2,06), 46(0,003), 48(0,19)	0,174	16,0
Californium	Cf	98	251,0000	*251* (KR)	—	$2,0 \cdot 10^{-2}$
Cer	Ce	58	140,1200	*136*(0,193), 138(0,23), 140(88,48), *142*(11,07)	0,099	$1,4 \cdot 10^{-1}$
Chlor	Cl	17	35,4530‡	35(75,53), 37(24,47)	0,117	$4,4 \cdot 10^{-2}$
Chrom	Cr	24	51,9960‡	50(4,31), 52(83,76), 53(9,55), 54(2,38)		
Columbium	Cb nun als Niob bekannt				—	—
Curium	Cm	96	247,0000	*247* (KR)		
					—	$8,5 \cdot 10^{-5}$
Deuterium	D Synonym für ^{2}H				—	$2,0 \cdot 10^{-3}$
Dysprosium	Dy	66	162,5000	*156*(0,05), *158*(0,09), 160(2,29), 611(18,88), 162(25,53), 163(24,97), 164(28,18)		
Einsteinium	Es	99	254,0000	*254* (KR)	—	
Emanation	Em veraltet für Radon				0,116	22,0
Eisen	Fe E	26	55,8470‡	54(5,84), 56(91,68), 57(2,17), 58(0,31)	—	$1,1 \cdot 10^{-3}$
Erbium	Er	68	167,2600	162(0,14), 164(1,56), 166(33,41), 167(22,94), 168(27,07), 170(14,88)	—	$4,7 \cdot 10^{-4}$
Europium	Eu	63	151,9600	151(47,77), 153(52,23)		

* variables Isotopenverhältnis, siehe S. 24. ** variabel wegen Radioaktivität. ‡ experimentelle Unsicherheit siehe S. 24. A Stibium. B Früher wurde A benutzt um Argon zu bezeichnen. C Plumbum. D Die Buchstabierung Cäsium wird häufig benutzt. E Ferrum.

Chemische Elemente (alphabetische Ordnung) – (Fortsetzung)

Element	Symbol	Z	$M/\mathrm{g\,mol^{-1}}$	Stabile Massenzahlen und prozentuale Häufigkeiten (in Klammern)	r_{kov}/nm	$Q_{r_\oplus}$
Fermium	Fm	100	253,0000	253 (KR)	—	—
Fluor	F	9	18,9984	19(100)	0,072	$4{,}0 \cdot 10^{-1}$
Francium	Fr	87	223,0000	223 (NR)	—	—
Gadolinium	Gd	64	157,2500	152(0,20), 154(2,15), 155(14,7), 156(20,47), 157(15,68), 158(24,9), 160(21,9)	—	2,1
Gallium	Ga	31	69,7200	69(60,2), 71(39,8)	0,125	$6{,}6 \cdot 10^{-3}$
Germanium	Ge	32	72,5900	70(20,55), 72(27,37), 73(7,67), 74(36,74), 76(7,67)	0,122	$3{,}1 \cdot 10^{-3}$
Gold	Au[F]	79	196,9670	197(100)	0,134	$2{,}2 \cdot 10^{-6}$
Hafnium	Hf	72	178,4900	174(0,16), 176(5,21), 177(18,56), 178(27,1), 179(13,75), 180(35,22)	0,144	$2{,}0 \cdot 10^{-3}$
Helium	He	2	4,0026	3(0,00013) {Atmosphäre}, 4(≈ 100)	—	$1{,}3 \cdot 10^{-6}$
Holmium	Ho	67	164,9300	165(100)	—	$5{,}1 \cdot 10^{-4}$
Indium	In	49	114,8200	113(4,23), 115(95,77)	0,150	$4{,}4 \cdot 10^{-5}$
Ionium	Io		veraltet für ^{230}Th			
Iridium	Ir	77	192,2000	191(38,5), 193(61,5)	0,126	$4{,}4 \cdot 10^{-7}$
Jod	I	53	126,9044	127(100)	0,133	$1{,}3 \cdot 10^{-4}$
Kalium	K	19	39,1020	39(93,22), 40(0,12), 41(6,77)	0,203	11,4
Kobalt	Co	27	58,9332	59(100)	0,116	$1{,}0 \cdot 10^{-2}$
Kohlenstoff	C[G]	6	12,0111*	12(98,89), 13(1,11) {Kalkstein CO_2}: 14(**NR)	0,077	$1{,}4 \cdot 10^{-1}$
Krypton	Kr	36	83,8000	78(0,35), 80(2,27), 82(11,56), 83(11,55), 84(56,90), 86(17,37)	—	$4{,}3 \cdot 10^{-8}$
Kupfer	Cu[H]	29	63,5400‡	63(69,1), 65(30,9)	0,117	$3{,}1 \cdot 10^{-2}$
Lanthan	La	57	138,9100	138(0,09), 139(99,91)	0,169	$8{,}1 \cdot 10^{-3}$
Lawrencium	Lr	103	257,0000	257 (KR)	—	—
Lithium	Li	3	6,9390	6(7,42), 7(92,58)	0,123	$2{,}9 \cdot 10^{-2}$
Lutetium	Lu	71	174,9700	175(97,4), 176(2,60)	—	$3{,}3 \cdot 10^{-4}$
Magnesium	Mg	12	24,3120	24(78,60), 25(10,11), 26(11,29)	0,136	9,2
Mangan	Mn	25	54,9380	55(100)	0,117	$4{,}4 \cdot 10^{-1}$
Mendelevium	Md	101	256,0000	256 (KR)	—	
Molybdän	Mo	42	95,9400	92(15,86), 94(9,12), 95(15,70), 96(16,50), 97(9,45), 98(23,75), 100(9,62)	0,129	$6{,}6 \cdot 10^{-3}$

* variables Isotopenverhältnis, siehe S. 24. ** variabel wegen Radioaktivität. ‡ experimentelle Unsicherheit siehe S. 24. [F] Aurum. [G] Carbon. [H] Cuprum.

Element	Symbol	Z	M/g mol^{-1}	Stabile Massenzahlen und prozentuale Häufigkeiten (in Klammern)	r_{kov}/nm	$Q_{r\oplus}$
					0,157	12,5
Natrium	Na	11	22,9898	23(100)	—	1,1 · 10^{-2}
Neodym	Nd	60	144,2400	142(27,13), 143(12,20), *144*(23,87), *145*(8,29), 146(17,18), 148(5,72), *150*(5,6)	—	3,1 · 10^{-8}
Neon	Ne	10	20,1830‡	20(90,92), 21(0,26), 22(8,82)	—	—
Neptunium	Np	93	237,0000	*237*(KR), *239*(KR)	0,115	3,5 · 10^{-2}
Nickel	Ni	28	58,7100	58(67,76), 60(26,16), 61(1,25), 62(3,66), 64(1,16)	0,134	1,1 · 10^{-2}
Niob	Nb	41	92,9060	93(100)	—	
Nobelium	No	102	254,0000	*254*(KR)		
Osmium	Os	76	190,2000	188(13,3), 189(16,1), 190(26,4), *192*(41,0)	0,126	2,2 · 10^{-6}
Palladium	Pd	46	106,4000	102(1,0), 104(11,0), 105(22,2), 106(27,3), 108(26,7), 110(11,8)	0,128	4,4 · 10^{-6}
Phosphor	P	15	30,9738	31(100)	0,110	5,2
Platin	Pt	78	195,0900	*190*(0,01), *192*(0,78), 194(32,9), 195(33,8), 196(25,2), 198(7,2)	0,129	2,2 · 10^{-6}
Plutonium	Pu	94	242,0000	*238* (KR), *239* (KR), *242* (KR)	—	1,3 · 10^{-1}
Polonium	Po	84	210,0000	*210* (NR)	—	2,4 · 10^{-3}
Praseodym	Pr	59	140,9070	*141*(100)	—	—
Promethium	Pm	61	145.0000	*145* (KR)	—	3,5 · 10^{-10}
Protactinium	Pa	91	231,0000	*231* (NR Vorläufer)		
Quecksilber	Hg^{I}	80	200,5900	*196*(0,15), 198(10,02), 199(16,84), 200(23,13), 201(13,22), 202(29,80), 204(6,85)	0,144	2,2 · 10^{-4}
Radium	Ra	88	226,0500	*226* (NR), *228* (NR), *224* (NR), *223* (NR) {Ordnung nach abnehmender Häufigkeit}		5,7 · 10^{-9}
Radon	Rn	86	222,0000	*222* (NR), *220* (NR) {Ordnung nach abnehmender Häufigkeit}	0,128	4,4 · 10^{-8}
Rhenium	Re	75	186,2000	185(37,07), *187*(62,93)	0,125	4,4 · 10^{-7}
Rhodium	Rh	45	102,9050	103(100)	0,216	1,4 · 10^{-1}
Rubidium	Rb	37	85,4700	85(72,15), *87*(27,85)	0,124	1,8 · 10^{-6}
Ruthenium	Ru	44	101,0700	96(5,46), 98(1,87), 99(12,63), 100(12,53), 101(17,02), 102 (31,60), 104(18,87)	—	2,8 · 10^{-3}
Samarium	Sm	62	150,3500	144(3,16), *147*(15,07), 148(11,27), *149*(13,82), 150(7,47), 152(26,63), 154(22,53)	0,074	2,1 · 10^{2}
Sauerstoff	O^{K}	8	15,9940*	16(99,759), 17(0,037), 18(0,204) {Luft}	0,144	2,2 · 10^{-3}
Scandium	Sc	21	44,9560	45(100)	0,104	2,3 · 10^{-1}
Schwefel	S	16	32,0640*	32(95), 33(0,76), 34(4,22), 36(0,01)	0,117	4,0 · 10^{-5}
Selen	Se	34	78,9600	74(0,89), 76(9,02), 77(7,58), 78(23,52), 80(49,82), *82*(9,19)		

* variables Isotopenverhältnis, siehe S. 24. ‡ experimentelle Unsicherheit, siehe S. 24. ^{I} Hydrargyrum. ^{K} Oxygenium.

Chemische Elemente (alphabetische Ordnung) – (Fortsetzung)

Element	Symbol	Z	M/g mol^{-1}	Stabile Massenzahlen und prozentuale Häufigkeiten (in Klammern)	r_{kov}/nm	$Q_{r\oplus}$
Silicium	Si	14	28,0860*	**28**(92,18), **29**(4,71), **30**(3,12)	0,117	$1{,}0 \cdot 10^{2}$
Silber	Ag[L]	47	107,8700‡	**107**(51,35), **109**(48,65)	0,134	$4{,}4 \cdot 10^{-5}$
Stickstoff	N[M]	7	14,0067	**14**(99,63), **15**(0,37)	0,074	$9{,}0 \cdot 10^{-2}$
Strontium	Sr	38	87,6200	**84**(0,56), **86**(9,86), **87**(7,02), **88**(82,56)	0,191	$1{,}3 \cdot 10^{-1}$
Tantal	Ta	73	180,9480	*180*(0,01), **181**(99,99)	0,134	$9{,}2 \cdot 10^{-4}$
Technetium	Tc	43	99,0000	*99* (KR)	—	—
Tellur	Te	52	127,6000	**120**(0,09), **122**(2,46), **123**(0,87), **124**(4,61), **125**(6,99), **126**(18,71), **128**(31,79), *130*(34,49)	0,137	$8{,}8 \cdot 10^{-7}$
Terbium	Tb	65	158,9240	*159*(100)	—	$4{,}0 \cdot 10^{-4}$
Thallium	Tl	81	204,3700	**203**(29,5), **205**(70,5)	0,155	$1{,}3 \cdot 10^{-3}$
Thorium	Th	90	232,0380	*232* (100 NR Vorläufer)	—	$5{,}1 \cdot 10^{-3}$
Thoron	(Tn)			Synonym für ^{220}Rn	—	
Thulium	Tm	69	168,9340	*169*(100)	—	$8{,}8 \cdot 10^{-5}$
Titan	Ti	22	47,9000	**46**(7,99), **47**(7,32), **48**(73,99), **49**(5,46), **50**(5,25)	0,132	1,4
Tritium	T			Synonym für ^{3}H (NR und KR)	—	
Uran	U	92	238,0300	*234*(0,0057), *235*(0,7196), *238*(99,276) {alle NR: Anteile am natürlichen U}	—	$1{,}8 \cdot 10^{-3}$
Vanadium	V	23	50,9420	*50*(0,25), **51**(99,75)	0,122	$6{,}6 \cdot 10^{-2}$
Wasserstoff	H[N]	1	1,0079*	**1**(99,985), **2**(0,015), *3*(**NR)	0,037	$5{,}7 \cdot 10^{-1}$
Wismut	Bi[O]	83	208,9800	*209*(100)	0,152	$8{,}8 \cdot 10^{-5}$
Wolfram	W	74	183,8500	*180*(0,14), **182**(26,4), *183*(14,4), **184**(30,6), *186*(28,4)	0,130	$3{,}0 \cdot 10^{-2}$
Xenon	Xe	54	131,3000	**124**(0,013), **126**(0,09), **128**(1,92), **129**(26,44), **130**(4,08), **131**(21,18), **132**(26,89), **134**(10,4), **136**(8,87)	—	$5{,}3 \cdot 10^{-10}$
Ytterbium	Yb	70	173,0400	**168**(0,14), **170**(3,03), **171**(14,31), **172**(21,82), **173**(16,13), **174**(31,84), **176**(12,73)	—	$1{,}2 \cdot 10^{-3}$
Yttrium	Y	39	88,9050	**89**(100)	0,162	$1{,}2 \cdot 10^{-2}$
Zink	Zn	30	65,3700	*64*(48,89), **66**(27,81), **67**(4,11), **68**(18,56), *70*(0,62)	0,125	$5{,}8 \cdot 10^{-2}$
Zinn	Sn[P]	50	118,6900	**112**(0,95), **114**(0,65), **115**(0,34), **116**(14,24), **117**(7,57), **118**(24,01), **119**(8,58), **120**(32,97), **122**(4,71), **124**(5,98)	0,140	$1{,}8 \cdot 10^{-2}$
Zirkonium	Zr	40	91,2200	**90**(51,46), **91**(11,23), **92**(17,11), **94**(17,40), *96*(2,80)	0,145	$9{,}7 \cdot 10^{-2}$

* variables Isotopenverhältnis, siehe S. 24. ** variabel wegen Radioaktivität. ‡ experimentelle Unsicherheit, siehe S. 24. L Argentum. M Nitrogenium. N Hydrogenium. O Bismutum. P Stannum.

Nuklid-Tafel

Zeichenerklärung:

N Anzahl der Neutronen

Z Anzahl der Protonen

■ natürlich auftretende stabile Nuklide

● natürlich auftretende α-Strahler

○ künstlich erzeugte α-Strahler

▲ natürlich auftretende β^--Strahler

△ künstlich erzeugte β^--Strahler

▽ künstlich erzeugte β^+-Strahler

▽ künstlich erzeugte elektroneneinfangende Strahler

∗ künstliche Nuklide, die durch spontane Spaltung zerfallen

diese Nuklide haben Halbwertszeiten $\leqslant 3$ h

Halbwertszeit eines Neutrons ist 13 min

Es sind nur künstlich erzeugte Nuklide eingezeichnet, deren Halbwertszeiten mehr als einen Tag betragen (an jedem Ende).
Nuklide, deren Halbwertszeiten größer als 10^{10} Jahre sind, werden als stabil bezeichnet.
Radioaktive Nuklide sind nach dem wahrscheinlichsten Zerfallsprozeß klassifiziert.
Die eingetragenen relativen Werte für ▽ und △ sind abhängig von der Wahl der kürzesten Halbwertszeit (insbesondere in dieser Tafel ein Tag).
Die meisten β^+-Strahler zerfallen auch durch Elektroneneinfang.

Radioaktive Zerfallsreihen

A Massenzahl $\qquad$ Z atomare Ordnungszahl

Zweige, die weniger als 1 % der Atome betreffen, wurden weggelassen. Bei der Mehrheit der Zerfallsprozesse wird Gammastrahlung emittiert.

Thorium-Reihe $A = 4n$

In Klammern stehen die alten Symbole für die Nuklide, die nicht mehr verwendet werden.

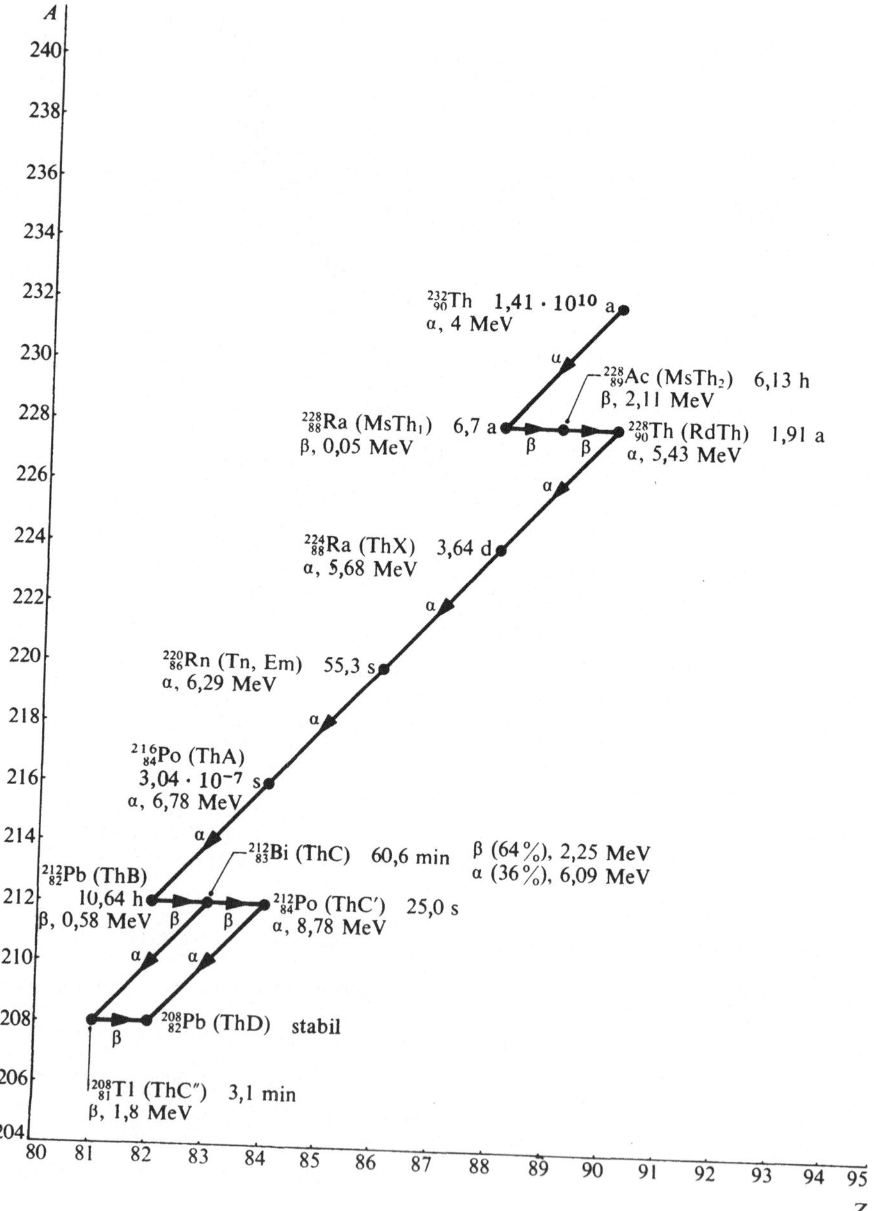

Neptunium-Reihe $A = 4n + 1$

Diese Reihe tritt in der Natur nicht auf. Die Mutterkerne entstehen in Kernreaktoren.

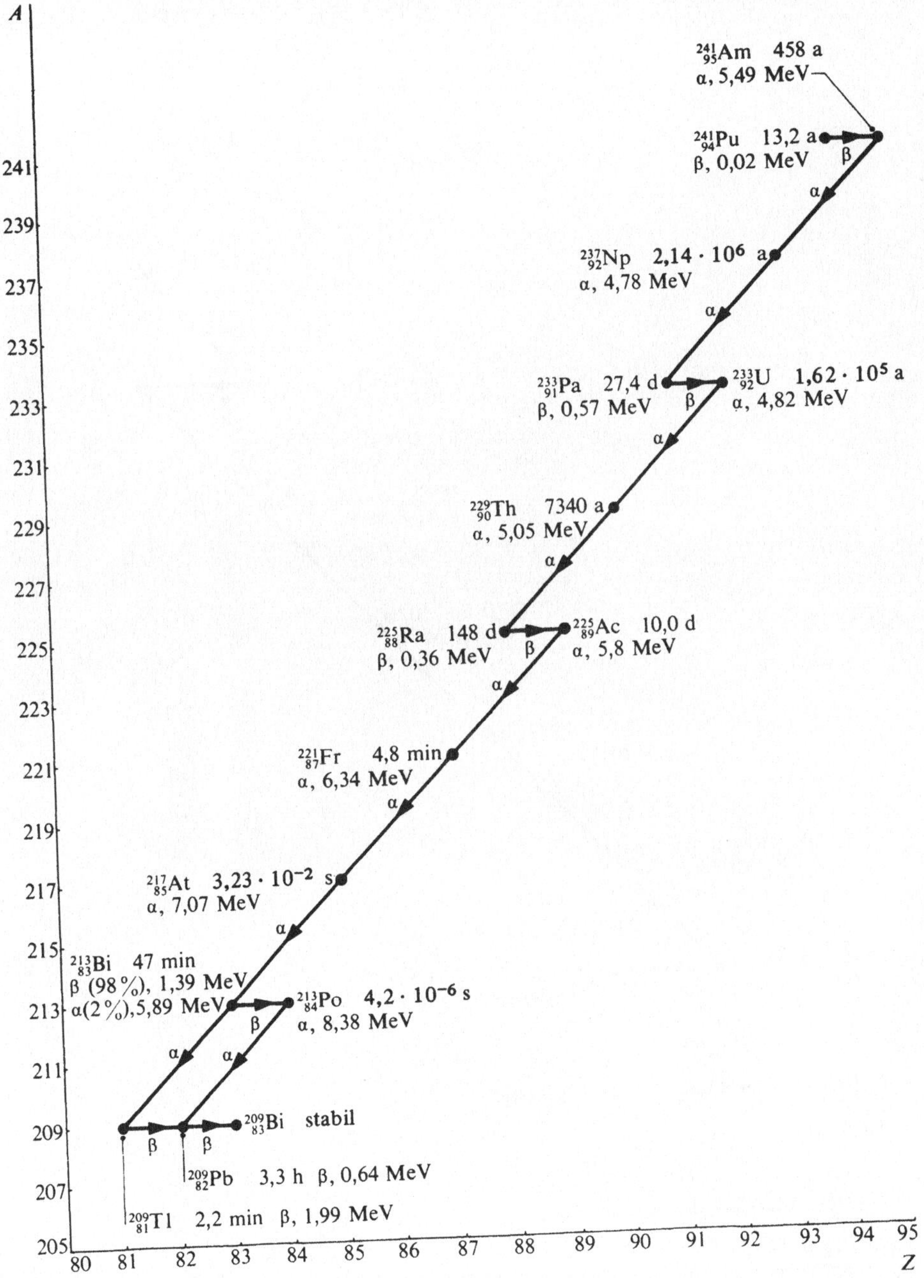

Radioaktive Zerfallsreihen

Uran-Reihe $A = 4n + 2$

In Klammern stehen die alten Symbole für die Nuklide, die nicht mehr verwendet werden.

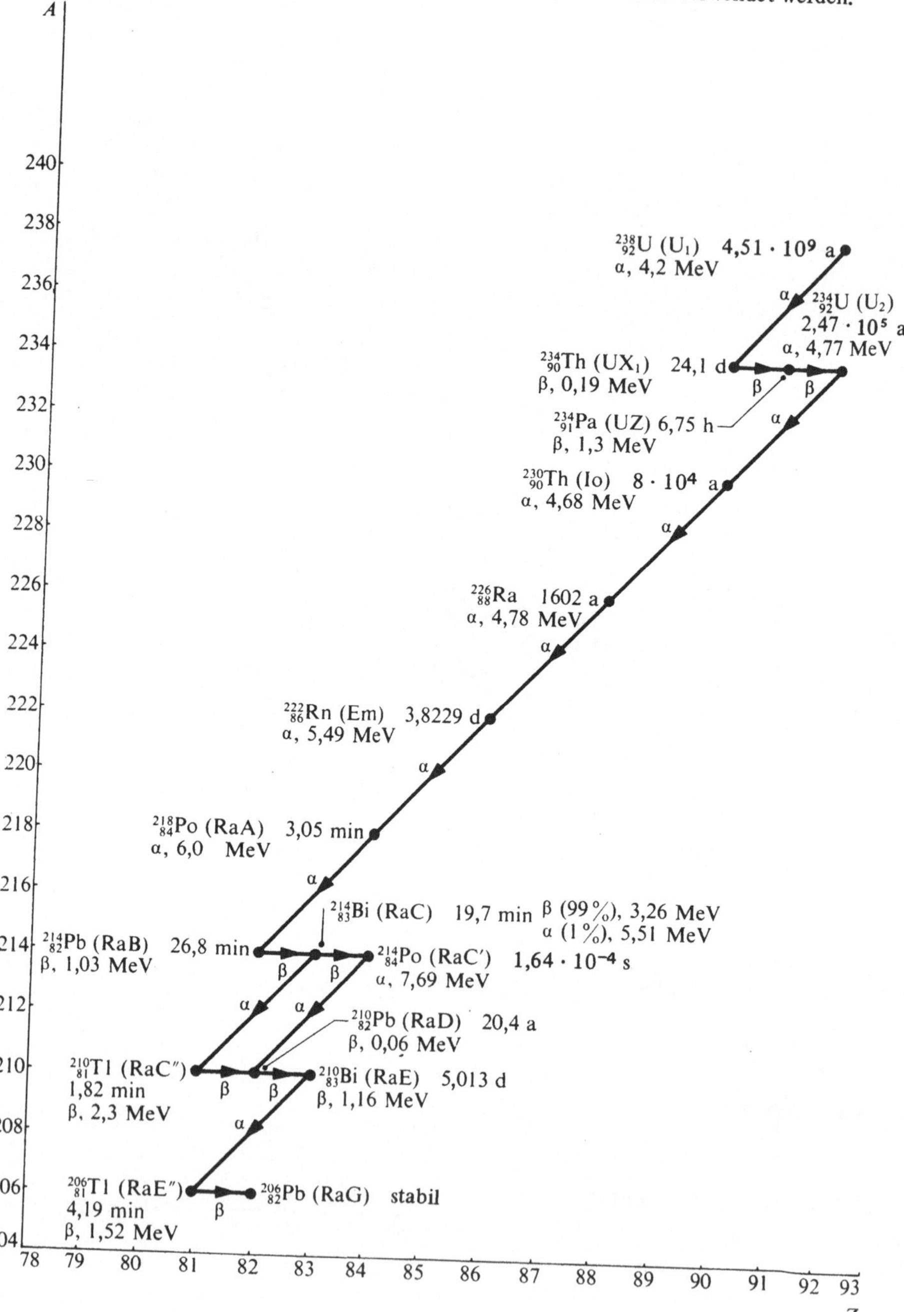

Aktinium-Reihe $A = 4n + 3$

In Klammern stehen die alten Symbole für die Nuklide, die nicht mehr verwendet werden.

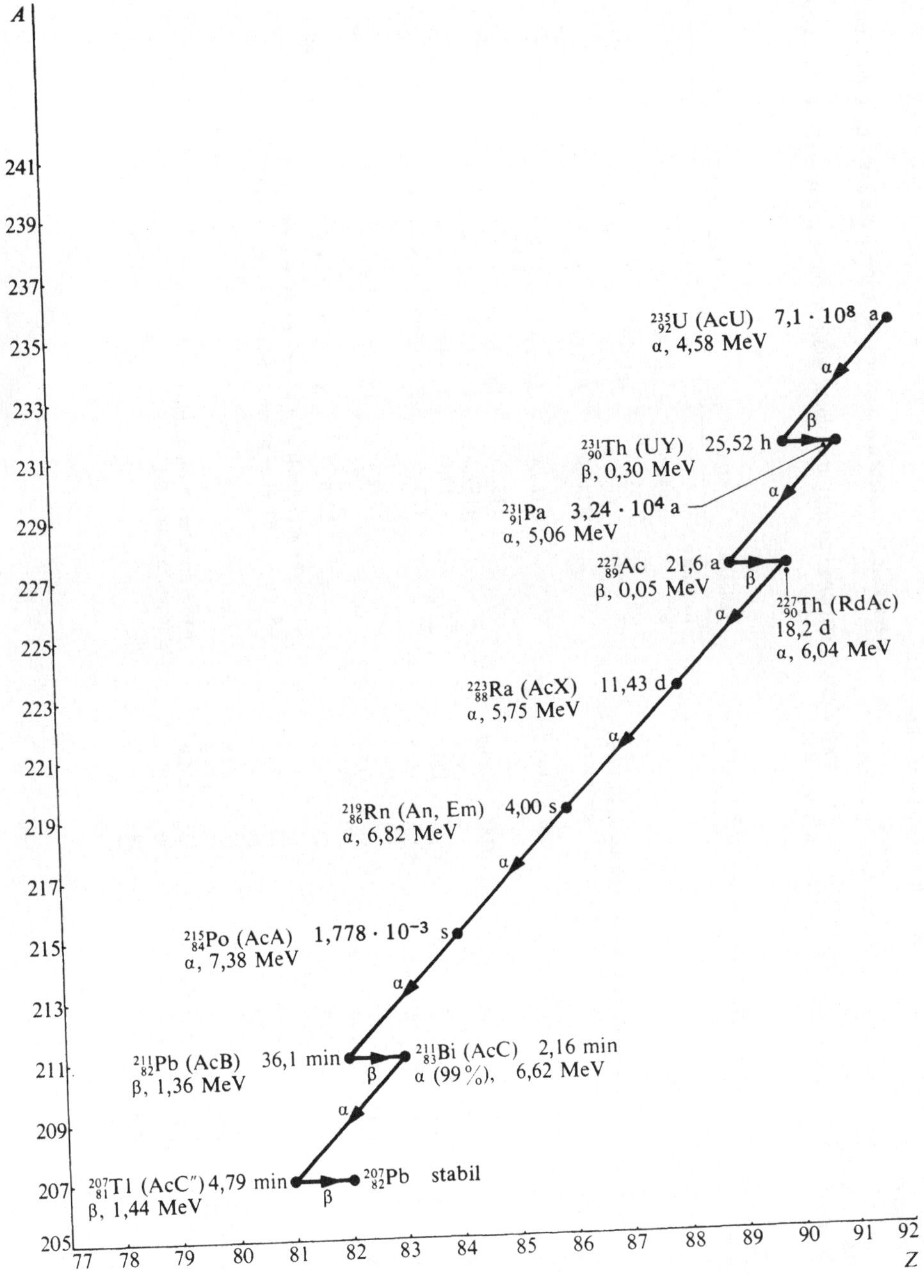

Elementarteilchen

m Ruhemasse des Teilchens
Q beim Zerfall freiwerdende Energie
τ mittlere Lebensdauer des Teilchens
R Verzweigungsverhältnis

Die Indizes geben die Vorzeichen der elektrischen Ladung des Teilchens an. Wenn kein Vorzeichen angegeben ist, können die Zerfallsprodukte ein beliebiges Vorzeichen haben, das mit der Ladungserhaltung vereinbar ist.

Es wurde angenommen, daß Antiteilchen (gleiche Masse, aber umgekehrte elektrische Ladung) in analoger Weise zerfallen mit denselben Werten für τ und Q, aber neueste Arbeiten ließen Zweifel darüber aufkommen.

Teilchen	m/MeV	τ/s	Hauptzerfallsprozesse	R/%	Q/MeV
Photon					
γ	0	stabil			
Leptonen					
ν	0	stabil	Zwei Neutrinoarten existieren, Elektronen (ν_e) oder Myonen (ν_μ) zugeordnet.		
e	0,51	stabil			
μ^+	105,7	$2,2 \cdot 10^{-6}$	$e^+ + \nu_e + \tilde{\nu}_\mu$	100	105,2
Mesonen					
π^+	139,6	$2,6 \cdot 10^{-8}$	$\mu^+ + \nu_\mu$	100	33,9
π^0	135,0	$1,8 \cdot 10^{-16}$	$\gamma + \gamma$	99	135,0
			$\gamma + e^- + e^+$	1	134,0
K^+	493,8	$1,2 \cdot 10^{-8}$	$\mu^+ + \nu_\mu$	63	388,1
			$\pi^+ + \pi^0$	21	219,2
K^0_1	497,8	$8,6 \cdot 10^{-11}$	$\pi^+ + \pi^-$	68	218,5
			$\pi^0 + \pi^0$	32	227,8
K^0_2	497,8	$5,4 \cdot 10^{-8}$	$\pi^0 + \pi^0 + \pi^0$	21	92,8
			$\pi^+ + \pi^- + \pi^0$	13	83,6
			$\pi + \mu + \nu_\mu$	28	252,5
			$\pi + e + \nu_e$	38	357,6
η^0	548,8	$3 \cdot 10^{-19}\dagger$	$\gamma + \gamma$	38	548,8
			$3\pi^0$	29	143,8
			$\pi^+ + \pi^- + \pi^0$	23	134,8
$\rho^{+,0}$	765	$5 \cdot 10^{-24}\dagger$	$\pi + \pi$	100	486
ω^0	783	$5 \cdot 10^{-23}\dagger$	$\pi^+ + \pi^- + \pi^0$	88	369
			$\pi^0 + \gamma$	12	648

Teilchen	m/MeV	τ/s	Hauptzerfallsprozesse	R/%	Q/MeV
Baryonen					
p^+	938,2	stabil			
n^0	939,6	$1,0 \cdot 10^3$	$p^+ + \pi^- \rightarrow$ $\,\,\,\,p^+ + e^- + \tilde{\nu}_e$	100	0,78
Λ^0	1115,6	$2,5 \cdot 10^{-10}$	$p^+ + \pi^-$	65	37,6
			$n + \pi^0$	35	40,9
Σ^+	1189,4	$8,1 \cdot 10^{-11}$	$p^+ + \pi^0$	53	116,2
			$n + \pi^+$	47	110,3
Σ^0	1192,5	$< 1,0 \cdot 10^{-14}$	$\Lambda^0 + \gamma$	100	77,0
Σ^-	1197,3	$1,6 \cdot 10^{-10}$	$n + \pi^-$	100	118,1
Ξ^0	1314,7	$3,0 \cdot 10^{-10}$	$\Lambda + \pi^0$	100	63,9
Ξ^-	1321,2	$1,6 \cdot 10^{-10}$	$\Lambda + \pi^-$	100	65,8
Ω^-	1672,4	$1,3 \cdot 10^{-10}$	$\Xi^+ + \pi^-$	8*	221
			$\Xi^- + \pi^0$	3*	
			$\Lambda^0 + K^-$	13*	66
Δ	1236	$5 \cdot 10^{-24}$	$N + \pi$	100	231

$\Delta^{++} \rightarrow p^+ + \pi^+ (100\%)$; $\Delta^+ \rightarrow p^+ + \pi^0 (67\%)$, $\rightarrow n + \pi^+ (33\%)$;
$\Delta^0 \rightarrow n + \pi^0 (67\%)$, $\rightarrow p^+ + \pi^- (33\%)$; $\Delta^- \rightarrow n + \pi^- (100\%)$.

$\dagger$ Wert unsicher * beobachtet
Literaturhinweis: R4.

Verschiedene kernphysikalische Daten

Reichweite einiger α-Teilchen

E Energie des α-Teilchens zu Anfang R Reichweite

Nuklid	E/MeV	R (Luft, 288 K, 1 bar)/cm		Nuklid	E/MeV	R (Luft, 288 K, 1 bar)/cm
^{232}Th	4,00	2,59		^{210}Po	5,30	3,84
^{238}U	4,20	2,67		^{214}Po	7,68	6,95
^{226}Ra	4,77	3,39		^{212}Po	8,78	8,57

Reichweite von Elektronen in Aluminium

E Anfangsenergie des Elektrons R Reichweite

E/MeV	0,01	0,05	0,1	0,4	1,0	2,0	5,0	10,0
R/g cm^{-2}	0,16	4,0	13,5	120	420	950	2540	5200

Absorption von Röntgenstrahlen und γ-Strahlen

ρ Dichte μ_m Massenschwächungskoeffizient für Energieabsorption
E Photonenenergie   (ohne Berücksichtigung des Compton-Effekts)

Absorber	ρ/g cm^{-3}	E/MeV 0,01	0,05	0,1	0,4 μ_m/cm^2 g^{-1}	1,0	2,0	5,0	10,0
Luft	0,0013 ^{273}K	4,55	0,203	0,155	0,095	0,064	0,044	0,027	0,020
Wasser	1,0	4,72	0,221	0,171	0,106	0,070	0,049	0,030	0,022
Aluminium	2,7	24,3	0,353	0,169	0,093	0,061	0,043	0,018	0,023
Eisen	7,9	169	1,90	0,37	0,094	0,060	0,042	0,031	0,030
Blei	11,5	150[B]	8,5	5,46[A]	0,220	0,070	0,046	0,043	0,050
Beton	2,35 *	24,6	0,35	0,17	0,095	0,063	0,045	0,029	0,023

[A] μ_m (Pb) wächst unstetig von 0,95 auf 7,2 cm^2 g^{-1} während E über den Wert 0,88 MeV ansteigt.
* variiert   [B] 0,02 MeV

Einige Strahlungspegel, die biologische Effekte verursachen können*

Quelle oder Effekt	Durchschnittliche Dosis pro Individuum
Natürliche Radioaktivität und kosmische Strahlung	100 m rem = 10^{-3} J/kg pro Jahr
Maximaler Effekt bei Bomben-Tests, 1954–1961	12 m rem = $1,2 \cdot 10^{-4}$ J/kg pro Jahr
Industrielle, medizinische und landwirtschaftliche Anwendung	20 m rem = $2 \cdot 10^{-4}$ J/kg pro Jahr
Zusätzliche Strahlungsbelastbarkeit ohne signifikante genetische Änderungen in der gesamten Bevölkerung	5 rem = $5 \cdot 10^2$ J/kg in 20 Jahren (= 167 m rem = $1,67 \cdot 10^{-3}$ J/kg pro Jahr)
Strahlung, die leicht verkürzte durchschnittliche Lebenszeit bewirkt	100 rem = 1 J/kg während des Arbeitslebens
Strahlung, die im einzelnen somatische Schäden verursacht, z. B. Krebs im späteren Leben	250 rem = 2,5 J/kg (über einige Jahre) 60 rem = 0,6 J/kg in einigen Stunden
Strahlung, die unmittelbar Krankheit hervorruft	400 rem = 4 J/kg in einigen Stunden
50 Prozent der lethalen Dosis	
Maximal zulässige Dosisrate für die allgemeine Öffentlichkeit	0,75 rem = $7,5 \cdot 10^{-3}$ J/kg pro Stunde

* Z.Z. sind intensive Forschungen im Gange, deren Ergebnisse die angegebenen Werte in Frage stellen können.

Abschätzung von Strahlungsgrößenordnungen

ϕ Höhe der Dosis in 1 m Entfernung von der Quelle A Aktivität der Quelle
U Spannungsabfall an der Röntgenröhre E Photonenenergie

Röntgenröhre

U/kV	50	100	200
ϕ/Rem min^{-1} mA^{-1} = ϕ/10^{-2} J kg^{-1} min^{-1} mA^{-1}	0,32	1,2	3,6

γ-Quelle
ϕ/Rem h^{-1} = ϕ/10^{-2} J kg^{-1} h^{-1} = 0,4 (A/Ci) (E/MeV)

Literaturhinweis: R 4.

Eigenschaften einiger ausgewählter Atomkerne

Es gibt 1600 verschiedene Nuklide (einige unsicher). 238 sind stabile Isotope von 80 Elementen (s. S. 24 PEE), 49 sind sehr schwach radioaktive Isotope bis hinauf zu ^{209}Bi, (30 haben Halbwertszeiten von mehr als 10^{13} Jahren) und 39 treten in natürlich vorkommenden radioaktiven Zerfallsreihen auf. Der Rest wurde künstlich über verschiedene Arten von Kernumwandlungen erzeugt. 102 sind Isotope von transuranen Elementen und 41 sind Isotope von Tc und Pm; keines dieser Elemente tritt in der Natur auf. Es gibt auch über 200 isomere (metastabile) Zustände von Nukliden mit Halbwertszeiten von über 1 s. ^{3}H (^{3}T) und ^{14}C werden in der Atmosphäre durch die einfallende kosmische Strahlung erzeugt.

Die folgende Tabelle enthält alle bekannten Isotope der Elemente bis $_8$O (bemerkenswert ist, daß es kein Nuklid der Masse 5 gibt), alle Glieder der ^{232}Th-Zerfallskette und andere interessante oder wichtige Nuklide.

Z Ordnungszahl, d. h. die Anzahl der Protonen im Kern und die Anzahl der Elektronen im äußeren Teil des Atoms.

A relative Masse, d. h. die Anzahl der Protonen und Neutronen im Kern (also ergibt $N = A - Z$ die Anzahl der Neutronen). C bedeutet kommerzielle Verfügbarkeit.

m Exakte Masse des Nuklids, die Elektronen eingeschlossen u = $1{,}66 \cdot 10^{-27}$ kg $\hat{=}$ 931,5 MeV.

Δ Energieäquivalent zum Massendefekt. $\Delta = \{m - Zm(^1H) - Nm(n)\} c^2$.

a Menge der stabilen, oder nahezu stabilen, Nuklide, in Prozenten der Gesamtzahl der Atome des betreffenden Elements auf der Erde.

$T_{\frac{1}{2}}$ Halbwertszeit bei radioaktiven Nukliden: a Jahr, d Tag, h Stunde, min Minute, s Sekunde.

Zerfall

Angegeben sind nur die wichtigsten Zerfallsprozesse, in Klammern steht E_{max}/MeV, wobei E_{max} für die in jedem Prozeß maximal freiwerdende Energie steht. Wo es sinnvoll ist, wird der prozentuale Anteil der Nuklide für diesen Prozeß angegeben.

α Emission von α-Teilchen

$\beta^{\pm}$ Emission von positiven oder negativen β-Teilchen

ϵ Elektroneneinfang (im allgemeinen alternativ zur β^+-Emission – resultiert immer in γ-Emission)

e^- Abgabe eines atomaren Elektrons durch Kern-γ-Strahlung (innere Konversion)

γ Emission von γ-Strahlung (Photon)

spZ spontaner Zerfall

iÜ   isomerer Übergang von einem angeregten Zustand in einen niedrigeren Zustand desselben Nuklids durch γ-Emission

Der folgende Symbolismus wird benutzt, um die Beziehung eines Zerfallsprozesses zu einem anderen zu zeigen.

,   der erste Zerfall läßt das Nuklid manchmal in einem angeregten Zustand, der beim nächsten Prozeß zerfällt.

;   dem ersten Zerfall folgt ausnahmslos der zweite

:   die zwei Prozesse sind alternative Zerfallsmöglichkeiten

Beispiele:

$\alpha(4{,}58)$, $\gamma(0{,}19)$ 54 % bedeutet: α-Emission mit E_{max} = 4,58 MeV oder α-Emission mit E_{max} = 4,39 (= 4,58 – 0,19) MeV mit nachfolgender γ-Emission mit E_{max} = 0,19 MeV in 54 Prozent der Zerfallsprozesse.

$\beta^-(4{,}6)$; $\gamma(0{,}197)$ bedeutet: β^-, E_{max} = 4,6 MeV, ausnahmslos folgt γ, E_{max} = 0,197 MeV.

$\beta^-(1{,}36)$ 32 %: $\beta^+(1{,}54)$ bedeutet: β^-, E_{max} = 1,36 MeV in 32 % der Zerfälle, oder β^+, E_{max} = 1,54 MeV in 68 %.

Der Zerfall vieler Nuklide ist sehr komplex und kann einige verschiedene γ-Strahlen beinhalten oder auch einige aufeinanderfolgende γ-Strahlen mit entsprechenden Variationen der Teilchenenergie. Vollständige Einzelheiten sind in R 24 zu finden. Ebenfalls bemerkt werden sollte, daß β-Emission von einem (scheinbar nicht nachweisbaren) Neutrino begleitet wird, so daß die β-Teilchen-Energie in einem kontinuierlichen Spektrum variieren kann. Die angeführten Werte sind die maximal möglichen.

Erzeugung

Nur eine Methode, mit der das Nuklid erzeugt wurde, ist angegeben. Sie wird folgendermaßen bezeichnet: Ausgangskern (Beschußteilchen, austretendes Teilchen)

D   Deuteron, das ist ^{2}H

NR natürlich radioaktives Nuklid

Sp tritt als Spaltprodukt von ^{235}U auf

T Triton, das ist ^{3}H

Tp Tochterprodukt des folgenden Nuklids

σ Wirkungsquerschnitt (Absorptionsquerschnitt) für thermische Neutronen; das ist ein Maß dafür, wie bereitwillig Neutronen von dem Nuklid absorbiert werden. Im allgemeinen resultiert die Absorption eines Neutrons in der Emission eines γ-Strahls und der Entstehung eines schwereren (und möglicherweise radioaktiven) Isotops desselben Elements – die (n, γ) Reaktion. Es kann jedoch die Emission eines oder mehrerer geladener Teilchen verursachen oder Spaltung. Wenn keine spezifische Reaktion angemerkt ist, gibt σ den gesamten Wirkungsquerschnitt an.

Literaturhinweis: R 24.

Z	A	m/u	Δ/MeV	a/%	$T_{1/2}$	Zerfall	Erzeugung	$\sigma/10^{-28}\ \mathrm{m}^2$
−1 e	0	0,000549	0,51[A]	—	—	stabil	—	—
0 n	1	1,008665	8,071	—	11,7 min	β^-(0,78)	^{9}Be(α, n)	0
1 p	1	1,007276	6,777	—	—	stabil	—	0,332
1 H	1	1,007825	7,289	99,985*	—	stabil	—	0,332
	2	2,014102	13,136	0,015*	—	stabil	—	0,0005
	3 C	3,016050	14,950	—	12,6 a	β^-(0,0186) kein γ	^{6}Li(n, α)	$< 7\cdot10^{-6}$
2 He	3	3,016030	14,931	0,00013	—	stabil	^{3}H(β^-)	5330
	4	4,002603	2,425	99,99987	—	stabil	—	0
	6	6,018893	17,598	—	0,8 s	β^-(5)	^{7}Li(γ, p)	—
	8	8,034032	31,699	—	0,12 s	β^-(9,7), γ(0,98)98 %; n	^{12}C(p, ?)	—
3 Li	6	6,015124	14,088	7,42	—	stabil	—	953
	7	7,016004	14,907	92,58	—	stabil	—	0.037
	8	8,022487	20,946	—	0,85 s	β^-(13), α(1,6)	^{7}Li(n, γ)	—
	9	9,026807	24,969	—	0,17 s	β^-(13,6), n(0,76)75 %	^{9}Be(n, p)	—
4 Be	6	6,019721	18,370	—	0,4 s	„Teilchen instabil"	^{9}Be(p, ?)	—
	7 C	7,016929	15,769	—	53,6 d	ε(0,477) 10 %	^{10}B(p, α)	54 000
	9	9,012186	11,351	100	—	stabil	—	0,009
	10	10,013534	12,606	—	$2,5\cdot10^6$ a	β^-(0,555) kein γ	^{9}Be(D, p)	—
	11	11,021664	20,179	—	13,6 s	β^-(11,5), γ(2,14)32 %	^{11}B(n, p)	—
	12	12,026839	24,999	—	0,0114 s	β^-(12), γ	^{18}O(p, ?)	—
5 B	8	8,024609	22,922	—	0,78 s	β^+(14,0): α(1,6)	^{6}Li(^{3}He, n)	—
	10	10,012938	12,051	19,6	—	stabil	—	3837 (n, α)
	11	11,009305	8,667	80,4	—	stabil	—	0,005
	12	12,014353	13,369	—	0,020 s	β^-(13,37), γ(4,43)1.3 %: α	^{11}B(D, p)	—
	13	13,017780	16,561	—	0,0186 s	β^-(13,44), γ(3,68)7 %	^{11}B(T, p)	—

* natürliche Abweichung (< 1 %)

A Energieäquivalent zur Gesamtmasse des Teilchens

Eigenschaften einiger ausgewählter Atomkerne

Z	A		m/u	Δ/MeV	a/%	$T_{\frac{1}{2}}$	Zerfall	Erzeugung	$\sigma/10^{-28}\,\mathrm{m^2}$
6 C	9		9,031133	28,999	—	0,127 s	p(8,2); α(0,05)	^{10}B(p, 2n)	
	10		10,016811	15,659	—	19,3 s	β^+(1,87); γ(0,72)	^{10}B(p, n)	
	11		11,011431	10,647	—	20,5 min	β^+(0,97)	^{10}B(D, n)	
	12		**12,000000**	**0 (Def)**	98,89*	—	stabil	—	
	13	C	13,003354	3,125	1,11*	—	stabil	—	0,0033
	14	C	14,003241	3,020	—	5730 a	β^-(0,156) kein γ	^{14}N(n, p)	0,0009
	15		15,010599	9,873	—	2,5 s	β^-(9,82), γ(5,3)68 %	^{14}C(D, p)	
	16		16,014697	13,690	—	0,74 s	β^-; n	^{14}C(T, p)	
7 N	12		12,018637	17,360	—	0,011 s	β^+(16,4), 3α(0,195)3 %	^{12}C(p, n)	
	13		13,005738	5,345	—	10,0 min	β^+(1,2)	^{10}B(α, n)	
	14		14,003074	2,864	99,63	—	stabil	—	
	15		15,000107	0,100	0,37	—	stabil	—	
	16		16,006103	5,685	—	7,14 s	β^-(10,4), γ(6,13)68 %	^{15}N(n, γ)	1,81
	17		17,008448	7,870	—	4,16 s	β^-(8,68), n(1,21)95 %	^{14}C(α, p)	2,4 · 10⁻⁵
	18		18,014063	13,099	—	0,63 s	β^-(9,4); γ(1,98)	^{18}O(n, p)	
8 O	13		13,024799	23,099	—	0,0087 s	β^+; p(6,97)	^{14}N(p, 2n)	
	14		14,008597	8,008	—	71 s	β^+(4,12), γ(2,31)99 %	^{14}N(p, n)	
	15		15,003070	2,860	—	2,06 min	β^+(1,74)	^{14}N(D, n)	
	16		15,994915	−4,737	99,759*	—	stabil	—	
	17		16,999133	−0,807	0,037*	—	stabil	—	0,0002
	18		17,999161	−0,782	0,204*	—	stabil	—	0,24 (n, α)
	19		19,003578	3,333	—	29,1 s	β^-(4,6); γ(0,197)97 %	^{18}O(n, γ)	0,0002
	20		20,004079	3,799	—	14 s	β^-(2,75); γ(1,06)	^{18}O(T, p)	
11 Na	22	C	21,994437	−5,181	—	2,62 a	β^+(1,82), (1,27) 99,95 %	^{19}F(α, n)	
	23		22,989772	−9,526	100	—	stabil	—	
	24	C	23,990963	−8,417	—	14,96 h	β^-(1,39); γ(2,75); γ(1,37)	^{23}Na(n, γ)	0,53
13 Al	27		26,981540	−17,194	100	—	stabil	—	
15 P	30		29,978315	−20,198	—	2,5 min	β^+(3,24), γ(2,23) 0,5 %	^{27}Al(α, n)	0,235
	32	C	31,973910	−24,301	—	14,3 d	β^-(1,71) kein γ	^{31}P(n, γ)	

* natürliche Abweichung ($<$ 1 %). Def = Definition.

Z		A		m/u	Δ/MeV	$a/\%$	$T_{\frac{1}{2}}$	Zerfall	Erzeugung	$\sigma/10^{-28}\,\mathrm{m}^2$
16	S	35	C	34,969031	$-28,845$	—	87,9 d	$\beta^-(0,17)$ kein γ	^{34}S(n, γ)	100
17	Cl	36	C	35,968309	$-29,518$	—	$3\cdot10^5$ a	$\beta^-(0,71)$: $\epsilon(1,14)$ 1,9%: β^+	^{35}Cl(n, γ)	70
19	K	40		39,964001	$-33,531$	0,118	$1,3\cdot10^9$ a	$\beta^-(1,31)$: $\epsilon(1,51)$ 11%: β^+	NR	
										2,9
26	Fe	54		53,939617	$-56,243$	5,84	—	stabil	^{54}Fe(n, γ)	
		55	C	54,938299	$-57,471$	—	2,60 a	$\epsilon(0,23)$		2,7
		56		55,934937	$-60,602$	91,68	—	stabil	—	2,5
		57	C	56,935398	$-60,173$	2,17	—	stabil	—	1,1
		58		57,933282	$-62,144$	0,31	—	stabil	Mößbauer resonante γ-Absorption (von ^{57}Co)	
		59	C	58,934878	$-60,657$	—	45 d	$\beta^-(1,57)$ 0,3%, $\gamma(1,1)$ 56%	^{58}Fe(n, γ)	
27	Co	56	C	55,939849	$-56,027$	—	77d	$\beta^+(1,49)$: ϵ 80%; $\gamma(0,84)$	^{56}Fe(p, n) ^{55}Mn (α, 2n) Mößbauer-Quelle	
		57	C	56,936296	$-59,337$	—	270 d	$\epsilon(0,84)$; γ, e$^-$		18
		59		58,933189	$-62,231$	100	—	stabil	^{59}Co(n, γ)	6
		60	C	59,933814	$-61,648$	—	5,27 a	$\beta^-(0,31)$; $\gamma(1,33)$; $\gamma(1,17)$		1,5
28	Ni	64		63,927954	$-67,107$	1,16	—	stabil	^{63}Cu(n, γ)	
29	Cu	64	C	63,929759	$-65,426$		12,8 h	$\beta^-(0,57)$ 38%: $\beta^+(0,66)$ 19%, e$^-(1,33)$		
										0,46
30	Zn	64		63,927954	$-67,107$	48,89	—	stabil	^{64}Zn(n, γ)	
		65	C	64,929231	$-65,917$		245 d	$\beta^+(0,327)$, ϵ 98%, e$^-(1,11)$		35
47	Ag	107		106,905100	$-88,394$	51,35	—	stabil	Tp^{108m}Ag ^{107}Ag(n, γ)	
		108		107,905950	$-87,603$	—	2,4 min	$\beta^-(1,64)$ 97%; $\beta^+(0,9)$		89 (für ^{110}Ag)
		108^m		107,906070	$-87,491$	—	5 a	$\gamma(0,722)$ ϵ 90%: iÜ		3 (für ^{110m}Ag)
		109		108,904770	$-88,702$	48,65	—	stabil		
		110		109,906100	$-87,463$		24,4 s	$\beta^-(2,87)$, $\gamma(0,66)$ 4,5%	^{109}Ag(n, γ)	
		110^m		109,906230	$-87,342$		255 d	$\beta^-(1,5)$; $\gamma(0,89)$ 71%; $\gamma(0,66)$ 96%	^{109}Ag(n, γ)	80

^{m} metastabiles Isomer

Eigenschaften einiger ausgewählter Atomkerne

Z	A	m/u	Δ/MeV	a/%	$T_{1/2}$	Zerfall	Erzeugung	$\sigma/10^{-28}$ m²
48 Cd	113	112,904410	−89,037	12,26	$3 \cdot 10^{15}$ a	stabil	(NR)	20 000
49 In	115	114,903880	−89,531	95,77	$6 \cdot 10^{14}$ a	β^-(0,48) kein γ	(NR)	45
	116	115,905320	−88,200	—	14 s	β^-(3,3)	^{115}In(n, γ)	
	116^m	115,905380	−88,134	—	54 min	β^-(1,0); γ; γ(1,3)	zwei isomere Zustände existieren	
53 I	131 C	130,906130	−87,435	—	8,05 d	β^-(0,81), γ(0,36) 82%	Sp	
	135	134,909830	−83,989	—	6,7 h	β^-(1,4); γ	Sp	
54 Xe	135	134,907030	−86,597		9,14 h	β^-(0,42); γ(0,25): e^-(0,2)	Sp, Tp ^{135}I	$2{,}7 \cdot 10^6$
55 Cs	130	129,906720	−86,885	—	30,7 min	β^+(1,97): β^-(0,44) 2%	^{127}I(α, 2n)	
	133(C)	132,905360	−88,152	100	—	stabil	Mößbauer resonante γ-Absorption (von ^{133}Ba)	28
	135	134,905750	−87,789	—	$2 \cdot 10^6$ a	β^-(0,21) kein γ	Sp, Tp ^{135}Xe	8,7
	137 C	136,906710	−86,895	—	30,0 a	β^-(1,18), γ(0,66) 85%	Sp	0,11
81 Tl	208	207,982010	−16,756		3,1 min	β^-(1,80); γ(2,61)	Tp ^{232}Th	
82 Pb	206	205,974460	−23,788	23,6	—	stabil	Tp ^{238}U	0,03
	207	206,975900	−22,447	22,6	—	stabil	Tp ^{235}U	0,73
	208	207,976660	−21,739	52,3	—	stabil	Tp ^{232}Th	0,0005
	210 C	209,984190	−14,725	—	22,7 a	β^-(0,06), γ(0,05) 81%	Tp ^{238}U	
	212	211,988870	−10,366	—	10,6 h	β^-(0,58), γ(0,24) 81%	Tp ^{232}Th	
	214	213,999840	−0,148	—	26,8 min	β^-(1,03), γ(0,35) 47%		
83 Bi	212	211,991280	−8,121	—	60,6 min	β^-(2,25): α(6,09) 36%	Tp ^{232}Th	
84 Po	212	211,988870	−10,366	—	$3 \cdot 10^{-7}$ s	α(8,78)	Tp ^{232}Th	
	216	216,001910	1,779	—	0,145 s	α(6,78)	Tp ^{232}Th	
86 Rn	220	220,011390	10,609	—	55,5 s	α(6,29)	Tp ^{232}Th	0,2
	222	222,017590	16,384	—	3,82 d	α(5,49)	Tp ^{238}U	0,7
88 Ra	224	224,020200	18,815		3,64 d	α(5,68), γ(0,24) 5,5%	Tp ^{232}Th	12
	226	226,025430	23,687		1622 a	α(4,78), γ(0,19) 5,4%	Tp ^{238}U	20
	228	228,031090	28,959		6,7 a	β^-(0,05) kein γ	Tp ^{232}Th	36

^{m} metastabiles Isomer

Z	A		m/u	Δ/MeV	$a/\%$	$T_{\frac{1}{2}}$	Zerfall	Erzeugung	$\sigma/10^{-28}\,\mathrm{m}^2$
89 Ac	228		228,031030	28,903		6,13 h	$\beta^-(2,11)$; γ	Tp ^{232}Th	
90 Th	228	C	228,028730	26,761		1,91 a	$\alpha(5,43)$, $\gamma(0,08)$ 28 %	Tp ^{232}Th	123
	230	C	230,033140	30,869		80 000 a	$\alpha(4,68)$: $\alpha(4,62)$ 24 %	Tp ^{238}U	
	232	C	232,038070	35,470	100	$1,4 \cdot 10^{10}$ a	$\alpha(4,01)$: $\alpha(3,95)$ 23 %	NR	7,4
	234		234,043620	40,630		24,1 d	β^-, γ	Tp ^{238}U	
91 Pa	234^{m}		234,043420	40,444		1,18 min	$\beta^-(2,29)$	Tp ^{238}U	
92 U	233	C	233,039650	36,932		$1,6 \cdot 10^5$ a	$\alpha(4,82)$, $\gamma(0,04)$ 15 %	^{232}Th$(n, \gamma\ 2\beta^-)$	581
	234		234,040960	38,153	0,00572	$2,48 \cdot 10^5$ a	$\alpha(4,77)$, $\gamma(0,05)$ 28 %	Tp ^{234}Pa	95
	235	C	235,043940	40,928	0,72	$7,13 \cdot 10^8$ a	$\alpha(4,58)$ 8 % : $\alpha(4,4)$ 54 %, γ	NR	694
	236		236,045580	42,456		$2,39 \cdot 10^7$ a	$\alpha(4,49)$, $\gamma(0,05)$ 26 %	^{235}U (n, γ)	6
	238		238,050810	47,327	99,27	$4,51 \cdot 10^9$ a	$\alpha(4,20)$, $\gamma(0,05)$ 23 %	NR	2,73
	239		239,054320	50,597		23,5 min	$\beta^-(1,29)$, $\gamma(0,07)$ 74 %	^{238}U (n, γ)	22
93 Np	239		239,052940	49,311		2,35 d	$\beta^-(0,71)$; γ	Tp ^{239}U	25
94 Pu	239		239,052170	48,594		24360 a	$\alpha(5,16)$; γ	Tp ^{239}Np	1025
	240		240,053820	50,131		65807 a	$\alpha(5,17)$, $\gamma(0,05)$ 24 %	^{239}Pu (n, γ)	286
	241		241,056870	52,972		13,27 a	$\beta^-(0,02)$; $\alpha(4,9)$ 0,002 %	^{240}Pu (n, γ)	1400
95 Am	239		239,053040	49,405		12 h	ϵ; $\gamma(0,23)$; $\gamma(0,29)$	^{239}Pu (p, n)	
	241	C	241,056850	52,953		458 a	$\alpha(5,49)$, $\gamma(0,06)$ 81 %	Tp ^{241}Pu	700
100 Fm	249		249,079220	73,790		2,5 min	$\alpha(7,9)$	^{238}U $(^{16}$O, 5n$)$	
	251					7h	$\alpha(0,89)$	^{249}Cf $(\alpha, 3n)$	
104 Ku	260		bisher schwerstes vorausgesagtes Nuklid			0,3 s	spZ	^{242}Pu $(^{22}$Ne, 4n$)$	

m metastabiles Isomer

Das elektromagnetische Spektrum

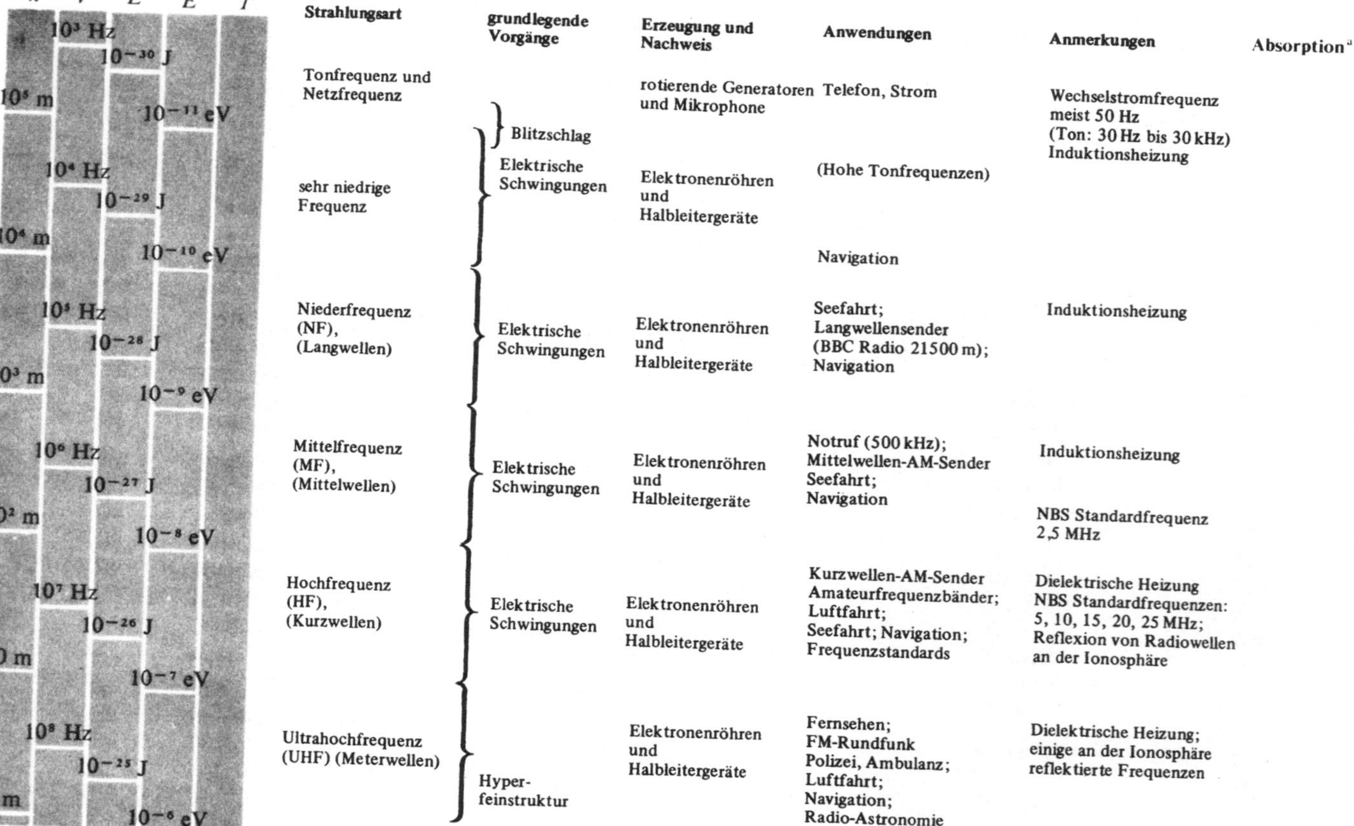

Strahlungsart	grundlegende Vorgänge	Erzeugung und Nachweis	Anwendungen	Anmerkungen	Absorption[a]
Tonfrequenz und Netzfrequenz		rotierende Generatoren und Mikrophone	Telefon, Strom	Wechselstromfrequenz meist 50 Hz (Ton: 30 Hz bis 30 kHz) Induktionsheizung	
	Blitzschlag				
sehr niedrige Frequenz	Elektrische Schwingungen	Elektronenröhren und Halbleitergeräte	(Hohe Tonfrequenzen)		
			Navigation		
Niederfrequenz (NF), (Langwellen)	Elektrische Schwingungen	Elektronenröhren und Halbleitergeräte	Seefahrt; Langwellensender (BBC Radio 21500 m); Navigation	Induktionsheizung	
Mittelfrequenz (MF), (Mittelwellen)	Elektrische Schwingungen	Elektronenröhren und Halbleitergeräte	Notruf (500 kHz); Mittelwellen-AM-Sender Seefahrt; Navigation	Induktionsheizung	
				NBS Standardfrequenz 2,5 MHz	
Hochfrequenz (HF), (Kurzwellen)	Elektrische Schwingungen	Elektronenröhren und Halbleitergeräte	Kurzwellen-AM-Sender Amateurfrequenzbänder; Luftfahrt; Seefahrt; Navigation; Frequenzstandards	Dielektrische Heizung NBS Standardfrequenzen: 5, 10, 15, 20, 25 MHz; Reflexion von Radiowellen an der Ionosphäre	
Ultrahochfrequenz (UHF) (Meterwellen)	Hyper-feinstruktur	Elektronenröhren und Halbleitergeräte	Fernsehen; FM-Rundfunk Polizei, Ambulanz; Luftfahrt; Navigation; Radio-Astronomie	Dielektrische Heizung; einige an der Ionosphäre reflektierte Frequenzen	

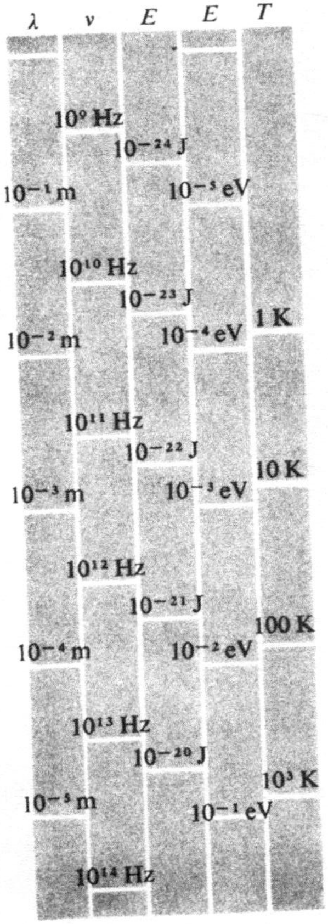
λ
ν
E
E
T
10^{9} Hz
10^{-24} J
10^{-1} m
10^{-5} eV
10^{10} Hz
10^{-23} J
1 K
10^{-2} m
10^{-4} eV
10^{11} Hz
10^{-22} J
10 K
10^{-3} m
10^{-3} eV
10^{12} Hz
10^{-21} J
100 K
10^{-4} m
10^{-2} eV
10^{13} Hz
10^{-20} J
10^{3} K
10^{-5} m
10^{-1} eV
10^{14} Hz

Strahlungsart	grundlegende Vorgänge	Erzeugung und Nachweis	Anwendungen	Anmerkungen	Absorption[a]
Ultrahochfrequenz (UHF), Ultrakurzwellen	Hyper-feinstruktur	Magnetron; Klystron; Wanderfeldröhren; spezielle Röhren bis zu 10^9 Hz	Radar; Fernsehen; Radioastronomie	dielektrische Heizung Deuterium – 2 327 MHz Wasserstoff – 1 1420 MHz	
Zentimeterwellen	Hyper-feinstruktur, molekulare Inversion und Rotation	Magnetron; Klystron; Wanderfeldröhren	Radar; Richtfunkfrequenzen; Telemetrie; Radioastronomie;	Rubidium – 85[b] 3036 MHz Cäsium – 133 1993 MHz Ammonium 23 870 MHz	
Millimeterwellen	Molecular inversion and rotation	Frequenz-vervielfacher und Maser	Radar für Amateur- und experimentelle Zwecke	Dämpfung bei Regen und Nebel; O_2- und H_2O-Absorptionsbanden in der Erdatmosphäre	
molekulare Inversion und Rotation	molekulare Inversion und Rotation	Maser		Wasserdampf-absorption in der Atmosphäre	
fernes Infrarot	molekulare Inversion und Rotation; Molekül-schwingungen	Quarz-Quecksilber-lampen und Auerstrümpfe Detektor: Thermoelement	Forschung	Wasserdampf-, CO_2- und O_3-Absorption in der Atmosphäre	
mittleres Infrarot					

a ‖ Absorption in Quarz ¦ Absorption in Glas | Absorption in der Atmosphäre
b Frequenzen benutzt bei Maser und Atomuhren

Anmerkungen
λ = Wellenlänge
E = Quantenenergie
ν = Frequenz
T = entsprechende Temperatur = E/k

Das elektromagnetische Spektrum

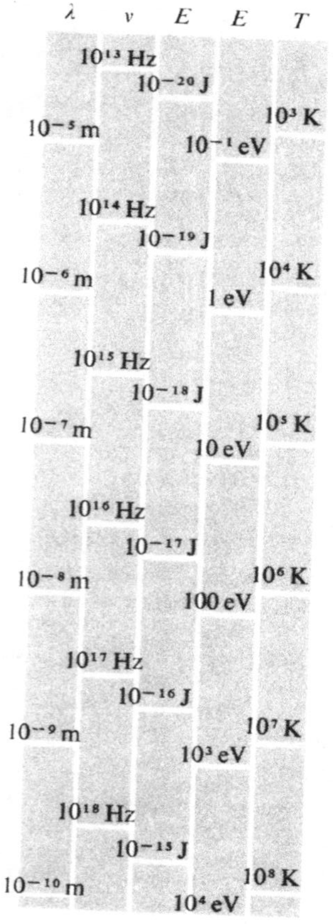

Skala (λ, ν, E, E, T):

10^{13} Hz — 10^{-20} J — 10^3 K
10^{-5} m — 10^{-1} eV
10^{14} Hz — 10^{-19} J — 10^4 K
10^{-6} m — 1 eV
10^{15} Hz — 10^{-18} J — 10^5 K
10^{-7} m — 10 eV
10^{16} Hz — 10^{-17} J — 10^6 K
10^{-8} m — 100 eV
10^{17} Hz — 10^{-16} J — 10^7 K
10^{-9} m — 10^3 eV
10^{18} Hz — 10^{-15} J — 10^8 K
10^{-10} m — 10^4 eV

Strahlungsart	grundlegende Vorgänge	Erzeugung und Nachweis	Anwendungen	Anmerkungen	Absorption[a]
	fernes Infrarot				
mittleres Infrarot	Molekül-schwingungen	Glühlampen und Leuchtstofflampen; Funken, Lichtbogen, Entladungsröhren und Laser. Detektoren; Infrarot mit Hilfe von Thermoelement, Licht mit Hilfe von Auge und Photozelle, UV mit Hilfe von fluoreszierenden Chemikalien und Photozelle	Heizen	O_3-, H_2O- und O_2- Absorption in der Atmosphäre	
nahes Infrarot			Spektroskopie		
sichtbares Licht	atomare Übergänge		Beleuchtung; Spektroskopie, Astronomie	Augen-Spitzen-empfindlichkeit bei $5{,}5 \cdot 10^{-7}$ m	
nahes Ultraviolett			Spektroskopie, Aktivierung chemischer Reaktionen	O_3 und O_2 Photodissoziation	
Vakuum Ultraviolett	atomare Übergänge			O_2, O und N_2, N Photoionisierung	
Weiche Röntgenstrahlen	atomare Übergänge	Röntgenröhren als Elektronen- und Ionenröhren		Röntgenemissionsspektren und Absorptionskanten; leichte Elemente	
	Bremsstrahlung	Detektoren: photographische Platte, Ionisierungskammer, Funkenzähler, Geiger-Müller-Zählrohr, usw.	Röntgenspektro-graphische Analyse / Oberflächenbehandlung; Röntgenkristallographie	Röntgenemissionsspektren und Absorptionskanten; mittelschwere Elemente	

λ ν E E T (Skala)	Strahlungsart	grundlegende Vorgänge	Erzeugung und Nachweis	Anwendungen	Anmerkungen	Absorption[a]
10^{19} Hz; 10^{-14} J; 10^9 K; 10^{-11} m; 10^5 eV; 10^{20} Hz; 10^{-13} J; 10^{10} K; 10^{-12} m; 10^6 eV	harte Röntgenstrahlen und weiche Gammastrahlen[d]	atomare Übergänge, hervorgerufen durch Elektronenbeschuß	Röntgenröhren	Oberflächenbehandlung; diagnostische Röntgenstrahlen, Röntgenspektrographische Analysen	Röntgenemissionsspektren und Absorptionskanten, schwere Elemente, ^{57}Fe, Mößbauereffekt 14,4 keV	
		Kernumwandlungsprozesse, radioaktiver Zerfall[c]	radioaktive Isotope, Hochspannungs-Gleichstromgeneratoren	Tiefentherapie, Untersuchungen von Schweißstellen und Gußformen	Emission von radioaktiven Isotopen, Positronvernichtung 511 keV	
10^{21} Hz; 10^{-12} J; 10^{11} K; 10^{-13} m; 10^7 eV	sekundäre kosmische Strahlen (von kosmischen Strahlen verursachte Gamma-Strahlen)	Neutroneneinfang, Kernumwandlungsprozesse	Linearbeschleuniger, Betatron und Synchrotron	Forschung; Tiefentherapie	Emission von radioaktiven Isotopen, Neutronenbindungsenergien	
10^{22} Hz; 10^{-11} J; 10^{12} K; 10^{-14} m; 10^8 eV		Elementarteilchen – Reaktionen und Zerfall	Nachweis: Blasenkammer	Forschung	π° Meson 68 MeV (Emission von Elementarteilchen)	
10^{23} Hz; 10^{-10} J; 10^{13} K; 10^{-15} m; 10^9 eV					Antiprotonvernichtung 938 MeV	

Anmerkungen

a ‖ Absorption in Quarz   l Absorption in der Atmosphäre   ⫶ Absorption in Glas

c Grenze für natürliche radioaktive Prozesse ~ 6 MeV

d Röntgenstrahlen werden durch Elektronenbeschuß oder Abbremsung erzeugt; Gammastrahlen entstehen bei Kernumwandlungsprozessen

Ausgewählte Spektren

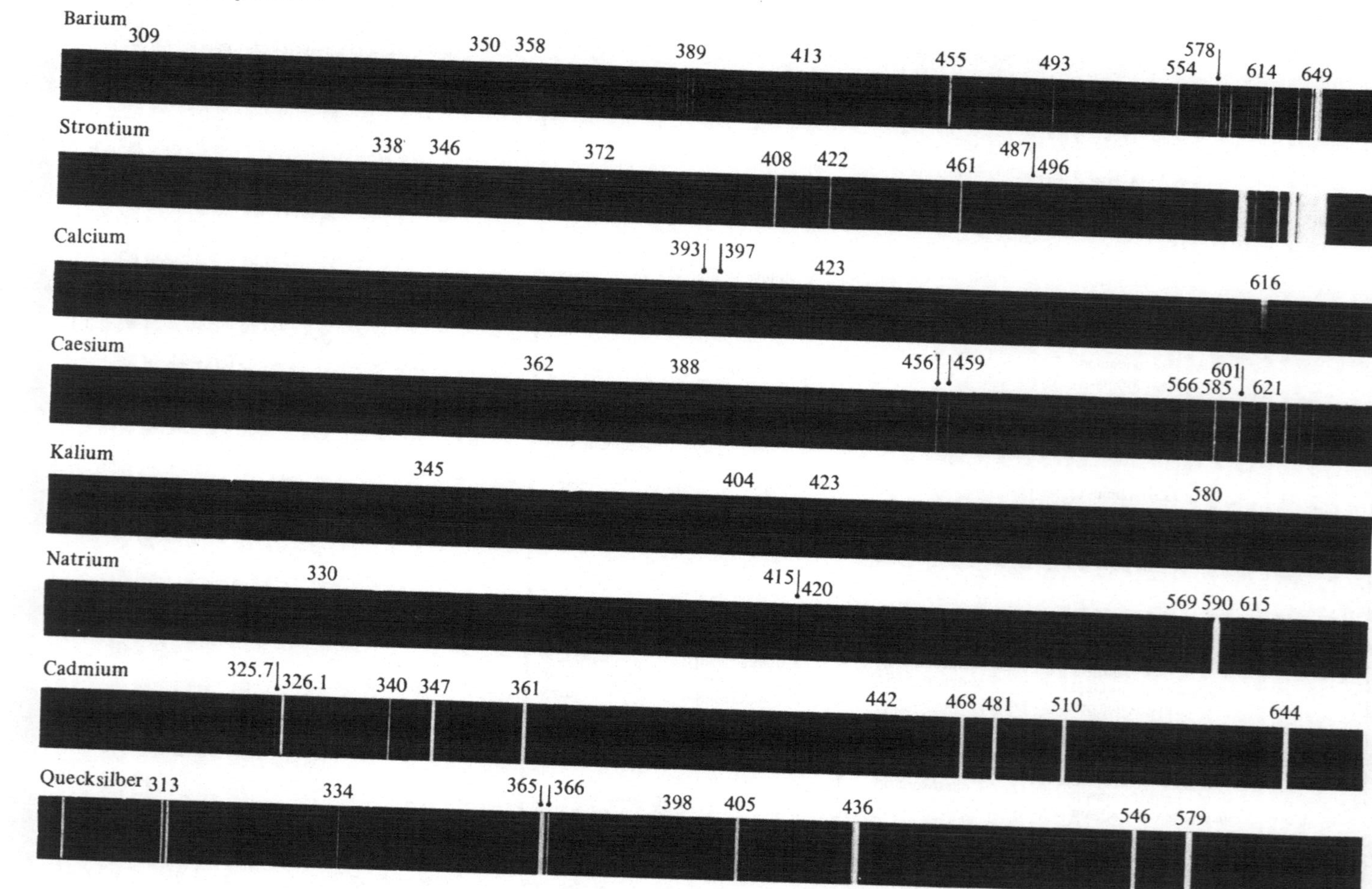

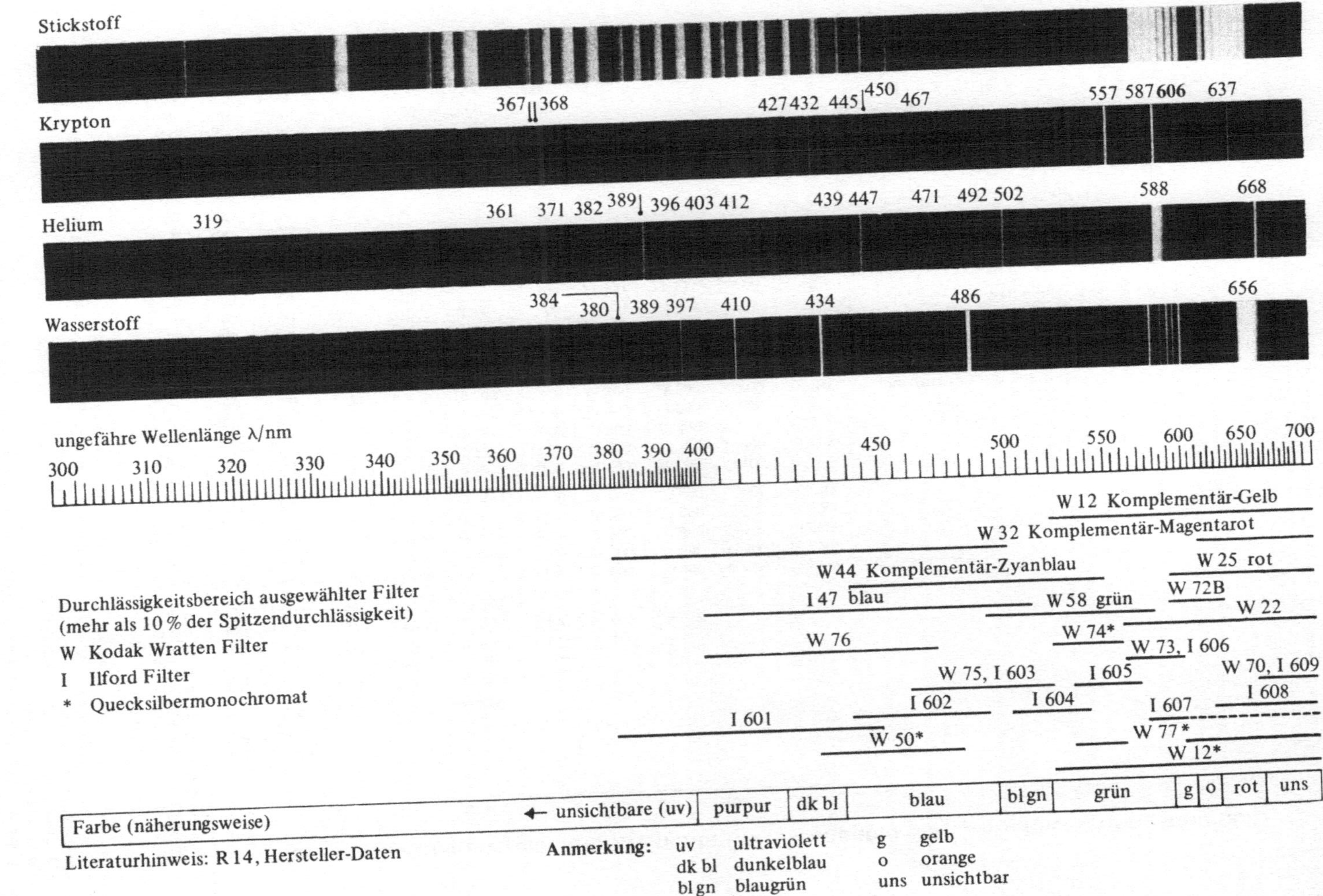

Stickstoff
367 368
427 432 445 450 467
557 587 606 637
Krypton
588 668
Helium
319
361 371 382 389 396 403 412
439 447 471 492 502
Wasserstoff
384 380 389 397 410 434 486 656
ungefähre Wellenlänge λ/nm
300 310 320 330 340 350 360 370 380 390 400 450 500 550 600 650 700
W 12 Komplementär-Gelb
W 32 Komplementär-Magentarot
W 44 Komplementär-Zyanblau
W 25 rot
I 47 blau
W 58 grün
W 72B
W 22
Durchlässigkeitsbereich ausgewählter Filter
(mehr als 10 % der Spitzendurchlässigkeit)
W 76
W 74*
W Kodak Wratten Filter
W 73, I 606
I Ilford Filter
W 75, I 603
I 605
W 70, I 609
* Quecksilbermonochromat
I 608
I 602
I 604
I 607
I 601
W 50*
W 77*
W 12*
Farbe (näherungsweise)
← unsichtbare (uv) | purpur | dk bl | blau | bl gn | grün | g | o | rot | uns
Literaturhinweis: R 14, Hersteller-Daten
Anmerkung:
uv   ultraviolett   g   gelb
dk bl dunkelblau   o   orange
bl gn blaugrün   uns unsichtbar

Aufeinanderfolgende molare Ionisierungsenergien der Elemente (mit Ausnahme der Lanthaniden und Actiniden)

Z		$j=1$	2	3	4	5	6	7	8	9	10	11
1	H	1310										
2	He	2370	5200									
3	Li	520	7300	11 800								
4	Be	900	1800	14 800	21 000							
5	B	800	2400	3700	25 000	32 800						
6	C	1090	2400	4600	6200	37 800	47 300					
7	N	1400	2900	4600	7500	9400	53 300	64 300				
8	O	1310	3400	5300	7500	11 000	13 300	71 300	84 100			
9	F	1680	3400	6000	8400	11 000	15 200	17 900	92 000	106 100		
10	Ne	2080	4000	6100	9400	12 200	15 200				131 200	
11	Na	500	4600	6900	9500	13 400	16 600	20 100	25 500	28 900	141 000	158 700
12	Mg	740	1500	7700	10 500	13 600	18 000	21 700	25 700	31 600	35 400	169 900
13	Al	580	1800	2700	11 600	14 800	18 400	23 300	27 500	31 900	38 500	42 600
14	Si	790	1600	3200	4400	16 100	19 800	23 800	29 200	33 900	38 700	45 900
15	P	1010	1900	2900	5000	6300	21 300	25 400	29 800	35 800	40 900	46 300
16	S	1000	2300	3400	4600	7000	8500	27 100	31 700	36 600	43 100	
17	Cl	1260	2300	3800	5200	6500	9300	11 000	33 600	38 700	43 900	
18	Ar	1520	2700	3900	5800	7200	8800	12 000	13 800	40 800		51 200
19	K	420	3100	4400	5900	8000	9600	11 400	14 900	17 000	48 600	
20	Ca	590	1100	4900	6500	8100	10 500	12 300	13 800	18 200	20 400	57 100
21	Sc	630	1200	2400	7100	8900	10 700	13 400	15 300	17 400	21 800	24 100
22	Ti	660	1300	2700	4200	9600	11 600	13 600	16 600	18 700	20 900	25 600
23	V	650	1400	2800	4700	6300	12 400	14 500	16 800			
24	Cr	650	1600	3000	4800	7100	8700	15 500	17 800	20 200		
25	Mn	720	1500	3300		7300		11 500	19 000	21 400	24 000	
26	Fe	760	1600	3000					14 600	22 600	25 300	28 000
27	Co	760	1600	3200								29 400
28	Ni	740	1800	3400								
29	Cu	750	2000	3600								
30	Zn	910	1700	3800								
31	Ga	580	2000	3000	6200							
32	Ge	760	1500	3300	4400	9000						
33	As	950	1800	2700	4800	6000	12 300					
34	Se	940	2100	3100	4100	7100	7900	15 000				
35	Br	1140	2100	3500	4800	5800	8500	9900	18 600	26 700		
36	Kr	1350	2400	3600								
37	Rb	400	2700	3800								

Definition

Diese Tabelle gibt Werte von E_{mj}/kJ mol⁻¹ an, wobei E_{mj} die minimale molare Energie bezeichnet, um das j-te folgende Elektron vom Atom oder Ion zu entfernen. Z ist die Ordnungszahl.

Atomare Ionisationsenergien sind im Gegensatz zu molaren Ionisierungsenergien gegeben durch:

$$E_j/\text{J} = (10^3/N_A)\,E_{mj}/\text{kJ mol}^{-1}, \text{ wobei}$$
$$N_A = 6{,}03 \cdot 10^{23}\,\text{mol}^{-1}.$$
$$E_j/\text{eV} = (10^3/N_A e)\,E_{mj}/\text{kJ mol}^{-1}$$
$$= 0{,}01035\,E_{mj}/\text{kJ mol}^{-1}.$$

Entsprechende Frequenzen sind:
$$\nu/\text{Hz} = E_j/(h\,\text{Hz}) = 2{,}51 \cdot 10^{12}\,E_{mj}/\text{kJ mol}^{-1}.$$

Entsprechende Wellenzahlen sind:
$$\tilde{\nu}/\text{m}^{-1} = E_j/(ch\,\text{m}^{-1}) = 8{,}36 \cdot 10^5\,E_{mj}/\text{kJ mol}^{-1}.$$

Z		$j=1$	2	3	4	5	6	7	8	9	10	11
												31 300
38	Sr	550	1100	4200	5500							
39	Y	620	1200	2000	6000	7400						
40	Zr	660	1300	2200	3300		9500					
41	Nb	660	1400	2400	3700	4900	9900	12 000				
42	Mo	680	1600	2600	4500	5900	6600	12 200	14 800			
43	Tc	700	1500	2800								
44	Ru	710	1600	2700								
45	Rh	720	1700	3000								
46	Pd	800	1900	3200								
47	Ag	730	2100	3400								
48	Cd	870	1600	3600								
49	In	560	1800	2700	5200							
50	Sn	710	1400	2900	3900	7000						
51	Sb	830	1600	2400	4300	5400	10 400					
52	Te	870	1800	3000	3600	5800	7000	13 200	16 400			
53	I	1010	1800	3000								
54	Xe	1170	2000	3100								
55	Cs	380	2400	3300								
56	Ba	500	1000									
57	La	540	1100	1800								
63	Eu	550	1100									
72	Hf	680	1400									
73	Ta	760	1600									
74	W	770	1700									
75	Re	760	1600									
76	Os	840	1600									
77	Ir	880										
78	Pt	860	1800									
79	Au	890	1900									
80	Hg	1010	1800	3300								
81	Tl	590	2000	2900	4900							
82	Pb	720	1500	3100	4100	6600						
83	Bi	700	1600	2500	4400	5400	8500					
84	Po	810										
86	Rn	1040										

Anmerkung:

Die hier angegebenen Werte wurden auf die nächsten $100\,\text{kJ}\,\text{mol}^{-1}$ aufgerundet (außer in der ersten Spalte). Die beiden letzten Nullen beinhalten eine Ungenauigkeit von 4 oder 5 Ziffern.

Literaturhinweis: R 75.

Elektronenkonfiguration der Elemente (im Grundzustand)

Schale		K	L		M			N				O				
Schalenuntergruppe		1s	2s	2p	3s	3p	3d	4s	4p	4d	4f	5s	5p	5d	5f	5g
1	H	1														
2	He	2														
3	Li	2	1													
4	Be	2	2													
5	B	2	2	1												
6	C	2	2	2												
7	N	2	2	3												
8	O	2	2	4												
9	F	2	2	5												
10	Ne	2	2	6												
11	Na	2	2	6	1											
12	Mg	2	2	6	2											
13	Al	2	2	6	2	1										
14	Si	2	2	6	2	2										
15	P	2	2	6	2	3										
16	S	2	2	6	2	4										
17	Cl	2	2	6	2	5										
18	Ar	2	2	6	2	6										
19	K	2	2	6	2	6		1								
20	Ca	2	2	6	2	6		2								
21	Sc	2	2	6	2	6	1	2								
22	Ti	2	2	6	2	6	2	2								
23	V	2	2	6	2	6	3	2								
24	Cr	2	2	6	2	6	5	1								
25	Mn	2	2	6	2	6	5	2								
26	Fe	2	2	6	2	6	6	2								
27	Co	2	2	6	2	6	7	2								
28	Ni	2	2	6	2	6	8	2								
29	Cu	2	2	6	2	6	10	1								
30	Zn	2	2	6	2	6	10	2								
31	Ga	2	2	6	2	6	10	2	1							
32	Ge	2	2	6	2	6	10	2	2							
33	As	2	2	6	2	6	10	2	3							
34	Se	2	2	6	2	6	10	2	4							
35	Br	2	2	6	2	6	10	2	5							
36	Kr	2	2	6	2	6	10	2	6							
37	Rb	2	2	6	2	6	10	2	6			1				
38	Sr	2	2	6	2	6	10	2	6			2				
39	Y	2	2	6	2	6	10	2	6	1		2				
40	Zr	2	2	6	2	6	10	2	6	2		2				
41	Nb	2	2	6	2	6	10	2	6	4		1				
42	Mo	2	2	6	2	6	10	2	6	5		1				
43	Tc	2	2	6	2	6	10	2	6	5		2				
44	Ru	2	2	6	2	6	10	2	6	7		1				
45	Rh	2	2	6	2	6	10	2	6	8		1				
46	Pd	2	2	6	2	6	10	2	6	10						
47	Ag	2	2	6	2	6	10	2	6	10		1				
48	Cd	2	2	6	2	6	10	2	6	10		2				
49	In	2	2	6	2	6	10	2	6	10		2	1			
50	Sn	2	2	6	2	6	10	2	6	10		2	2			
51	Sb	2	2	6	2	6	10	2	6	10		2	3			
52	Te	2	2	6	2	6	10	2	6	10		2	4			
53	I	2	2	6	2	6	10	2	6	10		2	5			
54	Xe	2	2	6	2	6	10	2	6	10		2	6			

Die Nebengruppenelemente (d-Übergangselemente) sind die Gruppen 21–30 und 39–48.

Anmerkung

Über einige Konfigurationen herrscht immer noch Unsicherheit, insbesondere von Pt und Np.

| Schale | K | L | M | N | | | | O | | | | | P | | | | Q |
Schalenuntergruppe				4s	4p	4d	4f	5s	5p	5d	5f	5g	6s	6p	6d	6 (f, g, h)	7s
55 Cs	2	8	18	2	6	10		2	6				1				
56 Ba	2	8	18	2	6	10		2	6				2				
57 La	2	8	18	2	6	10		2	6	1			2				
58 Ce	2	8	18	2	6	10	2	2	6				2				
59 Pr	2	8	18	2	6	10	3	2	6				2				
60 Nd	2	8	18	2	6	10	4	2	6				2				
61 Pm	2	8	18	2	6	10	5	2	6				2				
62 Sm	2	8	18	2	6	10	6	2	6				2				
63 Eu	2	8	18	2	6	10	7	2	6				2				
64 Gd	2	8	18	2	6	10	7	2	6	1			2				
65 Tb	2	8	18	2	6	10	9	2	6				2				
66 Dy	2	8	18	2	6	10	10	2	6				2				
67 Ho	2	8	18	2	6	10	11	2	6				2				
68 Er	2	8	18	2	6	10	12	2	6				2				
69 Tm	2	8	18	2	6	10	13	2	6				2				
70 Yb	2	8	18	2	6	10	14	2	6				2				
71 Lu	2	8	18	2	6	10	14	2	6	1			2				
72 Hf	2	8	18	2	6	10	14	2	6	2			2				
73 Ta	2	8	18	2	6	10	14	2	6	3			2				
74 W	2	8	18	2	6	10	14	2	6	4			2				
75 Re	2	8	18	2	6	10	14	2	6	5			2				
76 Os	2	8	18	2	6	10	14	2	6	6			2				
77 Ir	2	8	18	2	6	10	14	2	6	7			2				
78 Pt	2	8	18	2	6	10	14	2	6	9			1				
79 Au	2	8	18	2	6	10	14	2	6	10			1				
80 Hg	2	8	18	2	6	10	14	2	6	10			2				
81 Tl	2	8	18	2	6	10	14	2	6	10			2	1			
82 Pb	2	8	18	2	6	10	14	2	6	10			2	2			
83 Bi	2	8	18	2	6	10	14	2	6	10			2	3			
84 Po	2	8	18	2	6	10	14	2	6	10			2	4			
85 At	2	8	18	2	6	10	14	2	6	10			2	5			
86 Rn	2	8	18	2	6	10	14	2	6	10			2	6			
87 Fr	2	8	18	2	6	10	14	2	6	10			2	6			1
88 Ra	2	8	18	2	6	10	14	2	6	10			2	6			2
89 Ac	2	8	18	2	6	10	14	2	6	10			2	6	1		2
90 Th	2	8	18	2	6	10	14	2	6	10			2	6	2		2
91 Pa	2	8	18	2	6	10	14	2	6	10	2		2	6	1		2
92 U	2	8	18	2	6	10	14	2	6	10	3		2	6	1		2
93 Np	2	8	18	2	6	10	14	2	6	10	4		2	6			2
94 Pu	2	8	18	2	6	10	14	2	6	10	6		2	6			2
95 Am	2	8	18	2	6	10	14	2	6	10	7		2	6	1		2
96 Cm	2	8	18	2	6	10	14	2	6	10	7		2	6	1		2
97 Bk	2	8	18	2	6	10	14	2	6	10	8		2	6			2
98 Cf	2	8	18	2	6	10	14	2	6	10	10		2	6			2
99 Es	2	8	18	2	6	10	14	2	6	10	11		2	6			2
100 Fm	2	8	18	2	6	10	14	2	6	10	12		2	6			2
101 Md	2	8	18	2	6	10	14	2	6	10	13		2	6			2
102 No	2	8	18	2	6	10	14	2	6	10	14		2	6	1		2
103 Lr	2	8	18	2	6	10	14	2	6	10	14		2	6	2		2
104	2	8	18	2	6	10	14	2	6	10	14		2	6	2		

Lanthaniden (57–71); Nebengruppenelemente (d-Übergangselemente) (71–80); Aktiniden (89–103).

Oberhalb von $_{94}$Pu sind die Zuordnungen widersprüchlich.

Energieniveaus einiger ausgewählter Elemente

Diese Tabelle gibt *einige* der Energieniveaus an, die für Elemente mit einem oder zwei Außenelektronen gültig sind. Der Grundzustand ist fett gedruckt. Übergänge zwischen den Niveaus lassen Spektrallinien im infraroten, sichtbaren und ultravioletten Bereich entstehen. Außer bei Wasserstoff finden normalerweise nur Übergänge zwischen einem in gerader Schrift gedruckten Niveau und einem in Kursivschrift gedruckten Niveau statt. Bei Elementen mit zwei Außenelektronen treten die Energieniveaus in zwei Serien auf, die mit S und T bezeichnet sind. Zwischen den Niveaus dieser beiden Serien finden normalerweise keine Übergänge statt, außer zwischen dem niedrigsten S- und dem niedrigsten T-Niveau.

Die Zahlen geben den Wert von $E/aJ = E/10^{-18}J$ an, wobei E die Differenz zwischen der Energie eines Elektrons in quantisiertem Zustand und der Energie eines Elektrons in Ruhe, weit vom Atom entfernt, angibt. Die Werte sind mit einer Genauigkeit von 1 zu 10^5 bekannt, aber hier sind sie nur mit drei Kommastellen angegeben.

Wasserstoff	Lithium	Natrium	Kalium	Rubidium
−0,022	−0,087	−0,082[D]	−0,079[D]	−0,068
−0,027	−0,095	−0,088	−0,095	−0,099
−0,034	−0,103	−0,101	−0,096	−0,117[D]
−0,044	−0,136	−0,127[D]	−0,119[D]	−0,147
−0,061	−0,139	−0,137	−0,150	−0,158[D]
−0,087	−0,168	−0,164	−0,151[D]	−0,198[D]
−0,136	−0,242	−0,222[D]	−0,205[D]	−0,269
−0,242	−0,250	−0,244	−0,268[D]	−0,285
−0,545	−0,323	−0,312	−0,278	−0,419[D]
−2,180	−0,568	−0,487[D]	−0,437[D]	**−0,669**
	−0,864	**−0,823**	**−0,695**	

Calcium		Strontium		Barium	
S	T	S	T	S	T
−0,149	−0,106[T]	−0,139	−0,103	−0,100	−0,098
−0,151	−0,135	−0,149	−0,169	−0,188	−0,161
−0,238	−0,175	−0,221	−0,217[T]	−0,274	−0,224[T]
−0,250	−0,230[T]	−0,235	−0,241[T]	−0,326	−0,225[T]
−0,318	−0,253[T]	−0,305	−0,336	−0,476	−0,315
−0,509	−0,353	−0,481	−0,552[T]	−0,609	−0,591[T]
−0,545	−0,575[T]	−0,512	−0,628[T]	**−0,835**	−0,655[T]
−0,979	−0,678[T]	**−0,912**			

Helium		Beryllium		Magnesium	
S	T	S	T	S	T
−0,136	−0,136	−0,127	−0,144	−0,106	−0,093
−0,136	−0,141	−0,214	−0,212	−0,138	−0,115
−0,146	−0,159	−0,407	−0,261	−0,169	−0,147
−0,240	−0,243	−0,648	−0,459	−0,181	−0,149
−0,243	−0,254	**−1,494**	−1,057[T]	−0,245	−0,195
−0,267	−0,300			−0,303	−0,272
−0,540	−0,580			−0,361	−0,275[T]
−0,636	−0,764			−0,529	−0,407
−1,953				**−1,225**	−0,791[T]

Zink		Cadmium		Quecksilber	
S	T	S	T	S	T
−0,193	−0,205	−0,188	−0,198	−0,194	−0,203
−0,255	−0,258[T]	−0,251	−0,259[T]	−0,255	−0,255[T]
−0,264	−0,288[T]	−0,265	−0,281[T]	−0,256	−0,291[T]
−0,396	−0,439	−0,381	−0,418	−0,402	−0,434
−0,576	−0,863[T]	−0,573	−0,842[T]	−0,598	−0,924[T]
−1,505					
		−1,440		**−1,672**	

Literaturhinweis: R 61.

Anmerkung:

Für diejenigen, die mit spektroskopischer Notation vertraut sind: Die S- und T-Serien sind Singulett- und Triplett-Zustände. Niveaus in Kursivschrift sind P-Zustände, die in gerader Schrift S- oder D-Zustände. Es wurden keine F-Zustände oder Verzerrungszustände aufgenommen, so daß eine Anzahl bekannter Spektrallinien aus dieser Tabelle nicht zu ersehen ist.

[T] Dieses Niveau ist das niedrigste von drei dicht nebeneinander liegenden Niveaus (Ursache für spektrale Tripletts beim Übergang)

[D] Dieses Niveau ist das niedrigste von zwei dicht nebeneinander liegenden Niveaus (Ursache für spektrale Doubletts beim Übergang)

Röntgenspektren einiger ausgewählter Elemente

$K_{\alpha 2}$ Emissionslinie für Elektronenübergang von der L-Schale zur K-Schale
$K_{\beta 3}$ Emissionslinie für Elektronenübergang von der M-Schale zur K-Schale
L_1 Emissionslinie für Elektronenübergang von der M-Schale zur L-Schale
A Absorptionskante für Elektronenabgabe von der K-Schale
Z Ordnungszahl
λ Wellenlänge

Z	Element	$K_{\alpha 2}$ λ/pm	$K_{\beta 3}$ λ/pm	L_1 λ/pm	A λ/pm
19	K	374,5	345,4		344,3
20	Ca	336,2	309,0		307,6
21	Sc	303,5	278,0		276,3
22	Ti	275,2	251,4		250,2
23	V	250,7	228,4		227,4
24	Cr	229,4	208,5		207,4
25	Mn	210,6	191,0		190,0
26	Fe	194,0	175,7	2016,1	174,7
27	Co	179,3	162,1	1823,7	161,1
28	Ni	166,2	150,0	1658,3	149,1
29	Cu	154,4	139,2	1522,1	138,3
30	Zn	143,9	129,5	1397,8	128,6
31	Ga	134,4	120,8	1291,6	119,7
32	Ge	125,8	112,9	1194,4	111,8
33	As	118,0	105,7	1107,0	104,6
34	Se	110,9	99,2	1029,3	98.1
35	Br	104,4	93,3	958,3	92,2
36	Kr	98,6	88,0		86,7
37	Rb	93,0	82,9		81,7
38	Sr	87,9	78,3	783,8	77,1
39	Y	83,3	74,1		72,9
40	Zr	79,0	70,2	691,3	69,0
41	Nb	75,0	66,6	652,3	65,4
42	Mo	71,4	63,2		62,1
74	W	21,4	18,4	167,8	
79	Au	18,5	15,9	146,0	
82	Pb	17,0	14,6	135,0	

Literaturhinweis: R 57.

Ausgewählte Atom- und Ionenradien (Periodische Gruppen); Elektronegativitäten

G	Gruppennummer im Periodensystem
R_V	van-der-Waals-Radius des Atoms
R_{kov}	Kovalenzradius des Atoms
$R_\pm$	andere wichtige Ionenradien – die Zeichen in Klammern geben den Ladungszustand an
R_m	Radius des Atoms im Metall oder nicht-ionischen Festkörper
R_i	Radius des Ions in chemisch träger Gaskonfiguration – die Zeichen in Klammern geben den Ladungszustand an.
N_P	Elektronegativität nach Pauling[C]

G		R_V/nm	R_m/nm	R_{kov}/nm	R_i/nm	$R_\pm$/nm	$R_\pm$/nm	N_P
I	Li		0,152	0,123	0,068(1+)[A]			1,0
	Na		0,186	0,157	0,098(1+)[A]			0,9
	K		0,227	0,203	0,133(1+)[A]			0,8
	Rb		0,248	0,216	0,148(1+)[A]			0,8
	Cs		0,263	0,235	0,167(1+)[A]			0,7
	NH_4^+		—	—	0,148(1+)			
II	Be		0,112	0,106	0,030(2+)[A]			1,5
	Mg		0,160	0,140	0,065(2+)[A]			1,2
	Ca		0,197	0,174	0,094(2+)[A]			1,0
	Sr		0,215	0,191	0,110(2+)[A]			1,0
	Ba		0,221	0,198	0,134(2+)[A]			0,9
III	B	0,217	0,079	0,088	0,016(3+)[A]			2,0
	Al	0,253	0,143	0,126	0,045(3+)[A]			1,5
	Ga		0,122	0,126	0,062(3+)	0,113(1+)		1,6
Neben-gruppe	Sc		0,161	0,144	0,081(3+)[A,†]			1,3
	Ti		0,145	0,132	0,068(4+)[A,†]	0,090(2+)		1,5
	V		0,132	0,122	0,059(5+)	0,088(2+)	0,074(3+)	1,6
	Mn		0,137	0,117	0,046(7+)	0,080(2+)	0,066(3+)	1,6
	Cr		0,137	0,117	0,052(6+)	0,088(2+)	0,063(3+)[B]	1,5
	Fe		0,124	0,116		0,076(2+)	0,064(3+)	1,8
	Co		0,125	0,116		0,074(2+)	0,063(3+)	1,8
	Ni		0,125	0,115		0,072(2+)	0,062(3+)	1,8
	Cu		0,128	0,135	0,096(1+)	0,069(2+)		1,9
	Zn		0,133	0,131	0,074(2+)			1,6
	Mo		0,136	0,129	0,062(6+)	0,068(4+)		1,8
	Ag		0,144	0,152	0,126(1+)	0,089(2+)		1,9

G		R_V/nm	R_m/nm	R_{kov}/nm	R_i/nm	$R_\pm$/nm	$R_\pm$/nm	N_P
	Cd		0,149	0,148	0,097(2+)			1,7
	Au		0,144	0,134	0,137(1+)	0,085(2+)		2,4
	Hg	0,150	0,152	0,148	0,110(2+)			1,9
IV	C	0,185	—	0,077	0,016(4+)	0,260(4−)		2,5
	Si	0,224[T]	0,118	0,117	0,038(4+)	0,271(4−)		1,8
	Ge	0,202	—	0,122	0,053(4+)	0,272(4−)	0,093(2+)	1,8
	Sn		0,162	0,140	0,071(4+)	0,294(4−)	0,112(2+)	1,8
	Pb		0,175	0,154	0,084(4+)	0,120(2+)		1,8
V	N	0,150	—	0,070	0,171(3−)	0,013(5+)		3,0
	P	0,19	—	0,110	0,212(3−)	0,035(5+)		2,1
	As	0,20	0,125	0,118	0,222(3−)	0,046(5+)		2,0
	Sb	0,220	0,145	0,136	0,245(3−)	0,062(5+)		1,9
	Bi		0,170	0,152	0,074(5+)	0,120(3+)		1,9
VI	O	0,140	0,060	0,066	0,146(2−)[A]	0,009(6+)		3,5
	S	0,185	0,095	0,104	0,190(2−)[A]	0,029(6+)		2,5
	Se	0,260		0,114	0,202(2−)[A]	0,042(6+)		2,4
	Te	0,220	0,143	0,132	0,222(2−)[A]	0,056(6+)		2,1
VII	H	0,12	—	0,037	0,154(1−)[A]			2,1
	F	0,135	—	0,064	0,133(1−)[A]	0,008(7+)		4,0
	Cl	0,180	—	0,099	0,181(1−)[A]	0,027(7+)		3,0
	Br	0,195	0,115	0,111	0,196(1−)[A]	0,039(7+)		2,8
	I	0,215	0,133	0,128	0,219(1−)[A]	0,050(7+)		2,5

VIII		He	Ne	Ar	Kr	Xe	CH_3	C_6H_6
	R_V/nm	0,099†	0,160	0,192	0,197	0,217	0,20	0,185

Anmerkungen

[A] Die Entfernung D zwischen Anion und Kation ist gegeben durch $D = R_i(+) + R_i(-) + \Delta(N)$, wobei der Korrekturterm $\Delta(N)$ von der Koordinationszahl N wie folgt abhängt:

N	1	2	3	4	5	6
$\Delta(N)$/nm	−0,050	−0,031	−0,019	−0,011	−0,005	0,0

N	7	8	9	10	11	12
$\Delta(N)$/nm	+0,004	+0,008	+0,011	+0,014	+0,017	+0,019

Literaturhinweis: R72, R67, R65, R22, R67, R67 – dies sind der Reihe nach Literaturhinweise für R_V bis N_P.

[B] Auch 0,081 (1+).

[T] Theoretisch.

[†] Diskrepanz zwischen den Literaturstellen.

[C] N_P ist ein Maß dafür, wie stark das Atom Elektronen anzieht. Der prozentuale Anteil der Ionenbindung P in einer Bindung hängt von der Differenz ΔN_P zwischen den N_P Werten der Atome wie folgt ab:

ΔN_P	0,1	0,3	0,5	0,7	1,0	1,3	1,5	1,7	2,0	2,5	3,0	3,2
P/%	0,5	2	6	12	22	34	43	51	63	79	89	92

Aktivierungsenergien

E Aktivierungsenergie

	Reaktion	Bedingungen	$E/\mathrm{kJ\ mol^{-1}}$
1	$2H_2O_2 \rightarrow 2H_2O + O_2$	Enzymkatalysiert	23[A]
2	$H_2 + Cl_2 \rightarrow 2HCl$	photochemisch	25
3	$(C_2H_5)_3N + C_2H_5Br \rightarrow (C_2H_5)_4NBr$	Lösung	47
4	$C_6H_5N(CH_3)_2 + CH_3I \rightarrow C_6H_5N(CH_3)_3I$	Lösung	49
5	$2NOBr \rightarrow 2NO + Br_2$		58
6	$2HI \rightarrow H_2 + I_2$	Pt katalysiert	59[B]
7	$F_2O_2 \rightarrow F_2 + O_2$		72
8	$2H_2O_2 \rightarrow 2H_2O + O_2$	unkatalysiert	79[A]
9	$C_6H_5CH_2ONa + C_3H_7I \rightarrow C_6H_5CH_2OC_3H_7 + NaI$	Lösung	89
10	$C_2H_5Br + OH^- \rightarrow C_2H_5OH + Br^-$	Lösung	90
11	$C_6H_2\!\begin{smallmatrix}(NO_2)_3\\ \\CO_2H\end{smallmatrix} \rightarrow C_6H_3(NO_2)_3 + CO_2$		96
12	$2NOCl \rightarrow 2NO + Cl_2$		100
13	$2HI \rightarrow H_2 + I_2$	Au katalysiert	105[B]
14	$(C_2H_5)_3N + C_2H_5I \rightarrow (C_2H_5)_4NI$	Lösung	107
15	$2NO_2 \rightarrow 2NO + O_2$		112
16	$2N_2O \rightarrow 2N_2 + O_2$	Au katalysiert	121[C]
17	$2N_2O \rightarrow 2N_2 + O_2$	Pt katalysiert	136[C]
18	$C_2H_5OC_2H_5 \rightarrow C_2H_6 + CO + CH_4$	I_2-Dampf	144[D]
19	$2NH_3 \rightarrow N_2 + 3H_2$	W katalysiert	162[E]
20	$H_2 + I_2 \rightarrow 2HI$	unkatalysiert	164[B]
21	$C_3H_7-N{=}N-C_3H_7 \rightarrow C_6H_{14} + N_2$		172
22	$C_2H_4 + H_2 \rightarrow C_2H_6$		180
23	Terpen $\rightarrow$ Pinen		182
24	$2HI \rightarrow H_2 + I_2$	unkatalysiert	185[B]
25	$CH_3CHO \rightarrow CH_4 + CO$		190
26	Diester von Maleinsäure in Diester von Fumarsäure, das heißt $CH_3O_2CCH{=}CHCO_2CH_3$ *cis* nach *trans*		213
27	$CH_2{-}CH_2$ (Epoxid, O) $\rightarrow C_2H_4 + \tfrac{1}{2}O_2$		218
28	$C_2H_5Br \rightarrow C_2H_4 + HBr$		221
29	$C_2H_5OC_2H_5 \rightarrow C_2H_6 + CO + CH_4$	unkatalysiert	224[D]
30	$2N_2O \rightarrow 2N_2 + O_2$	unkatalysiert	245[C]
31	$C_2H_5Cl \rightarrow C_2H_4 + HCl$		254
32	$2NH_3 \rightarrow N_2 + 3H_2$	unkatalysiert	335[E]

Anmerkung
Vergleiche Werte mit dem gleichen Kennbuchstaben.

Ausgewählte Bindungslängen und mittlere Bindungsenergien

L Bindungslänge E mittlere Bindungsenergie

	Bindung anorganisch	in	L/nm	E/kJ mol^{-1}			Bindung organisch	in	L/nm	E/kJ mol^{-1}
1	Br—Br	Br_2	0,228	193		1	C—Br	CBr_4	0,194	209[†D]
2	Br—H	HBr	0,141	366		2	C—C	allgemein	0,154	346
3	Cl—Cl	Cl_2	0,199	242		3	C=C	C_2H_4	0,134	598[†]
4	Cl—H	HCl	0,127	431		4	C=C	allgemein	0,135	611
5	F—F	F_2	0,142	158		5	C≡C	C_2H_2	0,121	837[†]
6	H—H	H_2	0,074	436		6	C≡C	allgemein	0,121	835
7	H—I	HI	0,160	299		7	C—Cl	CCl_4	0,177	327
8	H—O	H_2O	0,096	464		8	C—Cl	allgemein	0,177	339
9	H—N	NH_3	0,101	389[†]		9	C⋯Cl	C_6H_5Cl	0,169	
10	H—P	PH_3	0,142	322[†]		10	C—F	CH_3F	0,138	452[D]
11	H—S	H_2S	0,135	347		11	C—F	CF_4	0,132[†]	485
12	H—Si	SiH_4	0,148	318[D]		12	C—H	CH_4	0,109	435
13	I—I	I_2	0,267	151		13	C—H	C_2H_2	0,106	506[†]
14	K—K	K_2	0,392	53[†]		14	C—H	allgemein	0,108	413
15	N—N	N_2H_4	0,147	163		15	C—I	CH_3I	0,214	218[†]
16	N=N	$C_6H_{14}N_2$	0,120	410		16	C—N	CH_3NH_2	0,147	305[G]
17	N≡N	N_2	0,110	945		17	C=N	CH_2N_2	0,132	615[G]
18	N—O	NO_2	0,119	305[D]		18	C≡N	HCN	0,116	891[†]
19	N=O	HNO_3	0,121	626		19	C≡N	allgemein	0,116	890
20	N≡P	PN	0,149	582		20	C⋯N	Anilin	0,135	—
21	Na—Na	Na_2	0,308	72		21	C—O	CH_3OH	0,143	336
22	O—O	H_2O_2	0,149	146		22	C—O	allgemein	0,143	358
23	O—O	O_3	0,128	—		23	C=O	CO_2	0,116	803[†]
24	O=O	O_2	0,121	497		24	C=O	HCHO	0,122	695
25	O—S	SO_3	0,143	435		25	C=O	Aldehyde	0,122	736
26	O—Si	SiO_2	0,151	368[†]		26	C=O	Ketone	0,122	745
27	P—P	P_4	0,221	201		27	C=O	$CaCO_3$	0,129	—
28	P≡P	P_2	0,189	488		28	C—Si	$(CH_3)_4Si$	0,193	301

[†] Diskrepanz zwischen den Quellen   [D] Bindungsdissoziationsenergie,   [G] Allgemeiner Wert.
Literaturhinweis: R 65, R 66.

Dipolmomente von anorganischen Molekülen in der Dampfphase

p Dipolmoment $p^{\ominus}$ $3{,}34 \cdot 10^{-30}$ C m

	Verbindung	$p/p^{\ominus}$		Verbindung	$p/p^{\ominus}$		Verbindung	$p/p^{\ominus}$
1	AsH_3	0,16	10	HI	0,42	19	$Ni(CO)_4$	0
2	CH_4	0	11	H_2O	1,84	20	NO	0,16
3	CO	0,10	12	H_2O_2	2,13	21	NO_2	0,40
4	CO_2	0	13	H_2S	0,92	22	N_2O	0,17
5	CS_2	0	14	H_2Se	0,40	23	PCl_3	0,78
6	HBr	0,80	15	H_2Te	0,20	24	PH_3	0,55
7	HCl	1,05	16	NF_3	0,22	25	SbH_3	0,12
8	HCN	2,80	17	NH_3	1,48	26	SiH_4	0
9	HF	1,91	18	N_2H_4	1,84	27	SO_2	1,63

Literaturhinweis: R 2.

Bindungslängen und -winkel

Verbindung	Reihenfolge	Winkel	Länge/nm	
CCl_4	Cl—C—Cl	109,5°	0,177	Cl—C
CH_4	H—C—H	109,5°	0,109	H—C
CH_3Cl	H—C—H	110,5°	0,110	H—C
	Cl—C—H	108,0°	0,178	Cl—C
CH_2Cl_2	H—C—H	113,0°	0,107	H—C
	Cl—C—Cl	111,8°	0,177	Cl—C
$CHCl_3$	Cl—C—Cl	110,9°	0,107	C—H
			0,176	Cl—C
C_2H_4	H—C—H	117,3°	0,109	H—C
			0,134	C—C
C_3H_6 Cyclopropan	H—C—H	120,0°	0,134	C—C
	H—C—C	120,0°	0,107	C—H
C_6H_6 Benzol	C—C—C	120,0°	0,1084	C—H
			0,1397	C—C
CH_3OH	C—O—H	109,0°	0,143	C—O
			0,096	O—H
$CH_3C{<}^{O'}_{OH}$	O—C—O'	122,0°	0,125	C—O
	C—C—O'	119,5°	0,131	C—O
	C—C—O	116,0°	0,095	O—H
	H—C—H	106,8°	0,108	H—C
CH_3CHO	C—C—O	123,6°	0,109	H—C
	H—C—H	108,3°	0,150	C—C
			0,122	C—O
$(CH_3)_2O$	C—O—C	115,5°	0,142	C—O
CH_3NH_2	H—C—H	109,5°	Methylachse bildet mit C-N-Achse einen Winkel von 3,5°	
	H—N—C	112,2°	0,096	H—C
	H—N—N	105,8°		
$(CH_3)_2NH$	C—N—C	111,0°	0,108	H—C
			0,146	C—N
$(CH_3)_3N$	C—N—C	108,7°	0,147	C—N
	H—C—H	107,1°	0,109	H—C
CO_3^{2-}	O—C—O	120,0°	0,145	O—C
$COCl_2$	Cl—C—Cl	111,3°	0,175	Cl—C
H_2O	H—O—H	104,5°	0,096	H—O
H_2S	H—S—H	93,0°	0,134	H—S
H_2Se	H—Se—H	91,0°	0,147	H—Se
H_2Te	H—Te—H	89,5°	0,170	H—Te
NH_3	H—N—H	107,0°	0,101	H—N
NO_2	O—N—O	134,0°	0,119	N—O
NO_3^-	O—N—O	120,0°	0,124	N—O
PCl_3	Cl—P—Cl	100,1°	0,204	Cl—P
PCl_5	Cl—P—Cl	120,0°	0,204	Cl—P
	Cl—P—Cl	90,0°	0,219	Cl—P
SF_6	F—S—F	90,0°	0,158	F—S
SO_3	O—S—O	120,0°	0,143	S—O

Literaturhinweis: R 65, R 66.

Allgemeine Einführung zu den Tabellen physikalischer, thermochemischer und anderer Eigenschaften von Elementen und Verbindungen

Die folgenden Anmerkungen und Abkürzungen werden allgemein auf den Seiten 59–95 verwendet.

1 **Zustand.** Der physikalische Normalzustand des Materials bei 298 K wird folgendermaßen angegeben: F fest, Fl flüssig, G gasförmig, wss wäßrige Lösung.

2 **Kristallsystem.** Das Kristallsystem für das Material bei 298 K, oder in der Nähe der Schmelztemperatur im Fall von Flüssigkeiten und Gasen, wird folgendermaßen angegeben:

KUB kubisch	TRG trigonal (nicht RBH)	HEX hexagonal	
TET tetragonal	RBH rhomboedrisch	MKL monoklin	
ORH orthorhombisch	(Spezialfall von TRG)	TKL triklin	

In den folgenden Fällen wird stattdessen das System durch die Strukturart beschrieben:

für das kubische System
　　RZ　raumzentriert
　　FZ　flächenzentriert
　　　　(kubisch dicht gepackt)
　　DIA　Diamantstruktur
für das hexagonale System　HDG　hexagonal dicht gepackt

Nicht kristalline Festkörper werden durch AMO amorph, PUL pulverförmig, GLS glasartig gekennzeichnet.

3 **Dichte.** Die angegebenen Werte sind gemessene Dichten und können in einigen Fällen merklich geringer sein als die theoretisch aus Röntgenmessungen abgeleiteten Dichten, wenn der Kristall eine hohe Störstellenkonzentration enthält.

4 **Schmelz- und Siedetemperaturen.** Diese beziehen sich auf einen Druck von 101 325 Pa (1 atm), wenn nichts anderes vermerkt ist. Es bedeuten: ^{sub} Sublimierung. ^{zer} Zersetzung. $dhd(n)$ verliert (n Moleküle) Kristallwasser. ^{u} Phasenumwandlung.

5 **Thermochemische Daten.** Diese beziehen sich auf 298 K, wenn das Formelzeichen den Exponenten 298 trägt. Beachten Sie, daß ΔH_f^{298} und ΔG_f^{298} definitionsgemäß für Elemente im Normalzustand Null sind. Die angegebenen Werte für wäßrige Lösung gelten für eine Molalität von 1 mol kg^{-1}.

6 **Anmerkungen.** Diese geben verschiedene Informationen: **GIFT** giftige Substanz; **HT GIFT** Gift, das durch die Haut aufgenommen wird; **GIFT DPF** giftiger Dampf (mit maximal zulässiger Konzentration in Luft in Anteilen pro Million); **KUM GIFT** kumulatives Gift (mit maximal zulässiger Körperbelastung); **RAD** radioaktives Material; **KOR** korrodierendes Material. (N.B. fast alle chemischen Substanzen sind giftig und sollten mit Vorsicht behandelt werden. Die hier gekennzeichneten erfordern spezielle Vorsichtsmaßnahmen im Labor oder in der industriellen Praxis)

EXP explosive Substanz; **FEU** hoch feuergefährlich (leicht entzündbar); **PYR** pyrophore, d.h. selbstentzündliche, Substanz (brennt feinzerteilt sofort); **HR** heftige Reaktion mit H_2O; **OX** oxidiert in Luft; hyg hygroskopisch; zerfl zerfließend; eff effloreszent (auswitternd).

Farben — außer weiß oder farblos — werden folgendermaßen bezeichnet.

bl: blau	sw: schwarz	br: braun	gn: grün	gr: grau
or: orange	rt: rot	ge: gelb	dk: dunkel	ba: blaß
pu: purpur	vi: violett			

Festkörperphasenumwandlungen für Elemente werden durch Ausdrücke in eckigen Klammern gekennzeichnet: $[T_u/K, \Delta H_u/\text{J mol}^{-1}]$. C bedeutet Curiepunkt.

Standarddichten gasförmiger Elemente (bei 273,15 K und 0,101 325 MPa $\hat{=}$) können aus der Formel $\rho = kM/V_m^{298}$ berechnet werden, wobei M die molare Masse und V_m^{298} das molare Standardvolumen (22,41 dm^3 mol^{-1}) bedeutet. k ist ein Korrekturfaktor, der in den Anmerkungen in geschweiften Klammern gegeben ist. Also {0,099940} für k (H_2).

Literaturhinweis: Kristallstruktur: R 4 (9–4). ρ: R 1 (S. 118), R 2 (B und C), R 45, R 46, R 47, R 48. ρ (Gas): R 1 (S. 149). n: R 1 (S. 133), R 2 (B und C), R 45, R 46, R 47. T_m, T_b und thermochemische Daten: R 19, R 7, R 46, R 47 (organisch), R 45, R 44. m_s: R 50, R 1 (S. 123), R 2, R 49. p, ϵ_r: R 1, R 2, R 45. Phasenumwandlungen: R 19, R 4 (4–172). Anmerkungen: R 2, R 51, R 52.

Thermochemische Eigenschaften der Elemente mit Ausnahme der Lanthaniden und Actiniden

Z Ordnungszahl
N Anzahl der Atome pro Molekül im stabilsten gasförmigen Zustand bei T_S
M molare Masse des Elements
ρ Dichte (bei 298 K *oder Dichte der Flüssigkeit bei* T_S *für Gase*)
T_m normale Schmelztemperatur

T_b normale Siedetemperatur
ΔH_m^{298} molare Schmelzenthalpie bei T_m
ΔH_b^{298} molare Verdampfungsenthalpie bei T_b
S^{298} molare Standardentropie bei 298 K
ΔH_a^{298} molare Atomisierungsenthalpie (erforderliche Energie, um ein Mol einatomiges Gas bei 298 K aus dem Normalzustand zu erzeugen)

Für diese Tabelle besteht das Mol aus einzelnen Atomen. Vorsicht ist geboten bei der Interpretation der Ergebnisse wenn $N \neq 1$. Siehe die allgemeinen Anmerkungen und Abkürzungen auf S. 58.

Z	Element		N	Zustand	M $\mathrm{g\,mol^{-1}}$	$\rho(298K)$ $\mathrm{g\,cm^{-3}}$	T_m K	T_b K	ΔH_m^{298} $\mathrm{kJ\,mol^{-1}}$	ΔH_b^{298} $\mathrm{kJ\,mol^{-1}}$	S^{298} $\mathrm{J\,mol^{-1}K^{-1}}$	ΔH_a^{298} $\mathrm{kJ\,mol^{-1}}$	Z	Anmerkungen
1	Wasserstoff	H	2	G HDG	1,0	$0{,}07^{20K}$	14	20	0,06	0,5	65,3	218,0	1	**EXP**;{0,99940}
2	Helium	He	1	G HDG‡	4,0	$0{,}12^{4K}$	$4^{103\,atm}$	4	$0{,}02^{103\,atm}$	0,1	126,0	—	2	[2,18,0]; {0,9984}
3	Lithium	Li	1	F RZ	6,9	0,53	454	1604	$3{,}01^{\dagger}$	$134{,}7^{\dagger}$	28,0	160,8	3	**KOR; OX;** [77]
4	Beryllium	Be	1	F HDG	9,0	1,85	1556	$2750^{\dagger}$	11,72	$294{,}6^{\dagger}$	9,5	325,9	4	**GIFT** (0,001 in Luft)
5	Bor	B	1	F TET	10,8	$2{,}55^{\dagger}$	2300	4200	$22{,}18^{\dagger}$	538,9	$5{,}9^{\dagger}$	589,9	5	
6	Kohlenstoff (Graphit)	C	1‡	F HEX	12,0	2,25*	$4000^{\ddagger}$ sub			$716{,}7^{\,sub}$	5,7	715,0	6	sw
6	Kohlenstoff (Diamant)	C	1‡	F DIA	12,0	3,53	3823	$5100^{\dagger}$	$1{,}87^{\,\Delta H_f^{298}}$	$2{,}8^{\,\Delta G_f^{298}}$	2,4	713,1	6	
7	Stickstoff	N	2	G HDG	14,0	$0{,}81^{\dagger 77K}$	63	77	0,36	2,8	95,7	472,8	7	[36, 23]
8	Sauerstoff	O	2	G KUB	16,0	$1{,}14^{\dagger 90K}$	54	90	0,22	$3{,}4^{\dagger}$	102,5	249,2	8	[24, 94]; [44, 743] dk bl fl
9	Fluor	F	2	G	19,0	$1{,}11^{\dagger 73K}$	53	85	0,26	$3{,}3^{\dagger}$	101,4	79,1	9	**KOR GIFT** (0,0001); ba ge [460, 728]
10	Neon	Ne	1	G FZ	20,2	$1{,}21^{27K}$	25	27	0,33	$1{,}8^{\dagger}$	$146{,}2^{\dagger}$	—	10	{0,99941}
11	Natrium	Na	1	F RZ	23,0	0,97	371	1163	$2{,}60^{\dagger}$	$89{,}0^{\dagger}$	51,0	108,4	11	**PYR; HR; OX**
12	Magnesium	Mg	1	F HDG	24,3	1,74	923	1390	8,95	128,7	32,7	149,0	12	**PYR**
13	Aluminium	Al	1	F FZ	27,0	2,70	932	2720	10,75	293,7	28,3	324,3	13	
14	Silicium	Si	1	F DIA	28,1	$2{,}33^{\dagger}$	1683	$2950^{\dagger}$	$46{,}44^{\dagger}$	$376{,}8^{\dagger}$	19,0	439,7	14	
15	Phosphor (rot)	P	4	F MKL†	31,0	$2{,}20^{\dagger}$	$870^{143\,atm}$	$704^{\,sub}$	$4{,}71^{143\,atm}$	$30{,}1^{\,sub}$	22,8	333,9	15	**GIFT**
15	Phosphor (weiß)	P	4	F KUB	31,0	1,82	317	554	0,63	$12{,}4^{\dagger}$	41,0	316,3	15	**GIFT; PYR**
15	Phosphor (schwarz)	P	4	F MKL	31,0	2,70*		$-38{,}86^{\,\Delta H_f^{298}}$				756,8	15	**GIFT**

† unsicher   ‡ sehr unsicher   * variabel

Thermochemische Eigenschaften der Elemente mit Ausnahme der Lanthaniden und Actiniden (Fortsetzung)

Z	Element		N		Zustand	$\dfrac{M}{\text{g mol}^{-1}}$	$\dfrac{\rho\,(298K)}{\text{g cm}^{-3}}$	$\dfrac{T_m}{K}$	$\dfrac{T_b}{K}$	$\dfrac{\Delta H_m^{298}}{\text{kJ mol}^{-1}}$	$\dfrac{\Delta H_b^{298}}{\text{kJ mol}^{-1}}$	$\dfrac{S^{298}}{\text{J mol}^{-1}\text{K}^{-1}}$	$\dfrac{\Delta H_a^{298}}{\text{kJ mol}^{-1}}$	Z	Anmerkungen
16	Schwefel (rhombisch)	S	8	F	ORH	32,1	2,07	369^u in MKL		0,38^u in MKL		31,9	238,1	16	
16	Schwefel (monoklin)	S	8	F	MKL	32,1	1,96	392†	718	1,41	9,6	32,6	237,8	16	lösl. in CS$_2$
17	Chlor	Cl	2	G	TET	35,5	**1,56**^{239K}	172	239	3,20	10,2	111,5	121,1	17	**GIFT DPF** (1,0); {1,0160}; ge-gn
18	Argon	Ar	1	G	FZ	39,9	**1,40**^{85K}	84	87	1,18	6,5	154,7	—	18	{1,0009}
19	Kalium	K	1	F	RZ	39,1	0,86	336	1039	2,30	77,5	64,4	89,5	19	**PYR; HR;** OX
20	Calcium	Ca	1	F	FZ	40,1	1,55	1123	1765	8,66	149,8	41,6	176,6	20	OX; [713†,1130]
21	Scandium	Sc	1	F	HDG	45,0	2,99	1673‡	2750‡	16,11‡	304,8‡	37,7	343,1	21	
22	Titan	Ti	1	F	HDG	47,9	4,54	1950	3550	15,48‡	428,9	30,7	471,1	22	[1155, 3975]
23	Vanadium	V	1	F	RZ	50,9	6,11†	2190	3650	17,57‡	458,6	29,3	513,8	23	**GIFT**
24	Chrom	Cr	1	F	RZ	52,0	7,19†	2176	2915	13,81	348,9	23,8	397,5	24	[2113, 1464]
25	Mangan	Mn	1	F	KUB	54,9	7,42*	1517	2314	14,64	219,7	32,0	279,2	25	[1000, 2238]; [1374, 2280]; [1410, 1799]
26	Eisen	Fe	1	F	RZ	55,9	7,86*	1812	3160	15,36	351,0†	27,2	417,7	26	[1033, 0 C]; [1183, 900]; [1673, 690]
27	Kobalt	Co	1	F	FZ	58,9	8,90	1768	3150	15,23	382,4†	30,0†	425,1	27	[720, 251]; [1395, 544 C]
28	Nickel	Ni	1	F	FZ	58,7	8,90	1728	3110	17,61	371,8†	29,9	423,8	28	[680, 377 C]
29	Kupfer	Cu	1	F	FZ	63,5	8,94	1356	2855	13,05	304,6	33,3	339,3	29	ge-rt
30	Zink	Zn	1	F	HDG^A	65,4	7,13†	693	1181	7,38†	115,3	41,6	130,5	30	
31	Gallium	Ga	1	F	ORH	69,7	**5,91**^{B}	303	2510†	5,59	256,1†	41,1†	272,0	31	
32	Germanium	Ge	1	F	DIA	72,6	5,32*†	1210	3100‡	31,80†	334,3	31,1†	376,6	32	
33	Arsen (grau)	As	4	F	TRG	74,9	5,73	**1090**$^{36\,atm}$	**886**sub	**27,61**$^{‡36\,atm}$	**129,7**sub	35,1	288,7	33	**KUM GIFT**
34	Selen	Se	2	F	TRG	79,0	4,79	490	958	5,23	26,3	42,7	206,7	34	**GIFT**; gr, rt oder sw; [398, 4393]

† unsicher   ‡ sehr unsicher   * variabel   **A** verzerrt, c/a = 1,9   **B** ρ (fl) = 6,11 g cm^{-3} ^{u} Umwandlungstemperatur

Z	Element		N Zustand	M $\mathrm{g\,mol^{-1}}$	ρ(298K) $\mathrm{g\,cm^{-3}}$	T_m K	T_b K	ΔH_m^{298} $\mathrm{kJ\,mol^{-1}}$	ΔH_b^{298} $\mathrm{kJ\,mol^{-1}}$	S^{298} $\mathrm{J\,mol^{-1}K^{-1}}$	ΔH_a^{298} $\mathrm{kJ\,mol^{-1}}$	Anmerkungen
35	Brom	Br	2 Fl ORH	79,9	$3{,}12^{266\mathrm{K}}$	266	331	5,29	15,0	75,8	112,0	**KOR GIFT**; rt-br
36	Krypton	Kr	1 G FZ	83,8	$2{,}16^{120\mathrm{K}}$	116	120	1,64	9,0	164,0	—	{1,0028}
37	Rubidium	Rb	1 F RZ	85,5	1,53	312	974	2,36	69,2	76,2†	82,0	**PYR; HR; OX**; [243,]
38	Strontium	Sr	1 F FZ	87,6	2,58†	1043	1640	9,20†	138,9	52,3†	163,6	**PYR**; [486,]; [862, 837‡]
39	Yttrium	Y	1 F HDG	88,9	4,40†	1773‡	3500‡	17,15‡	393,3‡	46,0	426,8	
40	Zirkonium	Zr	1 F HDG	91,2	6,53†	2125	4650	16,74‡	581,6	38,9	610,9	**PYR** [1135, 3828]
41	Niob	Nb	1 F RZ	92,9	8,55	2770	5200	26,78‡	696,6	36,5†	742,7	
42	Molybdän	Mo	1 F RZ	95,9	10,22	2890†	5100†	27,61†	594,1	28,6	659,0	
43	Technetium	Tc	1 F HDG	99,0	11,50 [RECH]	2400‡	4900‡	23,01‡	577,4‡	33,5	648,5	**RAD**
44	Ruthenium	Ru	1 F HDG	101,1	12,41†	2700‡	4000‡	25,52‡	569,0‡	28,9	602,5	[1473, 0]; [1773, 134]
45	Rhodium	Rh	1 F FZ	102,9	12,41	2239	4000‡	21,76‡	495,4‡	31,8	556,5	
46	Palladium	Pd	1 F FZ	106,4	12,02	1823	3400†	16,74	393,3	37,9	393,3	
47	Silber	Ag	1 F FZ	107,9	10,50	1234	2450†	11,30	255,1	42,7	286,2	
48	Cadmium	Cd	1 F HDG[D]	112,4	8,65	594	1038	6,07	99,9	51,8	111,9	**GIFT DPF** (0,1)
49	Indium	In	1 F TET[A]	114,8	7,31	429	2320‡	3,26	226,4	57,8†	238,5	**GIFT**
50	Zinn (weiß)	Sn	1 F TET	118,7	7,31	505	2960†	7,20	290,4†	51,4	301,2	[476, 8]
50	Zinn (grau)	Sn	1 F DIA	118,7	5,75	292 u in weiß		2,26 u in weiß		44,8	303,5	
51	Antimon	Sb	4 F RBH	121,8	6,68	903	1910	19,83	67,9†	45,7†	262,3	**GIFT** (0,5 in Luft); [368,]; [690,]
52	Tellurium	Te	2 F TRG	127,6	6,25	723	1260	17,49	50,6	49,7	194,6	**GIFT** (0,01 in Luft)
53	Jod	J	2 F ORH	126,9	4,94	387	456	7,89	20,9†	58,4	106,6	**HT GIFT**[B]; pu-sw
54	Xenon	Xe	1 G FZ	131,3	$3{,}52^{164\mathrm{K}}$	161	165	2,29	12,6	169,6	—	{1,00706}
55	Cäsium	Cs	1 F RZ	132,9	1,87	302	958	2,13	65,9†	84,3	78,1	**EXP** in H_2O
56	Barium	Ba	1 F RZ	137,3	3,50	983	1910	7,66	150,9	64,9†	174,6	**GIFT; OX**; [643, 586]
57	Lanthan	La	1 F HDG	138,9	6,19	1193	3640	11,30‡	399,6	56,9	416,7	[110,]; [821,]; [982,]

† unsicher   ‡ sehr unsicher   * variabel   **A** verzerrt FZ   **B** J ist eher hautreizend als giftig   **D** verzerrt, c/a = 1,9
RECH berechnet, nicht gemessen   **u** Umwandlungstemperatur

62 **Thermochemische Eigenschaften der Elemente mit Ausnahme der Lanthaniden und Actiniden (Fortsetzung)**

Z	Element	N	Zustand	$\dfrac{M}{\text{g mol}^{-1}}$	$\dfrac{\rho(298\text{K})}{\text{g cm}^{-3}}$	$\dfrac{T_m}{\text{K}}$	$\dfrac{T_b}{\text{K}}$	$\dfrac{\Delta H_m^{298}}{\text{kJ mol}^{-1}}$	$\dfrac{\Delta H_b^{298}}{\text{kJ mol}^{-1}}$	$\dfrac{S^{298}}{\text{J mol}^{-1}\text{K}^{-1}}$	$\dfrac{\Delta H_a^{298}}{\text{kJ mol}^{-1}}$	Z Anmerkungen
72	Hafnium	Hf	1 F HDG	178,5	13,30	2495†	5500†	21,76†	661,1	45,6†	702,9	72
73	Tantal	Ta	1 F RZ	181,0	16,60†	3270	5700‡	31,38‡	753,1	41,4	781,6	73 gr
74	Wolfram	W	1 F RZ	183,9	19,35†	3650	5800‡	35,23‡	799,1	33,6	836,8	74
75	Rhenium	Re	1 F HDG	186,2	21,02	3453	5900‡	33,05‡	707,1	37,2†	777,0	75
76	Osmium	Os	1 F HDG	190,2	22,57†	3000‡	4500‡	29,29‡	627,6‡	32,6	669,4	76
77	Iridium	Ir	1 F FZ	192,2	22,42†	2727	4400‡	26,36‡	563,6‡	36,4	627,6	77
78	Platin	Pt	1 F FZ	195,1	21,45	2043	4100‡	19,66†	510,4	41,8	564,0	78
79	Gold	Au	1 F FZ	197,0	19,32	1336	2980†	12,38	324,3	47,4	354,4	79 ge
80	Quecksilber	Hg	1 Fl RBH	200,6	13,53	234	630	2,30	59,2	76,1	61,3	80 KUM HT GIFT DPF (0,1)
81	Thallium	Tl	1 F HDG	204,4	11,85	577	1740	4,27	162,1	64,6	179,9	81 HT GIFT [507, 377]
82	Blei	Pb	1 F FZ	207,2	11,35	601	2024	4,77	179,5	64,8	195,8	82 KUM GIFT
83	Wismuth	Bi	1 F TRG	209,0	9,75c	545	1832	10,88	151,5	56,9	198,7	83
84	Polonium	Po	2 F RBH	210,0	9,32	527	1235	12,55‡	60,2	62,8†	144,1	84 RAD GIFT (7 pg im Körper);[370,]
85	Astat	At	2 F	210,0		575‡	650†	11,92‡	45,2‡	60,7†	90,4	85 RAD
86	Radon	Rn	1 G	222,0	4,4†211K	202‡	211‡	2,89‡	16,4‡	176,1		86 RAD GIFT DPF
87	Francium	Fr	1 F	223,0		300‡	950‡	2,09‡	63,6‡	94,1†	72,8	87 RAD
88	Radium	Ra	1 F	226,0	5,00‡	973	1800‡	8,37‡	136,8‡	71,1	161,9	88 RAD KUM GIFT DPF
89	Actinium	Ac	F	227,0	10,07 RECH	1470‡	3600‡	14,23‡	397,5‡	62,8†		89 RAD
90	Thorium	Th	1 F FZ	232,0	11,66	1968	4500‡	15,65‡	543,9	53,4†		90 RAD; [498,]; [1673, 2803‡]

† unsicher   ‡ sehr unsicher   * variabel   C kontrahiert beim Schmelzen   RECH berechnet, nicht gemessen

Z	Element	N	Zustand	$\dfrac{M}{\text{g mol}^{-1}}$	$\dfrac{\rho\,(298\text{K})}{\text{g cm}^{-3}}$	$\dfrac{T_m}{\text{K}}$	$\dfrac{T_b}{\text{K}}$	$\dfrac{\Delta H_m^{298}}{\text{kJ mol}^{-1}}$	$\dfrac{\Delta H_b^{298}}{\text{kJ mol}^{-1}}$	$\dfrac{S^{298}}{\text{J mol}^{-1}\text{K}^{-1}}$	$\dfrac{\Delta H_a^{298}}{\text{kJ mol}^{-1}}$	Z Anmerkungen
												91 **RAD**
91	Protactinium	Pa	1 F TET	231,0	15,37	1500	4300	14,64	460,2	51,9		92 **RAD KUM**
92	Uran	U	1 F RZ	238,1	18,95	1406	4200	15,48	422,6	50,3	490,4	**GIFT** $(0,2\,\mu\text{Ci}^1)$ im Körper); **PYR**; [941, 2820]; [1047, 4531‡]
												94 **RAD KUM**
93	Plutonium	Pu	1 F MKL	239,1	19,84	913	3500	2,09†	317,1			**GIFT** (0,5 ng im Körper); möglicherweise kritisch; [394, 3975]; [480, 586]; [590, 669]; [726,]; [750, 1966]

† unsicher   ‡ sehr unsicher   1) $0,2\,\mu\text{Ci} = 7400$ Bq

Elektronenaffinitäten ausgewählter Elemente

Element	H	C	N	O	O⁻	F	P	S	S⁻	Cl	Br	I
$\Delta H_e/\text{kJ mol}^{-1}$	$-72,0$	$-120,5$	≈ 0	$-141,4$	$+790,8$	$-332,6$	$-66,9$	$-199,5$	$+648,5$	-364	-342	$-295,4$

Zusammensetzung der Erde

x Massenanteil des gegebenen Elements in der Erde

Element	O	Si	Al	Fe	Ca	Na	K	Mg	Ti	P	Mn	Alle anderen Elemente zusammen
$x/\%$	46,6	27,7	8,1	5,0	3,6	2,8	2,6	2,1	0,4	0,1	0,1	<1

Zusammensetzung der Erdatmosphäre

V_p Partialvolumen der Gaskomponente in trockener Luft

Gas	N_2	O_2	Ar	CO_2	Ne	He	CH_4	Kr	Xe
$V_\text{p}/\%$	78,09	20,95	0,93	0,03	0,0018	0,0005	0,0002	0,0001	0,00001

Zusammensetzung des Meerwassers

x Massenanteil des Elements in Meerwasser

Element	O	H	Cl	Na	Mg	S	Ca	K	Br	C
$x/\%$	85,7	10,8	1,90	1,1	0,14	0,09	0,04	0,04	0,007	0,003

Literaturhinweis: R 1 (für die obigen vier Tabellen)

Physikalische, thermochemische und andere Eigenschaften anorganischer Verbindungen

M molare Masse des Elements
M_K molare Masse (einschließlich Kristallwasser)
ρ Dichte (bei 298 K oder bei T_S für Gase)
T_F normale Schmelztemperatur
T_S normale Siedetemperatur

ΔH_f^{298} molare Standardbildungsenthalpie
ΔG_f^{298} Standardwert der Freien Enthalpie für die Bildung von 1 mol einer Verbindung
S^{298} molare Standardentropie
c^{298} Löslichkeit im Wasser
c_{100} 1 mol pro 100 g H_2O

Die folgende Tabelle enthält bestimmte Elemente nicht im Standardzustand, diese sind fettgedruckt angegeben. Alle Säuren sind unter Wasserstoff eingeordnet.

	Verbindung	Zustand	Kristall	M_K / $\mathrm{g\,mol^{-1}}$	ρ(298 K) / $\mathrm{g\,cm^{-3}}$	T_F / K	T_S / K
	Aluminium $M = 27,0\ \mathrm{g\,mol^{-1}}$, $S^{298} = 28,3\ \mathrm{J\,mol^{-1}\,K^{-1}}$						
1	Al	**G**		**27,0**		**932**	**2720**
2	AlF$_3$	F		83,9	2,88		**1530**sub
3	AlCl$_3$	F	HEX	133,3	2,44	**453**(2,5 atm)	**451**sub
4	AlBr$_3$	F	ORH	266,7	3,01	371	530
5	Al$_2$O$_3$ (Korund)	F	ORH	101,9	3,97	2313	3253
6	Al(OH)$_3$	F	MKL	78,0	2,42	573	dec
7	Al$_2$S$_3$	F	HEX	150,1	2,03	1373	1773
8	Al$_2$(SO$_4$)$_3$	F	PUL	342,1	2,71	1043	dec
9	Al$_2$(SO$_4$)$_3$·6H$_2$O	F		450,2		dec	dec
10	Al$_2$(SO$_4$)$_3$·18H$_2$O†	F	MKL	666,4	1,69	360	dec
	Antimon $M = 121,8\ \mathrm{g\,mol^{-1}}$, $S^{298} = 45,7\ \mathrm{J\,mol^{-1}\,K^{-1}}$						
11	SbH$_3$ (Antimonwasser-stoff)	G		124,7	**2,26**fl	185	256
12	SbCl$_3$	F	ORH	228,1	3,14	347	556
13	SbCl$_5$	Fl		299,0	2,35	276	413
14	Sb$_4$O$_6$	F	KUB	583,0	5,20	929	**1698**sub
15	Sb$_2$S$_3$ (schwarz)	F		339,6	4,64	823	1423
	Arsen $M = 74,9\ \mathrm{g\,mol^{-1}}$, $S^{298} = 35,1\ \mathrm{J\,mol^{-1}\,K^{-1}}$						
16	AsH$_3$ (Arsenwasserstoff)	G		77,9	**2,69**fl	157	218
17	AsCl$_3$	Fl		181,2	2,16	265	403
18	AsBr$_3$	F		314,6	3,54	306	494
19	As$_2$O$_3$	F	AMO	197,8	3,74	588‡	630‡
20	As$_2$O$_5$	F	AMO	229,8	4,32	**588**zerf	
21	As$_2$S$_3$ (Auripigment)	F	RBH	246,0	3,43	573	980
	Barium $M = 137,3\ \mathrm{g\,mol^{-1}}$, $S^{298} = 64,9\ \mathrm{J\,mol^{-1}\,K^{-1}}$						
22	BaH$_2$	F		139,3	4,21	948	1673
23	BaF$_2$	F	KUB	175,3	4,83	1563	2498
24	BaCl$_2$	F	ORH	208,2	3,86	1236	1833
25	BaCl$_2$·2H$_2$O	F	MKL	244,2	3,10	**386**dhd	
26	Ba(ClO$_3$)$_2$·H$_2$O	F	MKL	322,2	3,18	687	dec
27	Ba(ClO$_4$)$_2$	F	HDG	336,2	3,20	778	dec
28	BaBr$_2$	F	ORH	297,1	4,79	1123	dec
29	BaBr$_2$·2H$_2$O	F	MKL	333,1	3,58	**345**dhd1	**393**dhd
30	Ba(BrO$_3$)$_2$·H$_2$O	F	MKL	411,1	3,99	**443**dhd	533zerf
31	BaI$_2$	F	ORH	391,1	4,92	1013	

† unsicher ‡ sehr unsicher zerf zerfällt dhd(n) dehydriert (verliert n Moleküle H$_2$O)

Alle Informationen beziehen sich auf den links angegebenen Zustand, wenn nicht durch einen Index oben oder durch Fettdruck etwas anderes angegeben ist. Kristallstrukturen für Stoffe, die normalerweise flüssig oder gasförmig sind, beziehen sich auf Zustände unmittelbar unterhalb T_F.

Dichten für Gase beziehen sich auf die Flüssigkeit direkt unterhalb T_S.

Zahlen in Klammern hinter der Löslichkeit geben die Konzentration der gesättigten Lösung in Mol pro 100 cm³ Lösung für Fälle an, in denen bekannt ist, daß die Lösungsdichte merklich von $1,0\,\mathrm{g\,cm^{-3}}$ verschieden ist. Diese Information steht für viele Verbindungen, für die sie wichtig wäre, nicht zur Verfügung. Ein Index oben gibt Kristallwasser der festen Phase an, wenn es vom Normalzustand verschieden ist.

Siehe allgemeine Bemerkungen und Abkürzungen auf S. 58

ΔH_f^{298} kJ mol⁻¹	ΔG_f^{298} kJ mol⁻¹	S^{298} J mol⁻¹ K⁻¹	c^{298} / c_{100}	Anmerkungen	Nr
					1
324,3	**283,7**	**164,4**	—		1
−1504,1†	−1425,1†	**66,4†**	$6{,}71 \cdot 10^{-3}$ $3H_2O$		2
−704,2	−628,9	110,7	$3{,}46 \cdot 10^{-1}$ $6H_2O$	KOR GIFT zerf in H_2O zerfl	3
−527,2	−505,0	184,1	zerf HR	KOR GIFT zerf in H_2O zerfl	4
−1675,7	−1582,4	50,9	$1{,}00 \cdot 10^{-10}$‡		5
−1276,1			$1{,}28 \cdot 10^{-6}$‡291K		6
−508,8†	−492,5	96,2	zerf	ge	7
−3440,8	−3100,1	239,3	$9{,}15 \cdot 10^{-2}$		8
−5311,7	−4622,6	469,0	—		9
−8878,9			$1{,}13 \cdot 10^{-1}$†?$16H_2O$		10
				Alle Sb Verbindungen GIFT	
145,1	147,7	232,6	$8{,}92 \cdot 10^{-4}$	GIFT (0,1) FEU	11
−382,0	−324,7	186,2	4,33†	zerfl	12
−438,5			zerf	rt	13
−1409,2	−1213,4	246,0	schwer löslich		14
−174,9	−173,6	182,0	$2{,}06 \cdot 10^{-6}$	sw (oder ge-rt)	15
				Alle As-Verbindungen KUM HT GIFT	
66,4	68,9	22,5	$8{,}92 \cdot 10^{-4}$	GIFT (0,1)	16
−335,6	−295,0	233,5	zerf		17
−195,0			zerf		18
−1312,1	−1152,3	214,2	$1{,}04 \cdot 10^{-2}$		19
−915,9	−772,4	105,4	$2{,}97 \cdot 10^{-1}$ $4H_2O$	zerfl	20
−169,0	−168,6	163,6	$2{,}03 \cdot 10^{-7}$ 291K	ge-rt	21
				Alle löslichen Ba-Verbindungen GIFT	
			zerf gibt H_2	gr	22
−171,1			$9{,}24 \cdot 10^{-4}$†		23
−1200,4	−1148,5	96,2	$1{,}46 \cdot 10^{-1}$		24
−860,2	−810,9	125,5	$1{,}78 \cdot 10^{-1}$†		25
−1461,9	−1295,8	202,9	$1{,}25 \cdot 10^{-1}$† (0,114 mol/100 cm³)		26
−1066,5			$8{,}60 \cdot 10^{-1}$‡$8H_2O$, 293K (0,423 mol/100 cm³)		27
−806,7			$3{,}30 \cdot 10^{-1}$†		28
−754,8			$3{,}56 \cdot 10^{-1}$		29
−1365,2			$2{,}02 \cdot 10^{-3}$		30
−602,5			$5{,}64 \cdot 10^{-1}$ (0,401 mol/100 cm³)$15H_2O$		31

sub sublimiert. Siehe S. 58.

Physikalische, thermochemische und andere Eigenschaften anorganischer Verbindungen (Fortsetzung)

Verbindung	Zustand	Kristall	$\dfrac{M_K}{\text{g mol}^{-1}}$	$\dfrac{\rho(298\,\text{K})}{\text{g cm}^{-3}}$	$\dfrac{T_F}{K}$	$\dfrac{T_S}{K}$
Barium–(*Fortsetzung*) $M = 137,3\,\text{g mol}^{-1}$, $S^{298} = 64,9\,\text{J mol}^{-1}\,\text{K}^{-1}$						
32 $Ba(IO_3)_2$	F	MKL	487,1	5,00	zerf	
33 BaO	F	KUB	153,3	5,72	2196	2273
34 BaO_2	F	PUL	169,3	4,96	723	**1073**^zerf
35 $Ba(OH)_2$	F	ORH	171,3	4,50	681	zerf
36 $BaCO_3$	F	ORH	197,3	4,43	**1723**^zerf	
37 $Ba(HCO_3)_2$	wss		259,3			
38 BaS	F	KUB	169,4	4,25	2473	
39 $BaSO_4$	F	ORH	233,4	4,50	1623	
40 $Ba(NO_3)_2$	F	KUB	261,3	3,24	865	zerf
41 $BaC_2O_4 \cdot 2H_2O$ (Oxalat)	F		261,4	3,17	zerf	
42 $BaCrO_4$	F	ORH	253,3	4,50		
Beryllium $M = 9,0\,\text{g mol}^{-1}$, $S^{298} = 9,5\,\text{J mol}^{-1}\,\text{K}^{-1}$						
43 BeF_2	F	HEX	47,0	1,99	1073	1603
44 $BeCl_2$	F		79,9	1,90	683	820
45 $BeBr_2$	F	HEX	168,8	3,47	761	793
46 BeO	F	HEX	25,0	3,01	2823	4393
47 $Be(OH)_2$ (Alpha)	F		43,0			
48 $BeSO_4 \cdot 4H_2O$	F	TET	177,1	1,71	**673**^dhd	**823**^T_F
49 $Be(NO_3)_2 \cdot 3H_2O$	F		187,0	1,56	333	415
Wismut $M = 209,0\,\text{g mol}^{-1}$, $S^{298} = 56,9\,\text{J mol}^{-1}\,\text{K}^{-1}$						
50 $BiCl_3$	F	KUB	315,3	4,75	505	714
51 $BiOCl$	F	TET	260,4	7,72		
52 Bi_2O_3	F	RZ	495,9	8,55	1090	2163
53 Bi_2S_3	F	RBH	514,1	7,39	**958**^zerf	
54 $Bi(NO_3)_3 \cdot 5H_2O$	F	TKL	485,0	2,83	**303**^zerf	
Bor $M = 10,8\,\text{g mol}^{-1}$, $S^{298} = 5,9$[†] $\text{J mol}^{-1}\,\text{K}^{-1}$						
55 B_2H_6 (Diboran)	G		27,6	0,45	108	181
56 BF_3	G		67,8	2,99	144	174
57 BCl_3	Fl		117,1	1,35	166	286
58 BCl_3	G		117,1		166	286
59 B_2O_3	F	ORH	69,6	2,46	733	2133
60 B_2O_3	F	GLS	69,6	1,81	723	2133
Brom $M = 79,9\,\text{g mol}^{-1}$, $S^{298}(Br_2\,(\text{fl})) = 151,6\,\text{J mol}^{-1}\,\text{K}^{-1}$, $\Delta H_f^{298}(Br_2^{+}\,(g)) = 1060,6\,\text{kJ mol}$						
61 Br_2	G		159,8		266	332
Cadmium $M = 112,4\,\text{g mol}^{-1}$, $S^{298} = 51,8\,\text{J mol}^{-1}\,\text{K}^{-1}$						
62 $CdBr_2$	F	HEX	272,2	5,19	841	1136
63 CdO	F	FZ	128,4	8,15	**1173**^zerf	
64 CdS	F	HEX	144,4	4,82	**2023**^100atm	**1253**^sub
65 $CdSO_4$	F	ORH	208,4	4,69	1273	
66 $CdSO_4 \cdot 2,67H_2O$	F	MKL	256,5	3,09	**315**^dhd?1,67	

[†] unsicher [‡] sehr unsicher zerf zerfällt dhd(*n*) dehydriert (verliert *n* Moleküle H_2O)

ΔH_f^{298} $\mathrm{kJ\ mol^{-1}}$	ΔG_f^{298} $\mathrm{kJ\ mol^{-1}}$	S^{298} $\mathrm{J\ mol^{-1}\ K^{-1}}$	$\dfrac{c^{298}}{c_{100}}$	Anmerkungen	
−997,5			$8{,}11 \cdot 10^{-5}$		32
−558,1	−528,4	70,3	$2{,}27 \cdot 10^{-2}$		33
−629,7			schwer löslich zerf $\quad$ gr		34
−946,4			$1{,}50 \cdot 10^{-2}\ 8H_2O$		35
−1218,8	−1138,9	112,1	$9{,}12 \cdot 10^{-6}$		36
−1920,5	−1734,7	200,8	$2{,}80 \cdot 10^{-3}\ 22\,\mathrm{atm}\ CO_2$		37
−443,5			$5{,}29 \cdot 10^{-2}$	hydrolysiert in H_2O	38
−1465,2	−1353,1	132,2	$9{,}43 \cdot 10^{-7}$		39
−728,0	−795,0	213,8	$3{,}91 \cdot 10^{-2}$ (0,038 mol/100 cm^3)		40
			$5{,}20 \cdot 10^{-5}$		41
−1966,5	−1742,2		$1{,}14 \cdot 10^{-6}\dagger$	rt	42
−1428,0					
				Alle Be-Verbindungen HT GIFT	
			$1{,}80\dagger$ nach 82 d		43
−1051,9			$8{,}96 \cdot 10^{-1}\ 4H_2O$	zerfl	44
−511,7			löslich	zerfl	45
−369,9			$1{,}40 \cdot 10^{-8}$		46
−610,9	−581,6	14,1			47
−907,1					48
−2411,2			$3{,}79 \cdot 10^{-1}$ (0,353 mol/100 cm^3)		
			$8{,}04 \cdot 10^{-1}\ 4H_2O$	zerfl ba-ge	49
−787,8					
					50
−379,1	−318,8		zerf	zerfl	51
−365,3	−322,2	86,2	unlöslich	ge (oder gr-sw)	52
−577,0	−496,6	151,5	unlöslich		53
−143,1	−140,6	200,4	$3{,}6 \cdot 10^{-8}$	br-sw	54
			zerf		
					55
35,6	86,8	233,0	zerf		56
−1145,4	−1120,3	254,0	$4{,}72 \cdot 10^{-3}\ 273\,\mathrm{K}$	**KOR GIFT DPF**	57
−427,2	**−387,4**	**206,3**	zerf		58
−395,4	−380,3	290,0	zerf		59
−1272,8	−1193,7	54,0	$1{,}60 \cdot 10^{-2}$ (0,256 mol/100 g bei 376 K)		
					60
−1245,2	−1173,2	78,7	$1{,}58 \cdot 10^{-2}$		
					61
31,9	3,1	245,4	$2{,}24 \cdot 10^{-2}\ 293\,\mathrm{K}$	**KOR GIFT DPF** (1) (rt-br)	
					62
−314,6	−293,3	133,5	$4{,}13 \cdot 10^{-1}\dagger\ 4H_2O$ (0,345 mol/100 cm^3)	ge	
					63
−254,8	−225,1	54,8	$3{,}80 \cdot 10^{-6}$	br	64
−144,3	−140,6	71,1	$1{,}46 \cdot 10^{-11}$	or-ge	65
−820,0	−926,2	137,2	$3{,}62 \cdot 10^{-1}$		66
−1723,0	−1462,7	242,3	$1{,}58\dagger$		

sub sublimiert. Siehe S. 58.

Physikalische, thermochemische und andere Eigenschaften anorganischer Verbindungen (Fortsetzung)

Nr.	Verbindung	Zustand	Kristall	M_K / g mol^{-1}	ρ(298 K) / g cm^{-3}	T_F / K	T_S / K
	Cäsium $M = 132{,}9$ g mol^{-1}, $S^{298} = 84{,}3$ J mol^{-1} K^{-1}						
67	CsF	F	KUB	151,9	3,59	955	1524
68	CsCl	F	KUB	168,3	3,97	918	1573
69	CsBr	F	KUB	212,8	4,44	909	1573
70	CsI	F	KUB	259,8	4,51	894	1553
71	Cs_2O	F	RBH	281,8	4,25	763 in N$_2$	673 zerf
72	CsOH	F		149,9	3,68	545	
	Calcium $M = 40{,}1$ g mol^{-1}, $S^{298} = 41{,}6$ J mol^{-1} K^{-1}						
73	Ca	G		40,0		1123	1765
74	CaH_2	F	ORH	42,1	1,70	1089	
75	CaF_2	F	KUB	78,0	3,18	1691 in H$_2$	2745
76	$CaCl_2$	F	ORH	110,9	2,51	1055	1873
77	$CaCl_2 \cdot H_2O$	F		129,0		533	
78	$CaCl_2 \cdot 2H_2O$	F	TET	147,0	0,84	473 dhd	
79	$CaCl_2 \cdot 4H_2O$	F		183,0		dhd	
80	$CaCl_2 \cdot 6H_2O$	F	HEX	219,0	1,71	303 dhd2	
81	$CaBr_2$	F		199,9	3,35	1038	1083
82	CaI_2	F	HEX	293,8	3,96	1013	1373
83	CaO	F	KUB	56,0	3,35	2873	3123
84	$Ca(OH)_2$	F	HEX	74,0	2,24	853 dhd	
85	CaC_2 (Carbid)	F	TET	64,1	2,22	720	2573
86	$CaCO_3$ (Kalkspat)	F	HEX	100,0	2,71	1612 [1025 atm]	1172 zerf
87	$CaCO_3$ (Aragonit)	F	ORH	100,0	2,93	5473	1098 zerf
88	CaS	F	KUB	72,1	2,18	2673 zerf	
89	$CaSO_4$ (Anhydrit)	F	ORH	136,1	2,96	1723 zerf	1846
90	$CaSO_4 \cdot 0{,}5H_2O$	F	HEX	145,1		436 dhd	
91	$CaSO_4 \cdot 2H_2O$ (Gips)	F	MKL	172,1	2,32	401 dhd 1,5	436 dhd
92	$Ca(NO_3)_2$	F	KUB	164,0	2,36	834	
93	$Ca(NO_3)_2 \cdot 4H_2O$	F	MKL	236,1	1,82	313	405 dhd
94	$Ca_3(PO_4)_2$ (Beta)	F	HEX	310,1	3,14	2003[†]	
95	$CaCrO_4 \cdot 2H_2O$	F	TET	192,1		473 dhd	
96	$CaSi_2$	F		96,2	2,50		
97	$CaSiO_3$ (Wollastonit)	F	MKL	116,1	2,50	1803	
98	Ca_2SiO_4	F	MKL	172,2	3,27	2393	
99	$CaC_2O_4 \cdot H_2O$ (Oxalat)	F		146,1	2,20	473 dhd	zerf
	Kohlenstoff $M = 12{,}0$ g mol^{-1}, S^{298} (Graphit) $= 5{,}7$ J mol^{-1} K^{-1}, ΔG_f^{298} (Diamant) $= 2{,}8$ kJ mol^{-1}, ΔH_f^{298} (Diamant) $= 1{,}87$ kJ mol^{-1}.						
100	C	G		12,0			
101	C_2	G		24,0			
102	C_3	G		36,0			
103	CO	G		28,0	1,25	68	82
104	CO_2	G		44,0	1,98	217	195
105	CS_2	Fl		76,1	1,26	161	319
106	HCN	Fl		27,0		260	299
107	C_2N_2 (Dicyan)	G		52,0		245	252

[†] unsicher [‡] sehr unsicher zerf zerfällt dhd(n) dehydriert (verliert n Moleküle H_2O)

ΔH_f^{298} / kJ mol⁻¹	ΔG_f^{298} / kJ mol⁻¹	S^{298} / J mol⁻¹ K⁻¹	c^{298}/c_{100}	Anmerkungen	Nr.
			$3{,}84\ ^{1\ H_2O}$	zerfl	67
$-530{,}9$			$1{,}13$	zerfl	68
$-433{,}0$					69
$-394{,}6$	$-383{,}3$	$121{,}3$	$5{,}80 \cdot 10^{-1}$	zerfl	70
$-336{,}8$	$-333{,}5$	$129{,}7$	$3{,}29 \cdot 10^{-1}$	zerfl	71
$-317{,}6$			leicht löslich (zerf)	oder	72
$-406{,}7$			$2{,}02^{303K}$	zerfl ba-ge	
					73
176.6	**142,8**	**154,8**	—		74
$-188{,}7$	$-149{,}8$	$41{,}8$	zerf		75
$-1214{,}6$	$-1161{,}9$	$69{,}0$	$2{,}31 \cdot 10^{-5}$		76
$-795{,}0$	$-750{,}2$	$113{,}8$	$5{,}36 \cdot 10^{-1}$	zerfl	77
$-1109{,}2$			$5{,}95 \cdot 10^{-1}$	zerfl	78
$-1403{,}7$			$6{,}65 \cdot 10^{-1}$		79
$-2009{,}2$			$9{,}79 \cdot 10^{-1}$		80
$-2607{,}5$			$7{,}46 \cdot 10^{-1}$	zerfl	81
$-674{,}9$	$-656{,}1$	$129{,}7$	$6{,}25 \cdot 10^{-1}†$	zerfl	82
$-534{,}7$	$-529{,}7$	$142{,}3$	$6{,}19 \cdot 10^{-1}$	zerfl ba-ge	
			$2{,}34 \cdot 10^{-3}$	HR	83
$-635{,}5$	$-604{,}2$	$39{,}7$			84
$-986{,}6$	$-896{,}8$	$76{,}1$	$1{,}53 \cdot 10^{-3}$ frei von CO_2		85
$-62{,}8$	$-67{,}8$	$70{,}3$	zerf HR	EXP (ergibt in H_2O Acetylen)	
					86
$-1206{,}9$	$-1128{,}8$	$92{,}9$	$1{,}30 \cdot 10^{-5}$		87
$-1207{,}0$	$-1127{,}7$	$88{,}7$			
			$2{,}94 \cdot 10^{-4}$ 293K		88
$-482{,}4$	$-477{,}4$	$56{,}5$	$4{,}66 \cdot 10^{-3}$ zerf		89
$-1432{,}6$	$-1320{,}5$	$106{,}7$	$1{,}10 \cdot 10^{-3}†$	Stukkaturgips	90
$-1575{,}3$	$-1435{,}1$	$130{,}5$	$7{,}00 \cdot 10^{-2}$	(max m_s bei 313 K)	91
$-2021{,}3$	$-1795{,}8$	$194{,}1$	$6{,}22 \cdot 10^{-1}†$	hyg	92
$-937{,}2$	$-741{,}8$	$193{,}3$			
			$8{,}41 \cdot 10^{-1}$	zerfl	93
$-2131{,}3$	$-1700{,}8$	$338{,}9$	$6{,}35 \cdot 10^{-5}*$		94
$-4137{,}6$	$-3899{,}5$	$236{,}0$	$1{,}07 \cdot 10^{-1}$ (0,106 mol/100 cm³)	dk-ge	95
$-1379{,}0$	$-1277{,}4$	$133{,}9$			
			zerf		96
$-150{,}6$			$8{,}18 \cdot 10^{-5}$ 290K		97
$-1567{,}3$	$-1498{,}7$	$82{,}0$			98
$-2255{,}2$					99
$-1669{,}8$	$-1508{,}8$	$156{,}1$	$4{,}92 \cdot 10^{-6}†$	GIFT	
					100
714,7	**669,6**	**158,0**	unlöslich		101
836,8	**780,4**	**200,5**	unlöslich		102
836;8	**773,1**	**230,9**	unlöslich		103
$-110{,}5$	$-137{,}3$	$197{,}9$	$2{,}14 \cdot 10^{-5}†$ 1 atm Gesamtdruck		104
$-393{,}5$	$-394{,}4$	$213{,}6$	$3{,}29 \cdot 10^{-3}†$ 1 atm Gesamtdruck		
			$2{,}22 \cdot 10^{-3}$	FEU	105
$87{,}9$	$63{,}6$	$151{,}0$	$4{,}50 \cdot 10^{-2}$	GIFT DPF (20)	106
$-108{,}9$	$124{,}8$	$201{,}7$	$2{,}14 \cdot 10^{-2}*$	GIFT DPF	107
$307{,}9$	$296{,}3$	$242{,}1$			

sub sublimiert. Siehe S. 58.   * variabel.

Physikalische, thermochemische und andere Eigenschaften anorganischer Verbindungen (Fortsetzung)

	Verbindung	Zustand	Kristall	M_K / g mol⁻¹	ρ(298 K) / g cm⁻³	T_F / K	T_S / K
	Chlor $M = 35{,}5\,g\,mol^{-1}$, $S^{298}(Cl_2(g)) = 233{,}0\,J\,mol^{-1}\,K^{-1}$, $\Delta H_f^{298}(Cl_2^{\ddagger}(g)) = 1114{,}2\,kJ\,mol^{-1}$						
108	Cl_2O	G		86,9	**$3{,}89^{253\,K}$**	253	275
109	ClO_2	G		67,4	**$3{,}01^{214\,K}$**	214	283
	Chrom $M = 52{,}0\,g\,mol^{-1}$, $S^{298} = 23{,}8\,J\,mol^{-1}\,K^{-1}$						
110	$CrCl_3$	F	HEX	158,3	2,76	1423	1573
111	CrO_2Cl_2	Fl		154,9	1,91	177	390
112	Cr_2O_3	F	HEX	151,9	5,21	2538	4273
113	CrO_3	F	ORH	99,9	2,70	469^{zerf}	
114	$Cr_2(SO_4)_3$	F	PUL	392,1	3,01		
115	$Cr_2(SO_4)_3 \cdot 18H_2O$	F	KUB	716,4	1,70	$373^{\text{dhd 1 2}}$	
	Kobalt $M = 58{,}9\,g\,mol^{-1}$, $S^{298} = 30{,}0\dagger\,J\,mol^{-1}\,K^{-1}$						
116	$CoCl_2$	F	HEX	129,8	3,36	$997^{\text{in HCl}}$	1323
117	$CoCl_2 \cdot 6H_2O$	F	MKL	237,9	2,48	359	383^{dhd}
118	CoO	F	KUB	74,9	6,45	2078	
119	Co_3O_4	F	KUB	240,8	6,07	1173^{zerf}	
120	$Co(OH)_2$	F	HEX	92,9	3,60	zerf	
121	$CoSO_4$	F	ORH	155,0	3,71	1008^{zerf}	
122	$CoSO_4 \cdot 7H_2O$	F	MKL	281,1	1,95	370	693^{dhd}
123	$Co(NO_3)_2 \cdot 6H_2O$	F	MKL	291,0	1,87	$330^{\text{dhd 3}}$	
	Kupfer $M = 63{,}5\,g\,mol^{-1}$, $S^{298} = 33{,}3\,J\,mol^{-1}\,K^{-1}$						
124	**Cu**	G		**63,5**		**356**	**2855**
125	$CuCl$	F	KUB	98,9	3,53	703	1763
126	$CuCl_2$	F	PUL	134,4	3,05	771	1266
127	Cu_2O	F	KUB	143,0	6,00	1502	2073^{zerf}
128	CuO	F	MKL	79,5	6,40	1599	
129	$Cu(OH)_2$	F	ORH	97,5	3,37	zerf	
130	Cu_2S	F	ORH	159,1	5,60	1400	
131	CuS	F	HEX	95,6	4,60	376	493^{zerf}
132	$CuSO_4$	F	ORH	159,6	3,60	473	923^{zerf}
133	$CuSO_4 \cdot 5H_2O$	F	TKL	249,6	2,28	$383^{\text{dhd 4}}$	423^{dhd}
	Fluor $M = 19{,}0\,g\,mol^{-1}$, $S^{298}(F_2(g)) = 202{,}8\,J\,mol^{-1}\,K^{-1}$, $\Delta H_f^{298}(F_2^{\ddagger}(g)) = 1533{,}9\,kJ\,mol^{-1}$						
134	F_2O	G		54,0	**$1{,}65^{49\,K}$**	49	128
	Gallium. Siehe Seite 86.						
	Germanium $M = 72{,}6\,g\,mol^{-1}$, $S^{298} = 31{,}1\dagger\,J\,mol^{-1}\,K^{-1}$						
135	$GeCl_4$	Fl		143,5	1,88	224	356
136	GeO	F		88,5		983^{sub}	
137	GeO_2	F	HEX	104,5	4,23	1389	
138	GeS	F	ORH	104,6	4,01	803	1088
	Gold $M = 197{,}0\,g\,mol^{-1}$, $S^{298} = 47{,}4\,J\,mol^{-1}\,K^{-1}$						
139	Au_2O_3	F		441,9		$433^{\text{zerf-O}}$	$523^{\text{zerf-3O}}$
140	$AuCl_3$	F		303,3	3,90	527^{zerf}	$538^{\text{sub in Cl}_2}$

† unsicher ‡ sehr unsicher zerf zerfällt dhd(n) dehydriert (verliert n Moleküle H_2O)

ΔH_f^{298} / kJ mol^{-1}	ΔG_f^{298} / kJ mol^{-1}	S^{298} / J mol^{-1} K^{-1}	c^{298}/c_{100}	Anmerkungen	Nr.
			$3,29 \cdot 10^{-1}$ 293K	zerf **GIFT** (1) ge-rt	108
80,3	97,9	266,1	$1,29 \cdot 10^{-1}$ 287K	**GIFT** (1) ge-rt	109
102,5	120,5	256,7			
				violett	110
$-563,2$	$-493,7$	125,5	1,62	**KOR GIFT** rt rauchend	111
$-567,8$	$-510,9$	221,3	zerf	gn	112
$-1128,4$	$-1046,8$	81,2	$1,20 \cdot 10^{-9}$	dk-rt **KOR GIFT** (0,03)	113
$-589,5$	$-495,8$†		1,69 (1,072 mol/100 cm^3)		
			$1,63 \cdot 10^{-1}$	vi-rt	114
			$1,67 \cdot 10^{-1}$ 16H$_2$O	bl-vi	115
$-8339,5$					
			$3,39 \cdot 10^{-1}$	hyg bl	116
$-325,5$	$-282,4$	106,3	$4,33 \cdot 10^{-1}$	rt	117
$-2129,2$			unlöslich	gn-br	118
$-239,3$	$-213,4$	43,9	unlöslich	sw	119
$-878,6$	$-758,9$		$1,40 \cdot 10^{-6}$	ba-rt	120
$-548,9$	$-455,6$				
			$2,34 \cdot 10^{-1}$	dk-bl	121
$-868,2$	$-761,9$	113,4	$2,41 \cdot 10^{-1}$†	ba-rt	122
$-2986,5$			$5,57 \cdot 10^{-1}$†	rt	123
$-2216,3$				**Alle Cu-Verbindungen GIFT**	
					124
339,3	**299,1**	**166,3**	—		125
$-136,0$	$-118,0$	84,5	$6,06 \cdot 10^{-5}$† H$_2$O		
$-205,9$			$2,00 \cdot 10^{-3}$	ge-br	126
			unlöslich	rt	127
$-166,7$	$-146,4$	100,8	$3,00 \cdot 10^{-6}$† zerf	sw	128
$-155,2$	$-127,2$	43,5	unlöslich (zerf)	bl	129
$-448,5$			$1,20 \cdot 10^{-15}$	sw	130
$-79,5$	$-86,2$	120,9	$2,60 \cdot 10^{-16}$	sw	131
$-48,5$	$-49,0$	66,5		weiß	132
$-769,9$	$-661,9$	113,4	—	blaues Vitriol	133
$-2278,2$	$-1879,9$	305,4	$1,39 \cdot 10^{-1}$ (0,138 mol/100 cm^3)		
$-21,8$	$-4,6$	247,3	schwer löslich (zerf)	**GIFT DPF**	134
			zerf	sw	135
$-543,9$			$2,00 \cdot 10^{-5}$	(auch eine unlösliche Form)	136
$-212,1$†	$-237,2$†	50,2	$4,51 \cdot 10^{-3}$		137
$-551,0$	$-497,1$	55,3	$2,29 \cdot 10^{-3}$	ge-rt	138
5,6					
			unlöslich		139
80,8	163,2	125,5	$7,01 \cdot 10^{-1}$	dk-rt	140
$-118,4$					

sub sublimiert. Siehe S. 58.

Physikalische, thermochemische und andere Eigenschaften anorganischer Verbindungen (Fortsetzung)

	Verbindung	Zustand	Kristall	$\dfrac{M_K}{\text{g mol}^{-1}}$	$\dfrac{\rho(298\text{ K})}{\text{g cm}^{-3}}$	$\dfrac{T_F}{\text{K}}$	$\dfrac{T_S}{\text{K}}$
	Wasserstoff (Säuren) $M = 1{,}0\text{ g mol}^{-1}$, $S^{298}(H_2(g)) = 130{,}6\text{ J mol}^{-1}\text{ K}^{-1}$, $\Delta G_f^{298}(H(g)) = 203{,}3\text{ kJ mol}^{-1}$, $S^{298}(H(g)) = 114{,}6\text{ J mol}^{-1}$, $\Delta H_f^{298}(H_2^+(g)) = 1494{,}6\text{ kJ mol}^{-1}$						
141	HF	G		20,0	0,95	190	293
142	HCl	G		36,4	**1,64**[159K]	159	188
143	HBr	G		80,9		186	206
144	HJ	G		127,9		222	238
145	HJO_3	F		175,9	4,63	**383**[zerf]	
146	H_2O	Fl		18,0	1,00	273	373
147	H_2O	G		18,0		273	373
148	H_2O_2	Fl		34,0	1,40	273	323
149	H_2CO_3	wss		62,0			
150	H_2S	G		34,0	**1,54**[188K]	188	213
151	H_2S	wss		34,0			
152	H_2S_2	G		66,1	**1,33**[183K]	183	202
153	H_2SO_4	Fl		98,0	1,83	284	603
154	HNO_3	Fl		63,0	1,51	231	356
155	H_3PO_4	F	ORH	98,0	1,86	316	**438**[dhd]
156	H_3BO_3 (boraxhaltig)	F	TKL	61,8	1,44	458	573
	Jod $M = 126{,}9\text{ g mol}^{-1}$, $S^{298}(I(f)) = 58{,}4\text{ J mol}^{-1}\text{ K}^{-1}$						
157	J_2	G		**253,8**		**387**	**456**
158	JCl	F	KUB	162,3	3,85	300	371
159	JCl_3	F	ORH	233,3	3,12	**374**[16atm]	**350**[zerf]
160	JBr	F		206,8	4,42	315	**389**[zerf]
161	J_2O_5	F		333,8	4,98	**573**[†][zerf]	
	Eisen $M = 55{,}9\text{ g mol}^{-1}$, $S^{298} = 27{,}2\text{ J mol}^{-1}\text{ K}^{-1}$						
162	$FeCl_2$	F	HEX	126,7	2,98	**950**[sub]	1299
163	$FeCl_3$	F	HEX	162,2	2,80	577	**592**[zerf]
164	FeO	F	KUB	71,8	5,70*	1693	
165	Fe_2O_3 (Hämatit)	F	TET	159,6	5,24	1730	1838
166	Fe_3O_4 (Magnetit)	F	KUB	231,5	5,18	**1807**[zerf]	
167	$Fe(OH)_2$	F	HEX	89,8	3,40	zerf	
168	$Fe(OH)_3$	F		106,8			
169	$FeCO_3$ (Siderit)	F	HEX	115,8	3,80	zerf	
170	$Fe(CO)_5$	Fl		195,9	1,46	252	378
171	FeS (Alpha)	F	HEX	87,9	4,74	**1468**[zerf]	
172	$FeSO_4$	F		151,9			
173	$FeSO_4 \cdot 7H_2O$	F	MKL	278,0	1,90	337	**363**[dhd 6]
174	$Fe_2(SO_4)_3$	F	ORH	399,8	3,10	**753**[zerf]	

[†] unsicher   [‡] sehr unsicher   [zerf] zerfällt   [dhd(n)] dehydriert (verliert n Moleküle H_2O)

ΔH_f^{298} kJ mol⁻¹	ΔG_f^{298} kJ mol⁻¹	S^{298} J mol⁻¹ K⁻¹	$\dfrac{c^{298}}{c_{100}}$	Anmerkungen	
			$4{,}33 \cdot 10^{-2}\ {}^{272\mathrm{K}}$	**KOR GIFT DPF** (1)	**141**
−271,1	−273,2	173,7	5,97 (2,257 mol/100	**KOR GIFT DPF** (5)	**142**
−92,3	−95,3	186,7	cm³)		
			2,39	**KOR GIFT DPF** (5)	**143**
−36,2	−53,2	198,5	$5{,}56 \cdot 10^{-2}\ {}^{0{,}13\mathrm{mmHg}}$	**KOR GIFT DPF**	**144**
26,5	2,1	206,5	$1{,}44^{289\mathrm{K}}$		**145**
	−238,6				
−285,9	−237,2	70,0	—	ΔH_f^{298} (H₂O⁺(g)) = 979,9 kJ mol⁻¹	
				ΔH_f^{298} (OH⁺(g)) = 1328,4 kJ mol⁻¹	**146**
−241,8	−228,6	188,7	—	ΔH_f^{298} (OH⁻(g)) = −140,9 kJ mol⁻¹	**147**
				ΔH_f^{298} (H₂O₂⁺(g)) = 923,4 kJ mol⁻¹	
				KOR GIFT EXP mit	**148**
				organischen Verbindungen	
−187,6	−118,0	109,6	∞	und einigen Metallen	**149**
−699,6	−623,0	187,4	—	**GIFT GAS** (20)	**150**
−20,6	−33,6	205,7	$9{,}80 \cdot 10^{-3}$		**151**
−39,3	−27,4	122,2	—	ΔH_f^{298} (H₂S⁺(g)) = 995,0 kJ mol⁻¹	
					152
−23,1			zerf	**KOR EXP** wenn H₂O beigefügt	**153**
−814,0	−690,1	156,9	∞	**KOR GIFT DPF** (10)	**154**
−173,2	−79,9	155,6	∞	zerfl	**155**
−1279,0	−1119,2	110,5	$6{,}83^{0{,}5\,\mathrm{H_2O}}$		**156**
−1094,3	−969,0	88,8	$4{,}37 \cdot 10^{-2}$		
				ΔH_f^{298} (I₂⁺(g)) = 967,3 kJ mol⁻¹	**157**
2,3	19,4	260,6	—		
				or-rt	**158**
17,6^{gas}	−5,5^{gas}	247,3^{gas}	zerf	**KOR GIFT** or-rt	**159**
−88,3	−22,4	172,0	zerf	dk-gr	**160**
40,8^{gas}	3,8^{gas}	258,6^{gas}	zerf	**KOR GIFT**	**161**
−158,1	−177,2†		$5{,}61 \cdot 10^{-1}\ {}^{286\mathrm{K}}$		
			$6{,}36 \cdot 10^{-1}\ {}^{4\mathrm{H_2O}}$	**EXP** zerfl ge-gr	**162**
−341,0	−302,1	119,7	(0,508 mol/100 cm³)		
			$1{,}73^{3{,}5\,\mathrm{H_2O}}$ zerf	**KOR** zerfl sw-br	**163**
−399,3	−334,1	142,3	unlöslich	sw	**164**
−266,5*	−244,3*	54,0*	unlöslich	rt-br	**165**
−822,2	−741,0	87,4	unlöslich	sw (rt) magnetisch	**166**
−1117,1	−1014,2	146,4			**167**
			$6{,}70 \cdot 10^{-6}†$	ba-gr	
−568,2	−483,7	87,9	$3{,}40 \cdot 10^{-7}$		**168**
−824,2	−706,6	106,7	$6{,}22 \cdot 10^{-4}$ 291K, 1 atm CO₂		**169**
−740,7	−666,7	92,9	unlöslich	**GIFT** ge	**170**
−785,8			$5{,}01 \cdot 10^{-6}†$ 291K	sw	**171**
−100,0	−100,4	60,3			
					172
			$1{,}03 \cdot 10^{-1}$		
−928,4	−821,0	107,5	$1{,}94 \cdot 10^{-1}$	bl-gn 573K$^{\mathrm{dhd\,1}}$	**173**
−3014,6	−2510,3	309,2	$2{,}18 \cdot 10^{-1}*$	hyg ge	**174**
−2581,5					

sub sublimiert. Siehe S. 58.   * variabel

Physikalische, thermochemische und andere Eigenschaften anorganischer Verbindungen (Fortsetzung)

Nr.	Verbindung	Zustand	Kristall	M_K / g mol⁻¹	ρ(298 K) / g cm⁻³	T_F / K	T_S / K
	Blei $M = 207{,}2\ \text{g mol}^{-1}$, $S^{298} = 64{,}8\ \text{J mol}^{-1}\,\text{K}^{-1}$						
175	PbF_2	F		245,1	8,24	1095	1563
176	$PbCl_2$	F	ORH	278,1	5,90	771	1227
177	$PbBr_2$	F	ORH	367,0	6,66	643	1187
178	PbI_2	F	TRG	461,0	6,16	685	1145
179	PbO (Bleioxid)	F	TET	223,1	9,53	1159	1745
180	Pb_3O_4 (Mennige)	F	TET	685,5	9,10	773 zerf	
181	PbO_2	F	TET	239,1	9,40	573 zerf	
182	$PbCO_3$ (Cerussit)	F	ORH	267,2	6,60	588 zerf	
183	PbS (Bleiglanz)	F	FZ	239,2	7,50	1387	1553
184	$PbSO_4$	F	ORH	303,2	6,20	1360	
185	$Pb(NO_3)_2$	F	KUB	331,2	4,53	743 zerf	
186	$PbCrO_4$ (Chromgelb)	F	MKL	323,1	6,30	1117 zerf	
187	$Pb(C_2H_3O_2)_2\cdot 3H_2O$	F	MKL	325,2	3,25	553	zerf
188	$Pb(C_2H_5)_4$	Fl		323,4	1,66	137	473
	Lithium $M = 6{,}9\ \text{g mol}^{-1}$, $S^{298} = 28{,}0\ \text{J mol}^{-1}\,\text{K}^{-1}$						
189	LiH	F	KUB	7,9	0,78	961	
190	Li_3H_4	F		21,7	0,66	557	
191	LiF	F	KUB	25,9	2,64	1118	1953
192	LiCl	F	KUB	42,3	2,07	887	1655
193	LiBr	F	KUB	86,8	3,46	823	1583
194	LiI	F	KUB	133,8	4,06	722	1444
195	Li_2O	F	KUB	29,8	2,02	> 1973	
196	LiOH	F	TET	23,9	1,46	723	1197 zerf
197	Li_2CO_3	F	MKL	73,8	2,11	996	1583 zerf
198	$LiHCO_3$	wss		67,9			
199	$LiNO_3$	F	TRG	68,9	2,38	527	873 zerf
200	Li_3PO_4	F	ORH	115,7	2,54	8843	
201	$LiAlH_4$	F	MKL	37,9	0,92	398 zerf	
	Magnesium $M = 24{,}3\ \text{g mol}^{-1}$, $S^{298} = 32{,}7\ \text{J mol}^{-1}\,\text{K}^{-1}$						
202	Mg	G		**24,3**		923	**1390**
203	$MgCl_2$	F	MKL	95,2	2,32	987	1691
204	$MgCl_2\cdot 6H_2O$	F	MKL	203,3	1,56	390 dhd	
205	$Mg(ClO_4)_2$	F		223,2	2,60	524 zerf	
206	$MgBr_2$	F	HEX	184,1	3,72	984	1503
207	MgO (Periklas)	F	KUB	40,3	3,58	3173	3873
208	$Mg(OH)_2$	F	TRG	58,3	2,36	623 dhd	
209	$MgCO_3$ (Magnesit)	F	TRG	84,3	2,96	623 zerf	
210	MgS	F	KUB	56,3	2,84	2273 zerf	
211	$MgSO_4$	F	ORH	120,3	2,65	1400 zerf	
212	$MgSO_4\cdot 7H_2O$	F	ORH	246,4	1,68	423 dhd6	473 dhd

† unsicher   ‡ sehr unsicher   zerf zerfällt   dhd(n) dehydriert (verliert n Moleküle H_2O)

ΔH_f^{298}	ΔG_f^{298}	S^{298}	$\dfrac{c^{298}}{c_{100}}$	Anmerkungen	
kJ mol^{-1}	kJ mol^{-1}	J mol^{-1} K^{-1}			
				Alle Pb-Verbindungen KUM GIFT	
			$2,45 \cdot 10^{-4}$ 333K		175
$-664,0$	$-617,1$	110,5	$3,90 \cdot 10^{-3}$		176
$-359,4$	$-314,1$	136,0	$2,65 \cdot 10^{-3}$		177
$-278,7$	$-261,9$	161,5	$1,65 \cdot 10^{-4}$	ge	178
$-175,5$	$-173,6$	174,8	$1,08 \cdot 10^{-5}$ 291K	ge (Massicot ist ORH)	179
$-217,3$	$-187,9$	68,7		rotes Blei	180
$-718,4$	$-601,2$	211,3	unlöslich		181
$-277,4$	$-217,4$	68,6	unlöslich† 293K zerf		182
$-700,0$	$-626,3$	131,0	$4,12 \cdot 10^{-7}$	sw	183
$-100,4$	$-98,7$	91,2	$2,84 \cdot 10^{-7}$† abhängig von pH		184
$-919,9$	$-813,2$	148,6	$1,48 \cdot 10^{-5}$		185
$-451,9$			$4,47 \cdot 10^{-1}$ (0,263 mol/100 cm^3)		
			$5,26 \cdot 10^{-8}$	ge	186
			$2,04 \cdot 10^{-1}$ (0,175 mol/100 cm^3)	Bleiacetat	187
$-1853,9$				Tetraäthylblei	188
217,6					
					189
$-90,4$	$-70,0$	24,7	zerf		190
$-186,6$			zerf		191
$-612,1$	$-583,7$	35,9	$5,09 \cdot 10^{-3}$		192
$-408,8$			$2,00$ (1,402 mol/100 cm^3)1H$_2$O		
			$2,00 \cdot 10^{-2}$ 2H$_2$O	zerfl	193
$-350,3$					194
$-271,1$			$1,21$		195
			zerf in kaltem H$_2$O		
$-595,8$			$5,16 \cdot 10^{-1}$	KOR	196
$-487,2$	$-443,9$	50,2	$1,75 \cdot 10^{-2}$ (0,018 mol/100 cm^3)		197
$-1215,5$	$-1132,6$	90,4			
			$1,74 \cdot 10^{-1}$ 291K, 1 atm CO$_2$		198
$-969,6$	$-880,9$	123,4	$1,23$ 3H$_2$O		199
$-482,3$			$2,57 \cdot 10^{-4}$		200
$-101,3$			zerf HR	EXP in H$_2$O	201
					202
149,0	114,4	148,6	—		203
$-641,8$	$-592,3$	89,5	$5,57 \cdot 10^{-1}$		204
$-2499,6$	$-2115,6$	366,1	$5,77 \cdot 10^{-1}$	zerfl	205
$-588,3$			$4,48 \cdot 10^{-1}$	zerfl	206
$-517,6$			$5,51 \cdot 10^{-1}$ (0,453 mol/100 cm^3)	zerfl	
					207
$-601,7$	$-569,4$	26,8	als Mg(OH)$_2$		208
$-924,7$	$-833,7$	63,1	$2,00 \cdot 10^{-5}$		209
$-1112,9$	$-1029,3$	65,7	$1,50 \cdot 10^{-4}$ 291K	ba-rt-br	210
$-347,3$			zerf		211
$-1278,2$	$-1173,6$	91,6	$1,83 \cdot 10^{-1}$	Bittersalz	212
$-3383,6$			$3,60 \cdot 10^{-1}$ (0,281 mol/100 cm^3)		

sub sublimiert. Siehe S. 58.

Physikalische, thermochemische und andere Eigenschaften anorganischer Verbindungen (Fortsetzung)

	Verbindung	Zustand	Kristall	$\dfrac{M_K}{\text{g mol}^{-1}}$	$\dfrac{\rho(298\ K)}{\text{g cm}^{-3}}$	$\dfrac{T_F}{K}$	$\dfrac{T_S}{K}$
	Magnesium – (*Fortsetzung*) $M = 24,3\ \text{g mol}^{-1}$, $S^{298} = 32,7\ \text{J mol}^{-1}\,K^{-1}$						
213	Mg_3N_2	F	KUB	100,9	2,71	**1073**[zerf]	**973**[sub]
214	$Mg(NO_3)_2{\cdot}6H_2O$	F	MKL	256,4	1,64	363	**603**[zerf]
215	$Mg_3(PO_4)_2{\cdot}4H_2O$	F	MKL	334,7	1,64		
216	Mg_2Si	F	KUB	76,7	1,94	1375	
217	$MgSiO_3$	F	KUB	231,8	7,16	**1746**[zerf]	
218	Mg_2SiO_2 (Forsterit)	F		140,7	3,21	2158	
	Mangan $M = 54,9\ \text{g mol}^{-1}$, $S^{298} = 32,0\ \text{J mol}^{-1}\,K^{-1}$						
219	$MnCl_2$	F	HEX	125,8	2,98	923	1463
220	$MnCl_2{\cdot}4H_2O$	F	MKL	197,9	2,01	331	**471**[dhd]
221	MnO	F	ORH	70,9	5,46	2058	
222	Mn_3O_4	F	KUB	228,8	4,86	1978	
223	Mn_2O_3	F	KUB	157,8	4,50	**1353**[zerf]	
224	MnO_2 (Braunstein)	F	TET	86,9	5,03	**808**[zerf]	
225	$MnCO_3$	F	HEX	114,9	3,13	zerf	
226	MnS	F	KUB	87,0	3,99	**1888**[zerf]	
227	$MnSO_4$	F	ORH	151,0	3,25	973	**1123**[zerf]
228	$MnSO_4{\cdot}H_2O$	F	MKL	169,0	2,95	**390**[dhd]	
229	$MnSO_4{\cdot}4H_2O$	F	MKL	223,0	2,11	**300**[dhd 3]	
230	$Mn(NO_3)_2{\cdot}6H_2O$	F	GLS	287,0	1,82	**299**[dhd]	
	Quecksilber $M = 200,6\ \text{g mol}^{-1}$, $S^{298} = 76,1\ \text{J mol}^{-1}\,K^{-1}$						
231	**Hg**	G		**200,6**		**234**	**630**
232	Hg_2Cl_2 (Kalomel)	F	TET	472,0	7,15	816	**673**[sub]
233	$HgCl_2$	F	ORH	271,5	5,44	550	577
234	Hg_2Br_2	F	TET	561,0	7,31	**680**[?atm]	**618**[sub]
235	Hg_2J_2	F	TET	654,9	7,70	**413**[sub]	**563**[zerf]
236	HgJ_2 rot	F	TET	450,9	6,28	530	627
237	HgO rot	F	ORH	216,5	11,10	**773**[zerf]	
238	HgS schwarz	F	KUB	232,6	7,73	**857**[sub]	
239	HgS rot (Zinnober)	F	HEX	232,6	8,10	**659**[u in sw]	
240	Hg_2SO_4	F	MKL	497,2	7,56	zerf	
241	$HgSO_4$	F	ORH	296,6	6,47	zerf	
	Nickel $M = 58,7\ \text{g mol}^{-1}$, $S^{298} = 29,9\ \text{J mol}^{-1}\,K^{-1}$						
242	NiF_2	F	TET	96,7	4,63	**1723**[†]	**1273**[sub]
243	$NiCl_2$	F	HEX	129,6	3,55	**1274**[sub]	
244	NiO	F	KUB	74,7	6,67	2263	
245	$Ni(OH)_2$	F	HEX	92,7	4,15*	**503**[zerf]	
246	$Ni(CO)_4$	Fl		170,7	1,34	248	316
247	$NiSO_4{\cdot}7H_2O$	F	TET	262,8	2,07	**376**[dhd 6]	**553**[dhd]
248	$Ni(NO_3)_2{\cdot}6H_2O$	F	TKL	290,8	2,05	330	410

* variabel † unsicher ‡ sehr unsicher zerf zerfällt

ΔH_f^{298} / kJ mol^{-1}	ΔG_f^{298} / kJ mol^{-1}	S^{298} / J mol^{-1} K^{-1}	c^{298}/c_{100}	Anmerkungen	
			zerf	gn-gе	213
$-461,2$			$4,90 \cdot 10^{-1}$		214
$-2612,3$			(0,394 mol/100 cm^3)		
$-4022,9$			$7,61 \cdot 10^{-5}$	bl	215
$-77,8$			unlöslich	zerf	216
$-840,3$	$-763,5$	83,3	unlöslich		217
$-2042,6$	$-1923,8$	95,0	unlöslich		218
			$5,04 \cdot 10^{-1}$	zerfl ba-rt	219
$-482,4$	$-441,4$	117,2	$6,13 \cdot 10^{-1}$	zerfl ba-rt	220
$-1687,4$	$-1423,8$	303,3	(0,518 mol/100 cm^3)		
			$3,60 \cdot 10^{-6}$	gn	221
$-384,9$	$-363,2$	60,2	unlöslich	sw	222
$-1386,6$	$-1280,3$	148,5	unlöslich	sw	223
$-971,1$	$-893,3$	110,5			
			unlöslich	sw	224
$-520,9$	$-466,1$	53,1	$5,92 \cdot 10^{-6}$ 278K	ba-rt	225
$-895,0$	$-817,6$	85,8	$6,90 \cdot 10^{-6}$ 291K	gn oder ba-rt	226
$-204,2$	$-208,8$	78,2	$3,44 \cdot 10^{-1}$	rt	227
$-1063,6$	$-956,0$	112,1	$5,83 \cdot 10^{-1}$	ba-rt	228
$-1374,4$					
			$4,25 \cdot 10^{-1}$	ba-rt	229
$-2256,4$			$8,77 \cdot 10^{-1}$	ba-rt	230
$-2370,0$					

Alle Ag-Verbindungen KUM GIFT, Hg (II) stärker als Hg (I)

ΔH_f^{298} / kJ mol^{-1}	ΔG_f^{298} / kJ mol^{-1}	S^{298} / J mol^{-1} K^{-1}	c^{298}/c_{100}	Anmerkungen	
					231
61,3	**31,9**	**20,8**	$3,75 \cdot 10^{-6}$		232
$-264,8$	$-210,9$	195,8	$2,69 \cdot 10^{-2}$	ätzendes Sublimat	233
$-224,3$	$-178,7$	146,0	$6,95 \cdot 10^{-9}$	ba-ge	234
$-206,7$	$-178,7$	213,0	schwer löslich	ge	235
$-120,9$	$-111,3$	239,3			
			$1,06 \cdot 10^{-5}$	rt (ge oberhalb 400 K)	236
$-105,4$			$2,37 \cdot 10^{-5}$	rt, ge	237
$-90,7$	$-58,5$	72,0	$5,40 \cdot 10^{-7}$ 291K	sw	238
$-54,0$	$-46,4$	83,3		rt	239
$-58,2$	$-49,0$	77,8	$9,45 \cdot 10^{-5}$	ba-ge	240
$-742,0$	$-623,9$	200,7	zerf		241
$-704,2$					
			$2,65 \cdot 10^{-2}$ 293K	gn	242
$-651,5$	$-604,2$	176,2	$5,06 \cdot 10^{-1}$	zerfl ge	243
$-315,9$	$-272,4$	107,1	unlöslich	gn-sw	244
$-244,3$	$-216,3$	38,6	$1,00 \cdot 10^{-5}$	gn	245
$-678,2$	$-453,1$	79,5	$1,05 \cdot 10^{-4}$ 282K	FEU	246
$-633,0$	$-588,3$	313,4			
			$4,45 \cdot 10^{-1}$ 6H$_2$O	gn	247
$-2976,3$	$-2462,4$	378,9	$5,47 \cdot 10^{-1}$	zerfl gn	248
$-2223,4$					

dhd(n) dehydriert (verliert n Moleküle H$_2$O)   sub sublimiert   u Umwandlung. Siehe S. 58.

Physikalische, thermochemische und andere Eigenschaften anorganischer Verbindungen (Fortsetzung)

	Verbindung	Zustand	Kristall	$\dfrac{M_K}{\text{g mol}^{-1}}$	$\dfrac{\rho(298\text{ K})}{\text{g cm}^{-3}}$	$\dfrac{T_F}{\text{K}}$	$\dfrac{T_S}{\text{K}}$
	Nitrogen $M = 14{,}0\text{ g mol}^{-1}$, $S^{298}(N_2(g)) = 191{,}4\text{ J mol}^{-1}\text{ K}^{-1}$						
249	N_2H_4 (Hydrazin)	Fl		32,0	1,01	275	387
250	NF_3	G		71,0	$1{,}54^{67K}$	67	144
251	NCl_3	Fl		120,3	1,65	236	344
252	N_2O (Lachgas)	G		44,0	$1{,}98^{182K}$	182	185
253	NO	G		30,0	$1{,}34^{110K}$	110	121
254	N_2O_3	G		76,0	$1{,}45^{171K}$	171	277^{zerf}
255	NO_2	G		46,0	$1{,}49^{262K}$	262	294
256	N_2O_4	G		92,0	$1{,}45^{262K}$	262	294
257	N_2O_5	F	RBH	108,0	1,64	305	314^{zerf}
	Ammonium $\Delta H_f^{298}(NH_3^+(g)) = 1023{,}1\text{ kJ mol}^{-1}$						
258	NH_3	G		17,0	$0{,}77^{195K}$	195	240
259	NH_4Cl (Ammoniumchlorid)	F	KUB	53,4	1,50	613^{sub}	$793^{>1\text{ atm}}$
260	NH_4Br	F	KUB	97,9	2,43	725^{sub}	$669^{>1\text{ atm}}$
261	NH_4I	F	KUB	144,9	2,51	824^{sub}	493^{vak}
262	$(NH_4)_2SO_4$	F	ORH	132,1	1,77	508^{zerf}	$786^{>1\text{ atm}}$
263	$NH_4Fe(SO_4)_2 \cdot 12H_2O$	F	KUB	482,1	1,71	313	503^{dhd}
264	NH_4NO_3	F	ORH	80,0	1,70	443	483
	Sauerstoff $M = 16{,}0\text{ g mol}^{-1}$, $S^{298}(O_2(g)) = 204{,}9\text{ J mol}^{-1}\text{ K}^{-1}$, $\Delta H_f^{298}(O_2^+(g)) = 1177{,}7\text{ kJ mol}^{-1}$						
265	O_3 (Ozon)	G		48,0	$2{,}14^{81K}$	81	163
	Phosphor (rot) $M = 31{,}0\text{ g mol}^{-1}$, $S^{298} = 22{,}8\text{ J mol}^{-1}\text{ K}^{-1}$						
266	PH_3 (Phosphin)	G		34,0		140	183
267	PH_4I	F	TET	161,9	2,86	292	353
268	PF_3	G		87,9	$3{,}99^{122K}$	122	172
269	PF_5	G		125,9		179	189
270	PCl_3	Fl		137,3	1,58	181	349
271	PCl_5	F	TET	208,2	2,12	433^{zerf}	
272	$POCl_3$	Fl		153,3	1,67	274	378
273	PBr_3	Fl		270,7	2,89	233	446
274	PBr_5	F		430,5	3,46	373^{zerf}	
275	$POBr_3$	F		270,7	3,25	325	465
276	P_4O_6	Fl	MKL	219,8	2,13	297	$448^{\text{in }N_2}$
277	P_4O_{10}	F	MKL†	283,8	2,39	$853^{>1\text{ atm}}$	573^{sub}
278	P_2S_5	F		222,2	2,03	580	787
	Plutonium $M = 239{,}1\text{ g mol}^{-1}$						
279	$PuCl_3$	F	HEX	348,3	5,70	1033	
280	PuO_2	F	FZ	274,6	1,46		

† unsicher   ‡ sehr unsicher   zerf zerfällt   dhd(n) dehydriert (verliert n Moleküle H_2O)

ΔH_f^{298} kJ mol^{-1}	ΔG_f^{298} kJ mol^{-1}	S^{298} J mol^{-1} K^{-1}	c^{298}/c_{100}	Anmerkungen	Nr.
50,6	149,2	121,2	leicht löslich	KOR	249
−124,7	−83,7	260,6	schwer löslich	EXP bei 368 K ge	250
230,1			unlöslich		251
82,0	104,2	219,7	$2{,}66 \cdot 10^{-3}$		252
90,4	86,6	210,5	$1{,}88 \cdot 10^{-4}$	GIFT GAS (25) (bl-fl)	253
83,8	139,4	312,2	löslich (zerf)	GIFT GAS (25) rt-br	254
33,2	51,3	240,0	löslich (zerf)	GIFT GAS (25) ge-br	255
9,2	97,8	304,2	löslich (zerf)	GIFT GAS (25)	256
−43,1	113,8	178,2	löslich (zerf)	GIFT GAS (25)	257
−46,0	−16,7	192,5	$3{,}11^{291\,K}$ (1,79 mol/100 cm^3)	KOR GIFT (100)	258
−315,5	−203,8	94,6	$7{,}34 \cdot 10^{-1}$		259
−270,3	−175,3	113,0	$7{,}99 \cdot 10^{-1}$	hyg	260
−201,4	−112,5	117,2	1,27	hyg	261
−1180,9	−901,9	220,1	$5{,}78 \cdot 10^{-1}$		262
			$4{,}62 \cdot 10^{-1}$	violett	263
−365,6	−184,0	151,1	2,68	EXP (oberhalb 484 K)	264
142,3	163,4	237,7	$2{,}19 \cdot 10^{-1}$	GIFT GAS (0,1)	265
				Viele P-Verbindungen GIFT	
5,4	13,4	210,1	$8{,}88 \cdot 10^{-4}$	GIFT GAS (0,05)	266
−69,9	0,8	123,0	löslich		267
−918,8	−897,5	273,1	zerf	GIFT GAS	268
−1595,8			zerf	GIFT GAS	269
−319,7	−272,4	217,1	zerf HR	KOR GIFT DPF (1)	270
−443,5		364,5^{gas}	zerf HR	KOR GIFT DPF (0,01) ba-ge	271
			zerf HR	KOR GIFT DPF	272
−597,1	−520,9	222,5	zerf HR	KOR GIFT DPF ge	273
−184,5	−175,7	240,2	zerf HR	KOR GIFT DPF	274
−269,9			zerf HR	KOR GIFT DPF	275
−458,6		359,7^{gas}	zerf HR		
			zerf HR	KOR zerfl	276
−1640,1			zerf HR	KOR zerfl	277
−2984,0	−2697,8	228,9	unlöslich	KOR ge-gr	278
				Alle Pu-Verbindungen RAD GIFT	
			löslich	gn	279
−962,3				ge-gn	280
−1050,2					

sub sublimiert   vak bei sehr niedrigem Druck. Siehe S. 58.

Physikalische, thermochemische und andere Eigenschaften anorganischer Verbindungen (Fortsetzung)

	Verbindung	Zustand	Kristall	$\dfrac{M_K}{\text{g mol}^{-1}}$	$\dfrac{\rho(298\,\text{K})}{\text{g cm}^{-3}}$	$\dfrac{T_F}{\text{K}}$	$\dfrac{T_S}{\text{K}}$
	Kalium $M = 39{,}1\ \text{g mol}^{-1}$, $S^{298} = 64{,}4\ \text{J mol}^{-1}\,\text{K}^{-1}$						
281	K	G		**39,1**		**336**	**1039**
282	KF	F	KUB	58,1	2,48	1130	1775
283	KCl (Sylvin)	F	KUB	74,5	1,98	1045	1680
284	$KClO_3$	F	MKL	122,5	2,32	641	673[zerf]
285	$KClO_4$	F	ORH	138,5	2,52	**883**[> 1 atm]	673[zerf]
286	KBr	F	KUB	119,0	2,75	1008	1708
287	$KBrO_3$	F	HEX	167,0	3,27	**707**[> 1 atm]	643[zerf]
288	KI	F	KUB	166,0	3,12	958	1597
289	KIO_3	F	MKL	214,0	3,89	833	373[zerf]
290	KIO_4	F	TET	230,0	3,62	855	573[zerf]
291	K_2O	F	KUB	94,2	2,32	623[zerf]	
292	KO_2	F	TET	71,1	2,14	653	zerf
293	KOH	F	RBH	56,1	2,04	673	1600
294	$KOH \cdot 2H_2O$	F		92,1			
295	K_2CO_3	F	MKL	138,2	2,43	1169	zerf
296	$KHCO_3$	F	MKL	100,1	2,17	373[zerf]	
297	K_2S	F	KUB	110,2	1,81	1113	
298	K_2SO_4	F	ORH	174,2	2,66	1342	1962
299	$KHSO_4$	F	ORH	136,1	2,32	492	zerf
300	$KAl(SO_4)_2 \cdot 12H_2O$	F	KUB	474,3	1,76	**364**[dhd 9]	473[dhd]
301	$KCr(SO_4)_2 \cdot 12H_2O$	F	KUB	499,4	1,83	**362**[dhd 10]	673[dhd]
302	KNO_2	F	MKL	85,1	1,92	**713**[zerf]	
303	KNO_3 (Salpeter)	F	ORH	101,1	2,11	610	673[zerf]
304	$KMnO_4$	F	ORH	158,0	2,70	**513**[zerf]	
305	KH_2PO_4	F	TET	136,0	2,34	**526**[zerf]	
306	K_2CrO_4	F	ORH	194,2	2,73	1253	
307	$K_2Cr_2O_7$	F	TKL	294,1	2,68	671	773[zerf]
308	KCN	F	KUB	65,1	1,52	883	
309	KCNS	F	RBH	97,1	1,89	450	773[zerf]
310	$K_3Fe(CN)_6$	F	MKL	329,2	1,85	zerf	
311	$K_4Fe(CN)_6$	F		368,3		zerf	
312	$K_4Fe(CN)_6 \cdot 3H_2O$	F	MKL	422,4	1,85	**343**[dhd]	zerf
	Rubidium $M = 85{,}5\ \text{g mol}^{-1}$, $S^{298} = 76{,}2^{\dagger}\ \text{J mol}^{-1}\,\text{K}^{-1}$						
313	RbF	F	KUB	104,4	3,56	1048	1681
314	RbCl	F	KUB	120,9	2,76	990	1654
315	RbBr	F	KUB	165,3	3,35	953	1625
316	RbI	F	KUB	212,3	3,55	913	1577
317	RbOH	F		102,4	3,20	574	

* variabel † unsicher ‡ sehr unsicher zerf zerfällt

ΔH_f^{298}	ΔG_f^{298}	S^{298}	c^{298}/c_{100}	Anmerkungen	
kJ mol⁻¹	kJ mol⁻¹	J mol⁻¹ K⁻¹			
89,6	**61,0**	**160,2**	—		281
−562,6	−533,1	66,6	$1,75$ (1,303 mol/100 cm³)		282
−435,9	−408,3	82,7	$4,81 \cdot 10^{-1}$ (0,417 mol/100 cm³)	zerfl	283
−391,2	−289,9	143,0	$7,00 \cdot 10^{-2}$ (0,068 mol/100 cm³)		284
−433,5	−304,2	151,0	$1,29 \cdot 10^{-2}$		285
−392,2	−379,2	96,4	$5,70 \cdot 10^{-1}$ (0,468 mol/100 cm³)	leicht hyg	286
−332,2	−243,5	149,2	$4,88 \cdot 10^{-2}$		287
−327,6	−322,3	104,3	$8,92 \cdot 10^{-1}$ (0,619 mol/100 cm³)		288
−508,4	−425,5	151,5	$4,29 \cdot 10^{-2}$		289
−408,4			$2,23 \cdot 10^{-3}$		290
			wie KOH	hyg	291
−361,5			$2,39 \cdot 10^{-3}$ zerf	ge	292
−560,7			$1,71$	**KOR** zerfl	293
−425,8			$2,12$		294
−1051,0			$8,11 \cdot 10^{-1}$ (0,596 mol/100 cm³)	zerfl	295
−1146,0			$3,62 \cdot 10^{-1}$ (0,316 mol/100 cm³)		296
−959,4			löslich	zerfl ge-br	297
−418,4			$6,91 \cdot 10^{-2}$		298
−1433,9	−1316,3	175,7	$3,78 \cdot 10^{-1}$	**KOR** zerfl	299
−1158,1			$3,02 \cdot 10^{-2}$		300
−6057,2	−5137,1	687,4	$4,41 \cdot 10^{-2}$	dk-rt	301
−5786,9			$3,60^{293K}$	ba-ge	302
−370,3			$3,75 \cdot 10^{-1}$		303
−492,7	−393,1	132,9	$4,83 \cdot 10^{-2}$	purpur	304
−813,4	−713,8	171,5	$1,09 \cdot 10^{-1}$	zerfl	305
−1382,8			$3,35 \cdot 10^{-1}$	ge	306
−2033,0			$5,10 \cdot 10^{-2}$	rt	307
−112,5			$1,10$	**GIFT** setzt HCN frei zerfl	308
−203,4			$2,46$	zerfl	309
−173,2			$1,48 \cdot 10^{-1}$ (0,118 mol/100 cm³)	rt	310
−523,4			$7,38 \cdot 10^{-2}$		311
−1398,7			$8,57 \cdot 10^{-2}$ (0,076 mol/100 cm³)	ba-ge	312
−549,3			$2,88^{291K}$		313
−430,6			$7,81 \cdot 10^{-1}$ (0,597 mol/100 cm³)		314
−389,2	−378,1	108,3	$7,01 \cdot 10^{-1}$		315
−328,4	−325,5	118,0	$7,70 \cdot 10^{-1}$		316
−476,6	−439,5	113,8	$1,69^{303K}$	zerfl gr	317

dhd(n) dehydriert (verliert n·Moleküle H_2O)   sub sublimiert. Siehe S. 58.

Physikalische, thermochemische und andere Eigenschaften anorganischer Verbindungen (Fortsetzung)

Nr.	Verbindung	Zustand	Kristall	M_K / $\mathrm{g\,mol^{-1}}$	$\rho(298\,\mathrm{K})$ / $\mathrm{g\,cm^{-3}}$	T_F / K	T_S / K
	Rubidium – (*Fortsetzung*) $M = 85{,}5\,\mathrm{g\,mol^{-1}}$, $S^{298} = 76{,}2^{[†]}\,\mathrm{J\,mol^{-1}\,K^{-1}}$						
318	Rb_2CO_3	F		230,9		$1108^{>1\,\mathrm{atm}}$	1013^{zerf}
319	$RbHCO_3$	F		146,4		448^{zerf}	
320	Rb_2SO_4	F	ORH	267,0	3,61	1347	1973
321	$RbHSO_4$	F		182,5	2,89		
322	$RbNO_3$	F		147,4	3,11	434	589
	Silicium $M = 28{,}1\,\mathrm{g\,mol^{-1}}$, $S^{298} = 19{,}0\,\mathrm{J\,mol^{-1}\,K^{-1}}$						
323	Si	G		**28,0**		1683	2960
324	SiH_4 (Monosilan)	G		32,1	$1{,}44^{88\mathrm{K}}$	88	161
325	SiF_4	G		104,0	$4{,}69^{183\mathrm{K}}$	183	187
326	$SiCl_4$	Fl		169,9	1,48	203	330
327	$SiCl_4$	G		169,9	$7{,}59^{203\mathrm{K}}$	203	330
328	SiO_2 (Quarz)	F	HEX	60,0	2,65	1883	2503
329	SiO_2 (Cristobalit)	F	KUB	60,0	2,32	1986	2503
330	SiO_2 (Tridymit)	F	HEX	60,0	2,26	1976	2503
331	SiC (Carborundum)	F	HEX	40,1	3,22	$2973^{\mathrm{sub\ zerf}}$	
332	SiS_2	F	ORH	92,2	2,02	1363^{sub}	
	Silber $M = 107{,}9\,\mathrm{g\,mol^{-1}}$, $S^{298} = 42{,}68\,\mathrm{J\,mol^{-1}\,K^{-1}}$						
333	Ag	G		**107,8**		1234	**2450**
334	AgF	F	KUB	126,8	5,85	708	1432
335	AgCl	F	KUB	143,3	5,56	728	1830
336	AgBr	F	KUB	187,7	6,48	703	1806
337	AgI	F	HEX	234,7	5,48	831	1777
338	Ag_2O	F	KUB	231,7	7,14	573^{zerf}	
339	Ag_2CO_3	F	MKL	275,7	6,08	491^{zerf}	
340	Ag_2S (Alpha)	F	RZ	247,8	7,32	1115	zerf
341	Ag_2S (Beta)	F	KUB	247,8	7,32	1098	zerf
342	$AgNO_3$	F	ORH	169,8	4,35	483	717^{zerf}
343	Ag_2CrO_4	F	MKL	331,7	5,63		
344	AgCN	F	HEX	133,8	3,94	$623^{[†]\,\mathrm{zerf}}$	
	Natrium $M = 23{,}0\,\mathrm{g\,mol^{-1}}$, $S^{298} = 51{,}0\,\mathrm{J\,mol^{-1}\,K^{-1}}$						
345	Na	G		**22,9**		371	**1163**
346	NaH	F	FZ	24,0	0,92	1073^{zerf}	
347	NaF	F	KUB	41,9	2,79	1268	1977
348	NaCl	F	KUB	58,4	2,17	1081	1738
349	NaBr	F	KUB	102,9	3,20	1023	1665
350	NaI	F	KUB	149,8	3,67	935	1577
351	Na_2O	F	KUB	61,9	2,27	1193	1548^{sub}
352	Na_2O_2	F	PUL	77,9	2,81	733^{zerf}	
353	NaOH	F	ORH	40,0	2,13	592	1663
354	$NaOH \cdot H_2O$	F	ORH	58,0		337	

[†] unsicher   [‡] sehr unsicher   zerf zerfällt   dhd(n) dehydriert (verliert n Moleküle H_2O)

ΔH_f^{298} / kJ mol^{-1}	ΔG_f^{298} / kJ mol^{-1}	S^{298} / J mol^{-1} K^{-1}	$\dfrac{c^{298}}{c_{100}}$	Anmerkungen	
			1,95	zerfl	318
$-1128,0$			$7,88 \cdot 10^{-1}$ 293K		319
$-956,0$			$1,90 \cdot 10^{-1}$		320
$-1424,7$			$(0,168 \text{ mol}/100 \text{ cm}^3)$		
			löslich		321
$-1145,2$			$4,45 \cdot 10^{-1}$	zerfl	322
$-454,0$	$-392,7$	$270,7$	$(0,340 \text{ mol}/100 \text{ cm}^3)$		
					323
$+3932$	$3949,2$	$167,9$	—		324
$34.3^\dagger$	$56,9$	$204,5$		unlöslich	325
$-1548,1$	$-1506,2$	$284,5$		zerf	326
$-640,2$	$-572,8$	$239,3$		zerf HR	KOR GIFT DPF	327
$-609,6$	$-569,9$	$331,4$		zerf	
$-910,9^\dagger$	$-856,7^\dagger$	$41,8$		Gefährlicher Staub	328
$-909,5^\dagger$	$-855,9^\dagger$	$42,7$	$2,00 \cdot 10^{-4}$	besonders Asbest	329
					330
$-909,1^\dagger$	$-855,3^\dagger$	$43,5$			331
$-65,3^\dagger$	$-62,8^\dagger$	$16,6$		unlöslich	gr-sw	332
$-145,2$				zerf	
					333
$286,2$	$247,4$	$172,9$			334
$-202,9$	$-184,9$	$83,7$	$1,42$	zerfl ge	335
$-127,0$	$-109,6$	$95,8$	$1,35 \cdot 10^{-6}$		336
$-99,5$	$-95,9$	$107,1$	$7,19 \cdot 10^{-8}$	ba-ge	337
$-62,4$	$-66,3$	$114,2$	$1,11 \cdot 10^{-8}$	ge (α) oder (β)	
				$(T_u = 419 \text{ K})$	
$-30,6$	$-10,8$	$121,8$	$2,00 \cdot 10^{-5}$	br-sw	338
$-505,8$	$-437,2$	$167,4$	$1,20 \cdot 10^{-5}$	ge	339
$-31,8$	$-40,3$	$145,6$	$2,48 \cdot 10^{-16}$	gr-sw	340
$-29,3$	$-39,2$	$150,2$	$2,48 \cdot 10^{-16}$		341
$-123,1$	$-32,2$	$140,9$	$1,42$	KOR	342
$-712,1$	$-621,7$	$216,7$	$9,92 \cdot 10^{-5}$	rt	343
$146,2$	$164,0$	$83,7$	$5,25 \cdot 10^{-5}$		344
					345
$108,3$	$77,8$	$153,6$	—		346
$-57,3$			zerf		347
$-569,0$	$-541,0$	$58,6$	$9,87 \cdot 10^{-2}$	GIFT	
			$(0,098 \text{ mol}/100 \text{ cm}^3)$		348
$-411,0$	$-384,0$	$72,4$	$6,15 \cdot 10^{-1}$	hyg	
			$(0,542 \text{ mol}/100 \text{ cm}^3)$		349
$-359,9$			$9,19 \cdot 10^{-1}$	hyg	
			$(0,728 \text{ mol}/100 \text{ cm}^3)$		
					350
$-288,0$			$1,23$		
			$(0,829 \text{ mol}/100 \text{ cm}^3)$		
$-415,9$	$-376,6$	$72,8$	zerf	KOR zerfl ge	351
			zerf	ba-ge	352
$-504,6$			$1,05$	KOR	353
$-426,8$					354
$-732,9$	$-623,4$	$84,5$	$1,97$		

^{sub} sublimiert. Siehe Seite 58

Physikalische, thermochemische und andere Eigenschaften anorganischer Verbindungen (Fortsetzung)

	Verbindung	Zustand	Kristall	$\dfrac{M_K}{\text{g mol}^{-1}}$	$\dfrac{\rho(298\,\text{K})}{\text{g cm}^{-3}}$	$\dfrac{T_F}{\text{K}}$	$\dfrac{T_S}{\text{K}}$
	Natrium $-$ *(Fortsetzung)* $M = 23{,}0\,\text{g mol}^{-1}$, $S^{298} = 51{,}0\,\text{J mol}^{-1}\,\text{K}^{-1}$						
355	Na_2CO_3	F	PUL	105,9	2,51	1131	
356	$Na_2CO_3 \cdot 10H_2O$	F	MKL	286,1	1,44	306^{dhd}	zerf
357	$NaHCO_3$	F	MKL	84,0	2,16	543^{zerf}	
358	Na_2S	F	KUB	78,0	1,86	1223	
359	Na_2SO_4	F	ORH	142,0	2,66	1163	
360	$Na_2SO_4 \cdot 10H_2O$	F	MKL	322,1	1,46	306	373^{dhd}
361	$NaHSO_4$	F	TKL	120,0	2,47	6588	
362	$Na_2S_2O_3$	F	MKL	158,1	1,67		
363	$Na_2S_2O_3 \cdot 5H_2O$	F	MKL	248,1	1,69	322	373^{dhd}
364	$NaNO_2$	F	ORH	69,0	2,17	544	593^{zerf}
365	$NaNO_3$ (Salpeter)	F	HEX	84,9	2,62	583	653^{zerf}
366	$Na_2B_4O_7 \cdot 10H_2O$	F	MKL	381,3	1,73	348	593^{dhd}
367	Na_2SiO_3 (Wasserglas)	F	HEX	122,0	2,40	1361	
368	$NaCN$	F	KUB	49,0		837	1769
369	$NaNH_2$ (Natriumamid)	F		39,0		481	673
	Strontium $M = 87{,}6\,\text{g mol}^{-1}$, $S^{298} = 52{,}3^{\dagger}\,\text{J mol}^{-1}\,\text{K}^{-1}$						
370	SrF_2	F	FZ	125,6	4,24	1723	2762
371	$SrCl_2$	F	KUB	158,5	3,05	1148	1523
372	$SrBr_2$	F		247,4	4,22	916	zerf
373	SrO	F	FZ	103,6	4,70	2703	3273
374	$Sr(OH)_2$	F		121,6	3,63	648	
375	$Sr(OH)_2 \cdot 8H_2O$	F	TET	265,7	1,90		373^{dhd}
376	$SrCO_3$	F	ORH	147,6	3,70	1770^{zerf}	
377	$Sr(HCO_3)_2$	wss	—	209,6			
378	SrS	F	KUB	119,6	3,70	2273	
379	$SrSO_4$	F	ORH	183,6	3,96	1878	
380	$Sr(NO_3)_2$	F	KUB	211,6	2,99	918	1373
	Schwefel $M = 32{,}1\,\text{g mol}^{-1}$, $S^{298} = 31{,}9\,\text{J mol}^{-1}\,\text{K}^{-1}$						
381	S	G		32,1		393	717
382	S_2	G		64,2		393	717
383	S_8	G		256,8		393	717
384	SF_4	G		108,0		149	233
385	SF_6	G		146,0	6,50$^{233\text{K}}$	223	337
386	S_2Cl_2	Fl		135,0	1,68	193	409
387	$SOCl_2$	Fl		118,9	1,66	168	352
388	SO_2Cl_2	Fl		134,9	1,67	227	342
389	SO_2	G		64,0	2,93$^{198\text{K}}$	198	263
390	SO_3	Fl		80,0	1,92	290	318

$\dagger$ unsicher $\ddagger$ sehr unsicher ^{zerf} zerfällt $^{\text{dhd}(n)}$ dehydriert (verliert n Moleküle H_2O)

| ΔH_f^{298} | ΔG_f^{298} | S^{298} | $\dfrac{c^{298}}{c_{100}}$ | Anmerkungen | |
kJ mol^{-1}	kJ mol^{-1}	J mol^{-1} K^{-1}			
$-1130{,}9$	$-1047{,}7$	$136{,}0$	$6{,}60 \cdot 10^{-2}$	hyg	355
$-4081{,}9$			$1{,}03 \cdot 10^{-1}$	Soda, Dekahydrat	356
			$(0{,}099 \text{ mol}/100\,\text{cm}^3)$		
$-947{,}7$	$-851{,}9$	$102{,}1$	$1{,}22 \cdot 10^{-1}$	Speisesoda	357
$-373{,}2$			$2{,}53 \cdot 10^{-1}$	**KOR** zerfl setzt H$_2$S frei	358
$-1384{,}5$	$-1266{,}8$	$149{,}5$	$3{,}03 \cdot 10^{-2}$		359
$-4324{,}1$	$-3644{,}0$	$591{,}9$	$1{,}97 \cdot 10^{-1}$	Glaubersalz	360
$-1126{,}3$			$2{,}38 \cdot 10^{-1}$	**KOR**	361
$-1117{,}1$			$3{,}16 \cdot 10^{-1}$		362
$-2602{,}0$			$4{,}80 \cdot 10^{-1}$	Fixiersalz	363
$-359{,}4$	$-365{,}9$	$120{,}5$	$1{,}23$	ba-ge	364
			$(0{,}898 \text{ mol}/100\,\text{cm}^3)$		
$-466{,}7$	$-365{,}9$	$116{,}3$	$1{,}08$		365
$-6264{,}3$			$1{,}60 \cdot 10^{-2}$	Borax	366
$-1518{,}8$	$-1426{,}7$	$113{,}8$	$8{,}39 \cdot 10^{-1}$	zerfl	367
$-90{,}0$			$1{,}29$	**GIFT** setzt HCN frei zerfl	368
$-118{,}8$			zerf **HR**	**KOR**	369
				Alle Sr-Verbindungen GIFT	
			$9{,}50 \cdot 10^{-5}$		370
$-1214{,}6$			$1{,}00 \cdot 10^{-2}$		371
$-828{,}4$	$-781{,}2$	$117{,}2$	$4{,}33 \cdot 10^{-1}$		372
$-715{,}9$			$(0{,}355 \text{ mol}/100\,\text{cm}^3)$		
			$8{,}27 \cdot 10^{-3}$		373
$-590{,}4$	$-559{,}8$	$54{,}4$	$3{,}37 \cdot 10^{-3}$	zerfl	374
$-959{,}4$			$6{,}55 \cdot 10^{-3}$	zerfl	375
$-3352{,}2$			$7{,}38 \cdot 10^{-6}$		376
$-1218{,}4$	$-1137{,}6$	$97{,}1$	$5{,}68 \cdot 10^{-4}$		377
$-1927{,}6$	$-1731{,}3$	$150{,}6$	unlöslich (zerf)		378
$-452{,}3$			$7{,}11 \cdot 10^{-5}$		379
$-1444{,}7$	$-1334{,}3$	$121{,}8$	$1{,}55 \cdot 10^{-1}\ 353\text{K}$		380
$-975{,}9$			$(0{,}186 \text{ mol}/100\,\text{cm}^3)$		
					381
238,1	**197,6**	**167,7**	—		382
1290,3	**800,4**	**228,1**	—		383
1018,8	**497,1**	**429,9**	—		384
$-774{,}9$	$-731{,}4$	$291{,}9$	zerf		385
$-1209{,}2$	$-1105{,}0$	$291{,}7$	$3{,}70 \cdot 10^{-3}$		
$-60{,}2$			zerf	**KOR GIFT DPF** (1) ge-br	386
				rauchend	
$-245{,}6$			zerf	**KOR GIFT DPF** rt-br	387
$-389{,}1$			zerf	**KOR GIFT DPF** rt-br	388
$-296{,}9$	$-300{,}4$	$248{,}5$	$1{,}66 \cdot 10^{-1}\ 293\text{K}$	**KOR GIFT GAS** (10) rt-br	389
$-395{,}4$	$-370{,}3$	$256{,}1$	∞	zerfl	390

sub sublimiert. Siehe S. 58.

Physikalische, thermochemische und andere Eigenschaften anorganischer Verbindungen (Fortsetzung)

	Verbindung	Zustand	Kristall	$\dfrac{M_K}{\text{g mol}^{-1}}$	$\dfrac{\rho(298\text{ K})}{\text{g cm}^{-3}}$	$\dfrac{T_F}{\text{K}}$	$\dfrac{T_S}{\text{K}}$
	Zinn (weiß) $M = 118{,}7\,\text{g mol}^{-1}$, $S^{298} = 51{,}4\,\text{J mol}^{-1}\,\text{K}^{-1}$						
391	SnH_4 (Zinnwasserstoff)	G		122,7		123	221
392	$SnCl_2$	F	ORH	189,6	3,95	520	896
393	$SnCl_2 \cdot 2H_2O$	F	MKL	225,6	2,71	311$^\text{dhd}$	
394	$SnCl_4$	Fl		260,5	2,23	240	386
395	$SnBr_4$	F	RBH	438,3	3,34	303	478
396	SnO	F	TET	134,6	6,45	1353$^\text{zerf}$	
397	SnO_2 (Zinnstein)	F	TET	150,6	6,95	1400	2073
398	SnS	F	ORH	150,7	5,22	1155	1503
	Wolfram $M = 183{,}9\,\text{g mol}^{-1}$, $S^{298} = 33{,}6\,\text{J mol}^{-1}\,\text{K}^{-1}$						
399	WO_3 (Wolframit)	F	MKL	100,4	3,19	1830	
400	WCl_6	F	RBH	396,5	3,52	557	610
401	WC	F	HEX	195,8	15,65	3143	6273
402	WS_2	F	HDG	247,9	7,50	1523$^\text{zerf}$	
	Uran $M = 238{,}1\,\text{g mol}^{-1}$, $S^{298} = 50{,}3\,\text{J mol}^{-1}\,\text{K}^{-1}$						
403	UF_6	G		352,0	4,68	338$^{>1\,\text{atm}}$	329$^\text{sub}$
404	UO_2	F	KUB	270,0	10,96	2779	
405	UO_3	F		286,0	7,29	zerf	
406	$UO_2(NO_3)_2$	F		394,0			
407	$UO_2(NO_3)_2 \cdot 6H_2O$	F		502,1	2,81	333	391
	Xenon $M = 131{,}3\,\text{g mol}^{-1}$, $S^{298} = 169{,}6\,\text{J mol}^{-1}\,\text{K}^{-1}$						
408	XeF_2	F		169,3			
409	XeF_4	F		207,2			
410	XeF_6	F		245,3			
411	XeO_3	F		179,3			
	Zink $M = 65{,}4\,\text{g mol}^{-1}$, $S^{298} = 41{,}6\,\text{J mol}^{-1}\,\text{K}^{-1}$						
412	$ZnCl_2$	F	HEX	136,2	2,91	548	1038
413	$ZnBr_2$	F	RBH	225,1	4,20	667	943
414	ZnO (Rotzinkerz)	F	HEX	81,3	5,68	2248	
415	$ZnCO_3$	F	TRG	125,3	4,44	573$^\text{zerf}$	
416	ZnS (Wurtzit)	F	HEX	97,4	3,98	2123$^{150\,\text{atm}}$	1458$^\text{sub}$
417	ZnS (Zinkblende)	F	KUB	97,4	4,10	1293$^\text{u}$	
418	$ZnSO_4$	F	ORH	161,4	3,54	1013	873$^\text{zerf}$
419	$ZnSO_4 \cdot 7H_2O$	F	ORH	287,5	1,97	373	553$^\text{dhd}$
	Gallium $M = 69{,}7\,\text{g mol}^{-1}$, $S^{298} = 40{,}9\,\text{J mol}^{-1}\,\text{K}^{-1}$						
420	GaF_3	F	PUL	126,7	4,47	1073$^\text{sub}$	
421	$GaCl_2$	F		140,6		437	808
422	$GaCl_3$	F		176,3	2,47	361	475
423	$GaBr_2$	F		309,5	3,69	395	552
424	GaI_3	F		450,4	4,15	485	618$^\text{sub}$
425	$Ga_2O_3(\beta)$	F	MKL	187,4	6,44	2173$^\text{u}$	

† unsicher   ‡ sehr unsicher $^\text{zerf}$ zerfällt $^{\text{dhd}(n)}$ dehydriert (verliert n Moleküle H_2O)

ΔH_f^{298}	ΔG_f^{298}	S^{298}	c^{298}/c_{100}	Anmerkungen	
kJ mol⁻¹	kJ mol⁻¹	J mol⁻¹ K⁻¹			
				Alle Sn-Verbindungen GIFT	391
162,8	188,3	226,3	$1{,}42^{228\text{K}}$		392
−325,1†			(0,703 mol/100 cm³)		393
−921,3			zerf		394
−511,3	−440,2	258,6	löslich (zerf)		395
−377,4	−350,2	264,4	zerf	zerfl	396
−285,8	−256,9	56,5	$5{,}00 \cdot 10^{-7}$	sw	397
−580,7	−519,7	52,3	$1{,}40 \cdot 10^{-11}$		398
−100,4†	−98,3†	77,0†	$1{,}3 \cdot 10^{-8}$	gn-sw	
−842,9	−764,1	75,9	unlöslich	ge	399
−602,5			(zerf)	dk-bl	400
−40,6			unlöslich	sw	401
−209,2	−193,3†	96,2†	unlöslich	dk-gr, br	402
				Alle U-Verbindungen RAD GIFT	
−2112,9	−2029,2	379,7	zerf	zerfl	403
−1129,7	−1075,3	77,8	$3{,}00 \cdot 10^{-7}$	br-sw	404
−1263,6	−1184,1	98,6	$3{,}95 \cdot 10^{-6}$	ge-rt	405
−1377,4	−1142,7	276,1	$3{,}22 \cdot 10^{-1}$	zerfl ge	406
−3197,8	−2615,0	505,6			407
					408
−133,9	−62,8	133,9			409
−261,5	−121,3	146,4			410
−380,7					411
401,7					
			3,03	hyg	412
−415,9	−369,4	108,4	2,09	zerfl	413
−327,2	−310,0	137,2	$1{,}23 \cdot 10^{-5}$		414
−348,0	−318,2	43,9	$1{,}64 \cdot 10^{-4}$		415
−812,5	−731,4	82,4	$1{,}47 \cdot 10^{-10}$		416
−189,5					417
−206,4	−205,4	57,7			418
−978,6	−871,5	124,7			419
−3075,7	−2560,2	386,6	$3{,}56 \cdot 10^{-1}$		
			$1{,}58 \cdot 10^{-5}$		420
−1163,2	−1085,4	83,7	zerf	zerfl	421
			leicht löslich		422
−524,7	−454,8	142,3			423
−386,6	−359,8	179,9	löslich		424
−238,1			zerf	ge	425
−1089,1	−998,3	85,0	unlöslich		

sub sublimiert. Siehe S. 58.

Physikalische, thermochemische und andere Eigenschaften organischer Verbindungen

M molare Masse

ρ Dichte (bei 298 K oder bei T_S für Substanzen, die bei 298 K Gase sind)

T_F normale Schmelztemperatur

T_S normale Siedetemperatur

Siehe Seite 58 „Allgemeine Einführung zu den Tabellen"

	Verbindung	Formel	Zustand	$\dfrac{M}{\text{g mol}^{-1}}$	$\dfrac{\rho}{\text{g-cm}^{-1}}$	$\dfrac{T_F}{\text{K}}$	$\dfrac{T_S}{\text{K}}$
	Verschiedene						
1	Wasser	H_2O	Fl	18,0	0.997	273,15	373,15
2	Wasser (Dampf)	H_2O	G	18,0		273,15	373,15
3	Kohlenmonoxid	CO	G	28,0	**1,25**[A]	**68,10**[115 mmHg]	81,66
4	Kohlendioxid	CO_2	G	44,0	**1,98**[A]	**216,6**[Sub]	—
5	Furan	$(CH)_4O$	Fl	68,1	0,938	187,50	304,51
6	Phenol	C_6H_5OH	F	94,1	1,076	314,05	454,98
7	Nitrobenzol	$C_6H_5NO_2$	Fl	124,1	1,203	278,85	484,00
8	Pyridin	$(CH)_5N$	Fl	79,1	0,983	231,48	388,35
	Unverzweigte Alkane						
9	Methan	CH_4	G	16,0	**0,424**	90,67	111,66
10	Äthan	CH_3CH_3	G	30,1	**0,546**	89,88	184,52
11	Propan	$CH_3CH_2CH_3$	G	44,1	**0,582**	85,46	231,08
12	Butan	$CH_3(CH_2)_2CH_3$	G	58,1	**0,579**	134,80	272,65
13	Pentan	$CH_3(CH_2)_3CH_3$	Fl	72,2	0,626	143,43	309,22
14	Hexan	$CH_3(CH_2)_4CH_3$	Fl	86,2	0,659	177,80	341,89
15	Heptan	$CH_3(CH_2)_5CH_3$	Fl	100,2	0,684	182,54	371,57
16	Oktan	$CH_3(CH_2)_6CH_3$	Fl	114,2	0,703	216,35	398,81
17	Nonan	$CH_3(CH_2)_7CH_3$	Fl	128,3	0,718	219,63	423,94
18	Dekan	$CH_3(CH_2)_8CH_3$	Fl	142,3	0,730	243,49	447,27
19	Eikosan	$CH_3(CH_2)_{18}CH_3$	F	282,6	0,785	309,59	616,95
	Verzweigte Alkane						
20	2-Methylpropan (Isobutan)	$(CH_3)_2CHCH_3$	G	58,1	**0,557**	113,55	261,42
21	2-Methylbutan (Isopentan)	$(CH_3)_2CHCH_2CH_3$	Fl	72,2	0,620	113,25	301,00
22	2,2-Dimethylpropan (Neopentan)	$C(CH_3)_4$	G	72,2	**0,591**	256,60	282,65
	Cykloalkane						
23	Cyclopropan	$(CH_2)_3$	G	42,1		145,73	240,35
24	Cyclobutan	$(CH_2)_4$	G	56,1	**0,694**	182,42	285,66
25	Cyclopentan	$CH_2(CH_2)_3CH_2$	Fl	70,1	0,745	179,27	322,41
26	Cyclohexan	$CH_2(CH_2)_4CH_2$	Fl	84,2	0,779	279,70	353,89
	Alkene (Olefine)						
27	Äthen (Äthylen)	$CH_2{=}CH_2$	G	28,1	**0,610**	104,00	169,44
28	Propen (Propylen)	$CH_2{=}CHCH_3$	G	42,1	**0,514**	87,90	225,45
29	1-Buten	$CH_2{=}CHCH_2CH_3$	G	56,1	**0,595**	87,80	266,89
30	*trans*-2-Buten	$CH_3CH{=}CHCH_3$	G	56,1	**0,604**	167,60	274,03
31	*cis*-2-Buten	$CH_3CH{=}CHCH_3$	G	56,1	**0,621**	134,24	276,87
32	Hexen	$CH_2{=}CH(CH_2)_3CH_3$	Fl	84,2	0,673	134,33	336,64
33	1,2-Butadien	$CH_2{=}C{=}CHCH_3$	G	54,1	**0,652**	136,25	284,00
34	1,3-Butadien	$CH_2{=}CHCH{=}CH_2$	G	54,1	**0,621**	164,23	268,74
35	Cyclohexen	$CH_2(CH_2)_3CH{=}CH$	Fl	81,2	0,811	169,45	356,35

[Sub] sublimiert. Siehe S. 58. [A] gemessen in g dm^{-3}.

ΔH_{VB}^{298} molare Standardverbrennungsenthalpie (Verbrennungswärme)[A]

ΔH_f^{298} molare Standardbildungsenthalpie

ΔG_f^{298} Standardwert der Freien Enthalpie für die Bildung von 1 mol einer Verbindung

S^{298} molare Standardentropie bei 298 K

n Brechungsindex

p Dipolmoment

p^{298} $3{,}34 \cdot 10^{-30}\,Cm \mathrel{\hat=} 1\ Debye$[B]

ε_r relative Dielektrizitätskonstante (statisch, 298 K)

$\dfrac{\Delta H_{VB}^{298}}{\text{kJ mol}^{-1}}$	$\dfrac{\Delta H_f^{298}}{\text{kJ mol}^{-1}}$	$\dfrac{\Delta G_f^{298}}{\text{kJ mol}^{-1}}$	$\dfrac{S^{298}}{\text{J mol}^{-1}\text{K}^{-1}}$	n	$\dfrac{p}{p^{298}}$	ε_r	Anmerkungen (siehe S. 58), Synonyme	
	−285,9	−237,2	70,0	1,3325	1,85	78,54		1
	−241,8	−228,6	188,7	—	1,85	—	GIFT GAS (100)	2
−283,0	−110,5	−137,3	197,9	—	—	—		3
	−393,7	−394,6	213,8	—	—	—		4
				1,4214	0,66	2,95	Furfuran	5
−2083,5				1,5521	1,45	9,78^{333K}	KOR HT GIFT DPF (5)	6
−3055,8	−165,0	−50,9	146,0	1,5523	4,22	34,9	HT GIFT DPF (1)	7
−3067,7	−21,3			1,5102	2,20	12,3	GIFT DPF (10) FEU	8
−890,4	−74,8	−50,8	186,2	—	0	—		9
−1559,8	−84,6	−32,8	229,5	—	0	—		10
−2220,0	−103,8	−23,5	269,9	—	0	1,66^{Fl}		11
−2877,1	−126,1	−17,1	310,1	1,3326	0	1,78^{Fl}		12
−3509,4	−173,2	−9,6	261,2	1,3575	0	1,84		13
−4194,7	−198,8	−4,4†	295,9	1,3749	0	1,89		14
−4853,5	−224,4	+1,0†	328,5	1,3876	0	1,92		15
−5512,5	−249,9	+6,4†	361,1†	1,3974	0	1,95		16
−6124,5	−275,5	+11,8†	393,7	1,4054	0	1,97	Mit ^{Fl} gekennzeichnete	17
−6778,3	−301,0	+17,2†	425,9	1,4119	0		Werte beziehen sich auf die	18
−13316,3^{Fl}	−556,6^{Fl}	+71,6^{Fl}	751,7^{Fl}	1,4405	0	2,08	unterkühlte Flüssigkeit	19
−2868,7	−134,5	−20,9	294,6	—	0	1,73		20
−3502,9	−179,7†	−15,1†	260,4	1,3537		1,84		21
−3516,6	−165,9	−15,2	306,4	1,3420		1,80		22
−1966,0	+55,2				0	—	EXP	23
	−7,1			1,3650				24
−3290,9	−105,9	+36,4	204,3	1,4070	0	1,97^{293K}		25
−3919,8	−156,2	+26,7	204,4	1,4260		2,02		26
−1411,0	+52,3	+68,1	219,5		0			27
−2058,5	+20,4	+62,7	266,9		0,35	1,86		28
−2717,3	−0,1	+71,5	305,6		0,38			29
−2702,2	−11,9	+62,9	296,4		0			30
−2710,4	−7,0	+65,9	300,8					31
−4003,7	−41,7^{Dpf}	+87,6^{Dpf}	384,6^{Dpf}	1,3880			Mit ^{Dpf} gekennzeichnete	32
−2593,8	+162,2	+198,4	293,0				Werte beziehen sich auf	33
−2541,7	+110,1	+150,6	278,7	1,4290	0		die Dampfphase	34
−4128,0†				1,4467	0,55	2,22		35

Ion (g) / ΔH_f^{298}/kJ mol⁻¹ (zwischen 8 und 9 — Alle Alkane FEU):

Ion (g)	CO^+	CO^{2+}	CO_2^+	CH^+	CH_2^+	CH_3^+	CH_4^+
ΔH_f^{298}/kJ mol⁻¹	1247,5	3956,0	942,4	1675,3	1401,2	1095,0	1157,7

Alle Alkane FEU

A Verbrennungswärme wird am Wasser gemessen, das im flüssigen Zustand bei 298 K entsteht.

B Dipolmomente wurden nicht in SI Einheiten umgerechnet, da in der Vergangenheit so häufig Debye-Einheiten verwendet wurden, und eine Umrechnung selten gebraucht wird.

† Man kann auch andere Werte finden.

Physikalische, thermochemische und andere Eigenschaften organischer Verbindungen (Fortsetzung)

	Verbindung	Formel	Zustand	$\dfrac{M}{\text{g mol}^{-1}}$	$\dfrac{\rho}{\text{g·cm}^{-1}}$	$\dfrac{T_F}{K}$	$\dfrac{T_S}{K}$
	Alkine						
36	Acetylen (Äthin)	$CH\equiv CH$	G	26,0	**0,618**	193,15	189,75
37	Propin (Propadien)	$CH_3C\equiv CH$	G	40,1	**0,671**	170,45	249,93
	Aromatische Kohlenwasserstoffe						
38	Benzol	C_6H_6	Fl	78,1	0,879	278,68	353,25
39	Naphthalin	$C_{10}H_8$	F	128,2	1,101	353,44	491,10
40	Toluol	$C_6H_5CH_3$	Fl	92,1	0,867	178,16	383,78
41	Äthylbenzol	$C_6H_5CH_2CH_3$	Fl	106,2	0,867	178,17	409,34
42	Propylbenzol	$C_6H_5(CH_2)_2CH_3$	Fl	120,2	0,862	173,65	432,37
43	o-Xylol	$C_6H_4(CH_3)_2$	Fl	106,2	0,880	247,97	417,56
44	m-Xylol	$C_6H_4(CH_3)_2$	Fl	106,2	0,864	225,28	412,25
45	p-Xylol	$C_6H_4(CH_3)_2$	Fl	106,2	0,861	286,41	411,50
46	Styrol	$C_6H_5CH=CH_2$	Fl	104,1	0,906	242,52	418,35
47	Cyclooctatetraen	C_8H_8	Fl	104,2	0,921	268,47	413,71
	Amine (Aminoalkane usw.)						
48	Methylamin	CH_3NH_2	G	31,1	**0,660**	179,66	266,82
49	Dimethylamin	$(CH_3)_2NH$	G	45,1	**0,656**	180,96	280,03
50	Trimethylamin	$(CH_3)_3N$	G	59,1	**0,633**	155,85	276,02
51	Äthylamin	$CH_3CH_2NH_2$	G	45,1	**0,683**	192,15	289,73
52	Propylamin	$CH_3CH_2CH_2NH_2$	Fl	59,1	0,717	190,15	321,65
53	Methyläthylamin	$CH_3CHNH_2CH_3$	Fl	59,1	0,688	177,95	305,55
54	Butylamin	$CH_3(CH_2)_3NH_2$	Fl	73,1	0,739	224.05	350,55
55	1-Methylpropylamin	$CH_3CH_2CHNH_2CH_3$	Fl	73,1	0,734	188,55	340,88
56	Triäthylamin	$(C_2H_5)_3N$	Fl	101,2	0,728	158,45	362,65
57	Anilin	$C_6H_5NH_2$	Fl	93,1	1,022	266,85	457,28
	Organische Halogenverbindungen						
58	Methylchlorid	CH_3Cl	G	50,5	**0,916**	175,43	248,93
59	Methylbromid	CH_3Br	G	95,0	**1,676**	179,55	276,71
60	Methyljodid	CH_3J	Fl	141,9	2,279	206,70	315,58
61	Dichlormethan	CH_2Cl_2	Fl	85,0	1,316	178,01	412,90
62	Trichlormethan	$CHCl_3$	Fl	119,4	1,479	209,66	334.88
63	Tetrachlormethan	CCl_4	Fl	153,8	1,594	250,16	349,69
64	Tetrabrommethan	CBr_4	F	331,6	3,420	365,15	463,15
65	Tetrajodmethan	CI_4	F	519,6	4,320	444,15	408,15
66	Äthylchlorid (Chloräthan)	CH_3CH_2Cl	G	64,5	**0,898**	136,75	285,42
67	Äthylbromid (Bromäthan)	CH_3CH_2Br	Fl	109,0	1,461	154,55	311,50
68	Äthyljodid (Jodäthan)	CH_3CH_2J	Fl	156,0	1,936	162,05	345,45
69	1,2-Dibromäthan	CH_2BrCH_2Br	G	187,9	**2,179**	282,94	286,51
70	Propylchlorid	$CH_3CH_2CH_2Cl$	Fl	78,5	0,891	150,35	319,75
71	Isopropylchlorid	$CH_3CHClCH_3$	Fl	78,5	0,863	155,97	308,89
72	Propylbromid	$CH_3CH_2CH_2Br$	Fl	123,0	1,354	163,15	344,15
73	Isopropylbromid	$CH_3CHBrCH_3$	Fl	123,0	1,314	184,15	332,53
74	Propyljodid	$CH_3CH_2CH_2J$	Fl	170,0	1,748	171,85	375,60
75	Isopropyljodid	CH_3CHJCH_3	Fl	170,0	1,703	182,15	362,55
76	Butylchlorid	$CH_3(CH_2)_3Cl$	Fl	92,6	0,886	150,05	351,59
77	Butylbromid	$CH_3(CH_2)_3Br$	Fl	137,0	1,276	160,75	374,75
78	sek. Butylbromid	$CH_3CH_2CHBrCH_3$	Fl	137,0	1,259	161,25	364.37
79	Butyljodid	$CH_3(CH_2)_3J$	Fl	184,0	1,615	142,62	403.68
80	tert. Butylchlorid	$(CH_3)_2CClCH_3$	Fl	92,6	0,842	247,75	323,85
81	tert. Butylbromid	$(CH_3)_2CBrCH_3$	Fl	137,0	1,221	256,95	346,40
82	tert. Butyljodid	$(CH_3)_2CJCH_3$	Fl	184,0	1,571	234,95	376,15

ΔH_{VB}^{298} / kJ mol^{-1}	ΔH_f^{298} / kJ mol^{-1}	ΔG_f^{298} / kJ mol^{-1}	S^{298} / J mol^{-1} K^{-1}	n	p/p^{298}	ε_r	Anmerkungen (siehe S. 58), Synonyme	
—1299,6	+226,8	+209,2	200,8		0		EXP	36
—1937,7	+185,4	+193,8	248,1		0,75		EXP	37
—3267,6†	+49,0†	+124,5†	172,8†	1,5010	0	2,28	HT GIFT DPF (25) FEU	38
—5149,2				1,5898		2,54		39
—3909,9	+12,1	+115,5	319,7	1,4970	0,36	2,38		40
—4564,9	—12,5†	+119,7†	255,2†	1,4960	0,35	2,24		41
—5218,2	—34,4†	+123,8	290,5†	1,4920		2,27		42
—4552,9	—24,4	+110,3	246,5	1,5060	0,62	2,27		43
—4551,9	—25,4	+107,6	252,1	1,4970		2,24		44
—4552,9	—24,4	+110,1	247,4	1,4960	0	2,24		45
—4395,3	+103,9^{gas}	+213,8^{gas}	345,1	1,5470	0	2,43	Vinylbenzol	46
				1,5379				47
—1079,9	—23,0	+32,1	247,1	1,3527	1,30	9,4	FEU	48
—1759,8	—18,5	+68,4	280.5	1,3597	0,93	5,26	FEU	49
—2418,8	—24,3	+98,9	287,0	1,3476	0,71	5,5^{360MHz}	FEU	50
—1738,9	—47,2			1,3663	0,99	5,26	FEU	51
—2335,9	—68,8			1,3882	1,35	2,44	KOR GIFT DPF (5) FEU	52
				1,3742			KOR GIFT DPF (5) FEU	53
—2973,2	—173,2†	—81,8		1,4014	1,32			54
—2985,7	—160,7†			1,3972				55
—134.3				1,4010	0,82	2,42		56
—3396,2				1,5863	1,53	6,89	HT GIFT DPF (5)	57
—687,0	—80,8	—57,4	234,3	1,3390	1,86	12,6^{253K}		58
—769,9	—35,2	—25,9	246,2	1,4218	1,79	9,82^{273K}	HT GIFT GAS (20)	59
—814,6	—15,5	+13,4	163.2	1,5308	1,64	7,00	HT GIFT GAS	60
—447	—121,4	—67,3	177,8	1,4211	1,54	9,08	Methylenchlorid	61
—373	—134,5	—73,7	201,8	1,4429	1,02	4,81	Chloroform GIFT DPF	62
—156,1	—135,5	—69,3	216,4	1,4601	0	2,24	Tetrachlorkohlenstoff	63
	+18,4	+47,2	212,5		0		Tetrabromkohlenstoff	64
			391,8^{gas}		0		Tetrajodkohlenstoff	65
							HT GIFT GAS (25)	66
—1325,1	—136,5	—59,4	190,8	1,3676	1,98	---	HT GIFT DPF (200)	67
—1424,7	—92,0	—27,8	198,7	1,4239	2,02			68
—1489,5	—31,0			1,5133	1,90		HT GIFT GAS (25)	69
	—80,7			1,5387	1,40			70
—2001,2				1,3879	2,10			71
				1,3777	2,04			72
—2056,6				1,4343	1,93†			73
				1,4250	2,04†			74
—2151,8				1,5058	1,74			75
					1,95			76
				1,4021	2,16			77
				1,4401	1,93			78
—2716,1				1,4367	2,12			79
				1,5001	1,88			80
				1,3857	2,13			81
				1,4278				82

† Man kann auch andere Werte finden.

Physikalische, thermochemische und andere Eigenschaften organischer Verbindungen (Fortsetzung)

	Verbindung	Formel	Zustand	$\frac{M}{\text{g mol}^{-1}}$	$\frac{\rho}{\text{g-cm}^{-1}}$	$\frac{T_F}{K}$	$\frac{T_S}{K}$
83	Chlorbenzol	C_6H_5Cl	Fl	112,6	1,106	227,57	404,85
84	Brombenzol	C_6H_5Br	Fl	157,0	1,495	242,33	429,21
85	Jodbenzol	C_6H_5J	Fl	104,1	0,901	242,52	418,35
86	Benzylchlorid	$C_6H_5CH_2Cl$	Fl	126,6	1,102	234,15	452,15
	Alkohole						
87	Methanol	CH_3OH	Fl	32,0	0,793	175,47	337,66
88	Äthanol	CH_3CH_2OH	Fl	46,1	0,789	159,05	351,47
89	1-Propanol	$CH_3CH_2CH_2OH$	Fl	60,1	0,804	146,95	370,35
90	2-Propanol (Isopropanol)	$CH_3CHOHCH_3$	Fl	60,1	0,787	184,65	355,65
91	1-Butanol	$CH_3(CH_2)_2CH_2OH$	Fl	74,1	0,810	183,85	390,88
92	1-Pentanol (*n*-Amylalkohol)	$CH_3(CH_2)_3CH_2OH$	Fl	88,2	0,815	194,95	411,15
93	1-Hexanol	$CH_3(CH_2)_4CH_2OH$	Fl	102,2	0,820	228,55	430,23
94	1-Heptanol	$CH_3(CH_2)_5CH_2OH$	Fl	116,2	0,822	239,15	449,40
95	1-Oktanol	$CH_3(CH_2)_6CH_2OH$	Fl	130,2	0,826	256,65	468,35
96	Äthylenglykol	CH_2OHCH_2OH	Fl	62,1	1,114	259,59	470,45
97	Glycerin	$CH_2OHCHOHCH_2OH$	Fl	92,1	1,260	291,75	563,15
98	Cyclohexanol	$CH_2(CH_2)_4CHOH$	F	100,2	0,962	298,30	434,65
	Äther						
99	Methyläther	CH_3OCH_3	G	46,1	0,669	131,66	248,31
100	Diäthyläther	$CH_3CH_2OCH_2CH_3$	Fl	74,1	0,713	156,85	307,70
101	Methylphenyläther	$C_6H_5OCH_3$	Fl	108,1	0,994	235,85	427,15
	Aldehyde						
102	Methanal (Formaldehyd)	$HCHO$	G	30,0	0,815	181,15	254,05
103	Äthanal (Acetaldehyd)	CH_3CHO	G	44,1	0,778	150,15	293,55
104	Propanal (Propionaldehyd)	CH_3CH_2CHO	Fl	58,1	0,797	193,15	321,15
105	Butanal (*n*-Butyraldehyd)	$CH_3CH_2CH_2CHO$	Fl	72,1	0,801	176,75	347,95
106	Valeraldehyd	$(CH_3)_2CHCH_2CHO$	Fl	72,1	0,789	208,15	337,25
107	Benzaldehyd	C_6H_5CHO	Fl	106,1	1,050	247,15	451,15
	Ketone						
108	Aceton	CH_3COCH_3	Fl	58,1	0,789	178,45	329,44
109	Methyläthylketon	$CH_3CH_2COCH_3$	Fl	72,1	0,805	186,46	352,79
110	3-Pentanon	$CH_3CH_2COCH_2CH_3$	Fl	86,1	0,814	234,18	375,14
111	Acetophenon	$C_6H_5COCH_3$	Fl	120,2	1,028	292,80	475,15
	Carbonsäuren						
112	Ameisensäure	$HCOOH$	Fl	46,0	1,220	281,55	373,71
113	Essigsäure	CH_3COOH	Fl	60,1	1,049	289,78	391,05
114	Propionsäure	CH_3CH_2COOH	Fl	74,1	0,993	252,35	414,14
115	Buttersäure	$CH_3CH_2CH_2COOH$	Fl	88,1	0,958	268,89	436,68
116	Isobuttersäure	$(CH_3)_2CHCOOH$	Fl	88,1	0,950	226,15	427,45
117	Chloressigsäure	$ClCH_2COOH$	F	94,5	1,404	336,15	462,65
118	Dichloressigsäure	$Cl_2CHCOOH$	Fl	128,9	1,563	283,95	465,65
119	Trichloressigsäure	Cl_3CCOOH	F	163,4	1,617	329,45	470,70
120	Glycin	NH_2CH_2COOH	F	75,1	1,595	507,15	559,15
121	Milchsäure	$CH_3CHOHCOOH$	Fl	90,1	1,206	291,15	329.15
122	Oxalsäure	CO_2HCOOH	F	90,0	1,653	430,15	462,65
123	Adipinsäure	$CO_2H(CH_2)_4COOH$	F	146,2	1,360	425,15	540,15
124	Benzolsulfonsäure	$C_6H_5SO_3H$	F	158,2		798,15	273,15
125	Benzoesäure	$C_6H_5CO_2H$	F	122,1	1,321	394,85	522,15

$\dfrac{\Delta H_{VB}^{298}}{\text{kJ mol}^{-1}}$	$\dfrac{\Delta H_f^{298}}{\text{kJ mol}^{-1}}$	$\dfrac{\Delta G_f^{298}}{\text{kJ mol}^{-1}}$	$\dfrac{S^{298}}{\text{J mol}^{-1}\text{K}^{-1}}$	n	$\dfrac{p}{p^{298}}$	ε_r	Anmerkungen (siehe S. 58), Synonyme	
				1,5241	1,67	5,62	**GIFT DPF (75) FEU**	**83**
				1,5597	1,77	5,40	**Phenylbromid**	**84**
				1,5439	1,70		**Phenyljodid**	**85**
−3708,7							**KOR GIFT DPF (1) FEU**	**86**
−726,3	−238,9	−166,7	127,2	1,3280	1,70	32,6	**GIFT**	**87**
−1366,7	−277,7	−174,9	160,7	1,3610	1,69	24,3		**88**
−2017,3	−304,0	−171,3	196,6	1,3860	1,66	20,1		**89**
−1986,6	−317,9	−180,3	180,5	1,3772	1,68	18,1		**90**
−2674,9	−327,1	−168,9	228,0	1,3990	1,66	—	**GIFT DPF (100)**	**91**
				1,4100		13,9		**92**
−3322,9	−357,1	−161,6	259,0	1,4180	1,60	13,3		**93**
−3976,1	−379,5	−152,3	289,5	1,4240	1,71	—		**94**
−4622,9	−398,7	−141,8	325,9	1,4295	1,68	10,3		**95**
−5280,2	−425,1	−136,4	354,4	1,4318	2,00†	37,7		**96**
−1661,0				1,4746		42,5		**97**
−3726,7	−358,2			1,4650		15,0	**GIFT DPF (100)**	**98**
−1454,4	−184,1	−112,8	266,7	1,3018	1,32	5,02	**FEU**	**99**
−2761,4	−279,6	−122,7	251,9	1,3524	1,14	4,34	**FEU**	**100**
−3786,9					1,38	—	**Anisol**	**101**
−549,8	−117,2	−113,0	218,7		2,27†	—	**GIFT GAS (5)**	**102**
−1167,3	−192,3	−128,2	160,2	1,3311	2,49†	$21,8^{283\mathrm{K},400\mathrm{MHz}}$	**FEU**	**103**
−1816,7	−221,3	−142,1		1,3619	2,54†	$18,5^{290\mathrm{K},400\mathrm{MHz}}$		**104**
−2497,0	−219,2	−306,4		1,3791	2,57†	13,4		**105**
−2497,0	−220,5			1,3727	2,58	—		**106**
−3520,0					2,96	17,4		**107**
−1821,4	−216,7	−152,4		1,3587	2,95	20,7		**108**
−2438,4	−279,0			1,3788		18,5		**109**
−3077,8	−308,8			1,3923		15,5	**Diäthylketon**	**110**
−4137,6				1,5342	2,96	17,4		**111**
−270,3	−422,7	−361,4	129,0	1,3714	1,52	$58,5^{400\mathrm{MHz}}$	**KOR GIFT DPF (10)**	**112**
−873,2	−484,5	−389,9	159,8	1,3719	1,74	6,2	**FEU**	**113**
−1574,0	−509,2	−383,5		1,3865	1,74	$3,3^{283\mathrm{K}}$		**114**
−2193,7	−538,9			1,3980		2,97		**115**
−2343,9						$2,71^{283\mathrm{K}}$		**116**
						$12,3^{333\mathrm{K}}$	**KOR**	**117**
−715,5						8,2	**KOR**	**118**
						$4,6^{333\mathrm{K}}$	**KOR**	**119**
−388,3	−513,8					28,1		**120**
−981,1	−528,6					$22,0^{290\mathrm{K}}$		**121**
−1364,0							tritt in Rhabarber-Blättern auf	**122**
−246,4	−826,8							**123**
−2799,1								**124**
−3228,4	−394,1				1.71		Standard für Bomben Kalorimetrie	**125**

† Man kann auch andere Werte finden.

Physikalische, thermochemische und andere Eigenschaften organischer Verbindungen (Fortsetzung)

	Verbindung	Formel	Zustand	$\dfrac{M}{\text{g mol}^{-1}}$	$\dfrac{\rho}{\text{g-cm}^{-1}}$	$\dfrac{T_F}{K}$	$\dfrac{T_S}{K}$
	Carbonsäurederivate						
126	Acetylchlorid (Essigsäurechlorid)	CH_3COCl	Fl	78,5	1,104	161,15	324,15
127	Acetylbromid (Essigsäurebromid)	CH_3COBr	Fl	123,0	1,663	177,15	349,85
128	Acetyljodid (Essigsäurejodid)	CH_3COJ	Fl	170,0	1,980	273,15	381,15
129	Acetamid	CH_3CONH_2	F	59,1	1,159	355,30	494,25
130	Acetanilid	$CH_3CONHC_6H_5$	F	135,2	1,211	388,15	577,15
131	Ameisensäuremethylester	HCO_2CH_3	Fl	60,1	0,974	174,15	305,15
132	Essigsäuremethylester	$CH_3CO_2CH_3$	Fl	74,1	0,972	175,10	330,05
133	Propionsäuremethylester	$CH_3CH_2CO_2CH_3$	Fl	88,1	0,915	185,65	352,91
134	Essigsäureäthylester	$CH_3CO_2CH_2CH_3$	Fl	88,1	0,901	233,65	350,25
135	Propionsäureäthylester	$CH_3CH_2CO_2CH_2CH_3$	Fl	102,1	0,890	199,20	372,25
136	Acetessigsäureäthylester	$CH_3COCH_2O_2C_2H_5$	Fl	129,1	1,027	193,15	454,15
137	Essigsäureanhydrid	$(CH_3CO)_2O$	Fl	102,1	1,082	200,10	413,15
	Verschiedene						
138	Harnstoff	NH_2CONH_2	F	60,1	1,32	405,9	zerf

ΔH_{VB}^{298} kJ mol^{-1}	ΔH_f^{298} kJ mol^{-1}	ΔG_f^{298} kJ mol^{-1}	S^{298} J mol^{-1}K^{-1}	n	$\dfrac{p}{p^{298}}$	ε_r	Anmerkungen (siehe S. 58), Synonyme	
	−273,8	−208,0	200,8		2,45	15,8	KOR HT GIFT (1) FEU zerf in H$_2$O	126
						—	KOR HT GIFT	127
	−223,4					—		128
	−164,3				3,44	$59^{356K,400MHz}$		129
−1182,4						—		130
−4227,5	−318,0							131
−975,3						8,5		132
−1592,8				1,3614	1,72	6,68		133
−2245,6						5,5		134
−2238,0	−485,8			1,3728	1,78	6,02		135
−2890,3				1,3793		—		136
−2890,3						—	Acetessigester	
−1807,1	−637,2				2,8‡	$20{,}7^{292K}$		137
	−332,8	−205,2	104,6	1,484				138

‡ Wert unsicher.

Thermochemische Standarddaten für Ionen in wäßriger Lösung

ΔH_f^{298} molare Standard-Bildungsenthalpie
ΔG_f^{298} molare Standard-Gibbs-Energie (freie Enthalpie)
S^{298} molare Standardentropie
ΔH_H^{298} Standard-Hydrationsenthalpie

Die angegebenen Werte beziehen sich auf den international akzeptierten Standardzustand für Ionen in wäßriger Lösung bei 298 K, was Extrapolation zu unendlicher Verdünnung und andere Eichungen gemessener Daten einschließt. Der Standardzustand ist im allgemeinen beschrieben als hypothetisch ideale Lösung der Molalität 1 mol kg⁻¹. ΔH_f^{298}, ΔG_f^{298} und S^{298} sind für H⁺ nach Konvention alle Null.

	Ion	ΔH_f^{298} kJ mol⁻¹	ΔG_f^{298} kJ mol⁻¹	S^{298} J mol⁻¹ K⁻¹	ΔH_a^{298} kJ mol⁻¹
1	Ag^+	105,6	77,1	72,8	− 464.4
2	$Ag(NH_3)_2^+$	− 111,7	− 16,9		
3	Ag^{2+}		264,2		
4	$Ag(CN)_2^-$	269,9	301,5	205,0	−
5	Al^{3+}	− 524,6	− 481,1	− 313,3	− 4613.3
6	AlF_6^{3-}	− 2522,4	− 2267,6		−
7	$Al(OH)_4^-$	− 1490,2	− 1308,2		−
8	Au^+		161,9		
9	Au^{3+}		410,9		
10	$AuCl_4^-$	− 325,4	653,5	255,2	−
11	$Au(CN)_2^-$	244,3	215,5	414,2	−
12	Ba^{2+}	− 538,3	− 559,7	12,6	− 1272.8
13	Be^{2+}	− 389,0	− 329,2		
14	Br^-	− 121,4	− 103,9	82,4	− 351.0
15	Br_3^-	− 125,7	− 107,0	215,5	
16	Br_5^-	− 142,2	− 103,7	316,7	
17	Br_2Cl^-	− 170,2	− 128,3	123,4	−
18	BrO^-	− 94,0	− 33,4	41,8	−
19	BrO_3^-	− 83,6	1,7	163,2	−
20	CO_3^{2-}	− 677,0	− 527,8	− 56,8	−
21	HCO_3^-	− 587,0	− 690,6	95,0	−
22	CN^-	150,6	171,5	94,1	−
23	CNO^-	− 145,9	− 97,4	106,7	−
24	CNS^-	76,4	92,7	144,3	−
25	HCO_2^- [A]	− 409,9	− 334,6	91,6	−
26	$C_2H_3O_2^-$ [B]	− 488,8			−
27	$C_2O_4^{2-}$	− 824,1	− 674,8	51,0	−
28	$HC_2O_4^-$	− 817,9	− 699,0	153,6	
29	Ca^{2+}	− 543,0	− 553,0	− 55,1	− 1561,5
30	Cd^{2+}	− 72,3	− 77,6	− 61,0	− 1774,8
31	$Cd(NH_3)_4^{2+}$		− 220,8		−
32	Cl^-	− 167,1	− 131,2	56,5	− 384,1
33	ClO^-	− 107,0	− 36,7	41,8	−
34	ClO_2^-	− 66,4	17,2	101,3	−
35	ClO_3^-	− 99,1	− 3,2	162,3	−
36	ClO_4^-	− 129,2	− 8,5	182,0	−
37	Co^{2+}	− 67,3	− 51,4	− 155,1	− 2023,4
38	Co^{3+}		123,8		
39	Cr^{2+}	− 138,8	− 164,7		− 1818,8
40	Cr^{3+}	5481,0	− 204,9		
41	$Cr(H_2O)_6^{3+}$	− 1970,6			−
42	CrO_4^{2-}	− 863,1	− 706,2	38,5	−
43	$HCrO_4^-$	− 890,3	− 742,6	69,0	−
44	$Cr_2O_7^{2-}$	− 1460,5	− 1257,2	213,8	−
45	Cs^+	− 247,6	− 281,9	133,1	− 247,7
46	Cu^+	51,9	50,4	− 26,3	
47	Cu^{2+}	64,4	65,0	− 98,6	− 2069,4
48	F^-	− 332,5	− 278,7	− 13,7	− 457,3
49	Fe^{2+}	− 87,8	− 84,9	− 113,3	− 1889,1
50	Fe^{3+}	− 47,6	− 9,7	− 305,8	− 4330,4
51	$Fe(CN)_6^{3-}$	640,2	719,6		−
52	$Fe(CN)_6^{4-}$	530,1	686,2		−

[A] Formiat-Ion (Anion der Ameisensäure)   [B] Acetat-Ion

	ΔH_f^{298}	ΔG_f^{298}	S^{298}	ΔH_a^{298}
Ion	kJ mol^{-1}	kJ mol^{-1}	J mol^{-1} K^{-1}	kJ mol^{-1}
53 H		$-215,4^{H}$		$-1075,3^{H}$
54 Hg_2^{2+}		153,9		
55 Hg_2^{3+}		164,8		
56 I^-	$-13,2$	$-51,5$	111,3	$-306,7$
57 I_3^-	$-51,4$	$-51,4$	239,3	
58 IO^-	$-107,4$	$-38,4$	$-5,3$	—
59 IO_3^-	$-221,2$	$-127,9$	118,4	
60 IO_4^-	$-147,2$			—
61 ICl^-		$-161,0$		—
62 I_2Cl^-		$-132,5$		—
63 IBr_2^-		$-122,9$		—
64 I_2Br^-	$-127,9$	$-109,9$	197,5	—
65 K^+	$-252,3$	$-283,2$	102,5	$-305,4$
66 Li^+	$-278,3$	$-293,7$	14,2	$-499,1$
67 Mg^{2+}	$-461,8$	$-455,9$	$-117,9$	$-1891,2$
68 Mn^{2+}	$-218,7$	$-223,3$	$-83,6$	$-1814,2$
69 MnO_4^-	$-518,3$	$-425,0$	190,0	—
70 NH_4^+	$-132,4$	$-79,3$	113,4	$-280,7$
71 $N_2H_5^+$	$-7,4$	82,4	150,6	—
72 NO_2^-	$-104,5$	$-37,1$	140,2	—
73 NO_3^-	$-207,3$	$-111,2$	146,4	—
74 Na^+	$-240,0$	$-261,8$	59,0	$-389,9$
75 Ni^{2+}	$-63,9$	$-46,3$	$-159,3$	$-2074,8$
76 OH^-	$-229,9$	$-157,2$	$-10,7$	$-460,2$
77 HO_2^-	$-160,2$	$-67,3$	23,8	—
78 PO_3^-	$-976,9$			—
79 PO_4^{3-}	$-1279,8$	$-1020,8$	$-221,7$	—
80 $P_2O_7^{4-}$	179,1	$-1923,7$	$-104,5$	—
81 HPO_4^{2-}	$-1294,3$	$-1091,5$	$-33,4$	—
82 $H_2PO_4^-$	$-1298,5$	$-1132,6$	90,4	—
83 HPO_3^{2-}	$-968,9$			—
84 $H_2PO_3^-$	$-969,3$			—
85 $H_2PO_2^-$	$-613,7$			—

	ΔH_f^{298}	ΔG_f^{298}	S^{298}	ΔH_a^{298}
Ion	kJ mol^{-1}	kJ mol^{-1}	J mol^{-1} K^{-1}	kJ mol^{-1}
86 PH_4^+		67,8		—
87 Pb^{2+}	1,6	$-24,2$	21,3	$-1448,9$
88 Pb^{3+}		302,1		
89 Pt^{2+}		230,1		
90 $PtCl_4^{2-}$	$-516,2$	$-384,4$	384,9	
91 $PtCl_6^{2-}$	$-700,3$	$-515,0$	220,1	—
92 Rb^+	$-250,1$	$-282,1$	124,3	$-280,7$
93 S^{2-}	33,1	85,8	$-14,5$	
94 S_2^{2-}	30,1	79,5	28,5	
95 S_3^{2-}	25,9	73,6	66,1	
96 S_4^{2-}	23,0	69,0	103,3	
97 S_5^{2-}	21,3	65,7	140,6	
98 HS^-	$-17,5$	$-11,9$	62,8	—
99 SO_3^{2-}	$-635,4$	$-486,5$	$-29,2$	—
100 HSO_3^-	$-626,1$	$-527,7$	139,7	—
101 SO_4^{2-}	$-909,2$	$-744,5$	20,1	—
102 HSO_4^-	$-887,2$	$-755,9$	131,8	—
103 $S_2O_3^{2-}$	$-652,2$	$-518,7$	121,3	—
104 $S_4O_6^{2-}$	$-1224,1$	$-1030,4$	259,4	—
105 SeO_4^{2-}	$-599,0$	$-441,3$	54,0	—
106 $HSeO_4^-$	$-581,5$	$-452,2$	149,4	—
107 Sn^{2+}	$-8,7$	$-26,2$		
108 Sn^{4+}	30,5	15,3		
109 Sr^{2+}	$-545,5$	$-557,2$	$-39,2$	$-1413,8$
110 TeO_3^{2-}	$-596,5$			
111 $Te(OH)_3^+$	$-608,3$	$-496,1$	111,7	—
112 Ti^{2+}		$-337,5$		
113 Ti^{3+}		$-302,0$		
114 U^{2+}		$-292,8$		
115 U^{3+}		$-312,0$		
116 Zn^{2+}	$-152,3$	$-147,1$	$-106,4$	$-2013,3$
117 $Zn(OH)_4^{2-}$		$-863,5$		—
118 $Zn(NH_3)_4^{2+}$		$-304,1$		—

Literaturhinweis: R7. $\Delta H_H^{\ominus}$ R62.

Standardelektrodenpotentiale

E^{298} Standardelektrodenpotential dE^{298}/dT Temperaturkoeffizient von E^{298} p Partialdruck

In jedem Fall ist die angegebene Voltzahl die Spannung einer Zelle, in der das System Pt $[H_2$(g)$]$\|2H$^+$(wss) die **linke Elektrode** bildet.

Elektrodensystem	E^{298}/V	$(dE^{298}/dT)/mV\,K^{-1}$
[$\tfrac{3}{2}$N$_2$(g) + H$^+$(wss)], [HN$_3$(g)]|Pt	−3,40	−1,193
Li$^+$(wss)|Li(f)	−3,03	−0,534
Rb$^+$(wss)|Rb(f)	−2,93	−1,245
K$^+$(wss)|K(f)	−2,92	−1,080
Ca^{2+}(wss)|Ca(f)	−2,87	−0,175
Na$^+$(wss)|Na(f)	−2,71	−0,772
Mg^{2+}(wss)|Mg(f)	−2,37	+0,103
Ce^{3+}(wss)|Ce(f)	−2,33	+0,101
Th^{4+}(wss)|Th(f)	−1,90	+0,280
Be^{2+}(wss)|Be(f)	−1,85	+0,565
U^{3+}(wss)|U(f)	−1,80	−0,070
Al^{3+}(wss)|Al(f)	−1,66	+0,504
Mn^{2+}(wss)|Mn(f)	−1,19	−0,080
[SO$_4^{2-}$(wss) + H$_2$O(fl)], [SO$_3^{2-}$(wss) + 2OH$^-$(wss)]|Pt	−0,93	−1,389
Zn^{2+}(wss)|Zn(f)	−0,76	+0,091
Cr^{3+}(wss)|Cr(f)	−0,74	+0,468
[As(f) + 3H$^+$(wss)], AsH$_3$(g)|Pt	−0,60	−0,050
$E^{298} = -0,60 - 0,0591\,\mathrm{pH} - 0,0197\,\lg p(AsH_3)$		
[2SO$_3^{2-}$(wss) + 3H$_2$O(fl)], [S$_2$O$_3^{2-}$(wss) + 6OH$^-$(wss)]|Pt	−0,58	−1,146
Fe(OH)$_3$(f), [Fe(OH)$_2$(f) + OH$^-$(wss)]|Pt	−0,56	−0,96
[H$_3$PO$_3$(wss) + 2H$^+$(wss)], [H$_3$PO$_2$(wss) + H$_2$O(fl)]|Pt	−0,499	−0,36
$E^{298} = -0,499 - 0,0591\,\mathrm{pH} + 0,0295\,\lg([H_3PO_3]/[H_3PO_2])$		
S(f), S^{2-}(wss)|Pt	−0,48	−0,93
Fe^{2+}(wss)|Fe(f)	−0,44	+0,052
Cr^{3+}(wss), Cr^{2+}(wss)|Pt	−0,41	
Cd^{2+}(wss)|Cd(f)	−0,40	−0,093
[Se(f) + 2H$^+$(wss)], H$_2$Se(g)|Pt	−0,40	−0,28
$E^{298} = -0,399 - 0,0591\,\mathrm{pH} - 0,0295\,\lg[H_2Se]$		
Ti^{3+}(wss), Ti^{2+}(wss)|Pt	−0,37	
PbSO$_4$(f), [Pb(f) + SO$_4^{2-}$(wss)]|Pt	−0,36	−1,015
Co^{2+}(wss)|Co(f)	−0,28	+0,06
$E^{298} = -0,277 + 0,0295\,\lg[Co^{2+}]$		
[H$_3$PO$_4$(wss) + 2H$^+$(wss)], [H$_3$PO$_3$(wss) + H$_2$O(fl)]|Pt	−0,276	−0,36
$E^{298} = -0,276 - 0,0591\,\mathrm{pH} + 0,0295\,\lg([H_3PO_4]/[H_3PO_3])$		
Ni^{2+}(wss)|Ni(f)	−0,250	+0,06
[2SO$_4^{2-}$(wss) + 4H$^+$(wss)], [S$_2$O$_6^{2-}$(wss) + 2H$_2$O(fl)]|Pt	−0,22	+0,52
Sn^{2+}(wss)|Sn(weiß, f)	−0,14	−0,282
Pb^{2+}(wss)|Pb(f)	−0,13	−0,451
[CrO$_4^{2-}$(wss) + 4H$_2$O(fl)], [Cr(OH)$_3$(f) + 5OH$^-$(wss)]|Pt	−0,13	−1,675
[CO$_2$(g) + 2H$^+$(wss)], [CO(g) + H$_2$O(fl)]|Pt	−0,10	
$E^{298} = -0,103 - 0,0591\,\mathrm{pH} + 0,0295\,\lg(p_{CO_2}/p_{CO})$		

Elektrodensystem	E^{298}/V	$(\mathrm{d}E^{298}/\mathrm{d}T)/\mathrm{mV\,K^{-1}}$
$2H^+(wss)|[H_2(g)]\,Pt$	$\pm 0{,}00$	$\pm 0{,}000$
$[HCO_2H(wss) + H^+(wss)], [H_2O(fl) + HCHO(wss)]|Pt$ $E^{298} = +0{,}056 - 0{,}0591\,pH + 0{,}0295\,lg([HCO_2H]/[HCHO])$	$+0{,}06$	
$[2H^+(wss) + S(f)], H_2S(wss)|Pt$ $E^{298} = +0{,}142 - 0{,}0591\,pH - 0{,}0295\,lg[H_2S]$	$+0{,}14$	$-0{,}209$
$[Sn^{4+}(wss)\ 1{,}0M\ HCl], [Sn^{2+}(wss)\ (1{,}0M\ HCl)]|Pt$	$+0{,}15$	
$Cu^{2+}(wss), Cu^+(wss)|Pt$	$+0{,}15$	$+0{,}073$
$[4H^+(wss) + SO_4^{2-}(wss)], [H_2SO_3(wss) + H_2O(fl)]|\,Pt$	$+0{,}17$	$+0{,}81$
$AgCl(f), [Ag(f) + Cl^-(wss)]|Pt$	$+0{,}22$	$-0{,}658$
$[PbO_2(f) + 2H_2O(fl)], [Pb(OH)_2(f) + 2OH^-(wss)]|Pt$	$+0{,}25$	$-1{,}194$
$[HAsO_2(wss) + 3H^+(wss)], [As(f) + 2H_2O(fl)]|Pt$ $E^{298} = 0{,}248 - 0{,}0591\,pH + 0{,}0197\,lg[HAsO_2]$	$+0{,}25$	$-0{,}510$
$Hg_2Cl_2(f), [2Hg(f) + 2Cl^-(wss)]|Pt$	$+0{,}27$	$-0{,}317$
$[PbO_2(f) + H_2O(fl)], [PbO(f) + 2OH^-(wss)]|Pt$	$+0{,}28$	
$Cu^{2+}(wss)|Cu(f)$	$+0{,}34$	$+0{,}008$
$Fe(CN)_6^{3-}(wss), Fe(CN)_6^{4-}(wss)|Pt$	$+0{,}36$	
$[O_2(g) + 2H_2O(fl)], 4OH^-(wss)|Pt$	$+0{,}40$	$-1{,}680$
$[2H_2SO_3(wss) + 2H^+(wss)], [S_2O_3^{2-}(wss) + 3H_2O(fl)]|Pt$	$+0{,}40$	$-1{,}26$
$[S_2O_3^{2-}(wss) + 6H^+(wss)], [2S(f) + 3H_2O(fl)]|Pt$ $E^{298} = +0{,}465 - 0{,}0887\,pH + 0{,}0148\,lg[S_2O_3^{2+}]$	$+0{,}47$	
$[IO^-(wss) + H_2O(fl)], [I^-(wss) + 2OH^-(wss)]|Pt$	$+0{,}49$	
$[4H_2SO_3(wss) + 4H^+(wss)], [S_4O_6^{2-}(wss) + 6H_2O(fl)]|Pt$ $E^{298} = +0{,}509 - 0{,}0394\,pH + 0{,}0098\,lg([H_2SO_3]^4/[S_4O_6^{2-}])$	$+0{,}51$	$-1{,}31$
$Cu^+(wss)|Cu(f)$	$+0{,}52$	$-0{,}058$
$[TeO_2(f) + 4H^+(wss)], [Te(f) + 2H_2O(fl)]|Pt$	$+0{,}53$	$-0{,}370$
$I_2(wss), 2I^-(wss)|Pt$	$+0{,}54$	$-0{,}148$
$[H_3AsO_4(wss) + 2H^+(wss)], [HAsO_2(wss) + 2H_2O(fl)]|Pt$ $E^{298} = +0{,}560 - 0{,}0591\,pH + 0{,}0295\,lg([H_3AsO_4]/[HAsO_2])$	$+0{,}56$	$-0{,}364$
$[S_2O_6^{2-}(wss) + 4H^+(wss)], 2H_2SO_3(wss)|Pt$ $E^{298} = +0{,}57 - 0{,}1182\,pH + 0{,}0295\,lg([S_2O_6^{2-}]/[H_2SO_2]^2)$	$+0{,}57$	$+1{,}10$
$[Sb_2O_5(f) + 6H^+(wss)], [2SbO^+(wss) + 3H_2O(fl)]|Pt$ $E^{298} = +0{,}581 - 0{,}0886\,pH - 0{,}0295\,lg[SbO^+]$	$+0{,}58$	
$[MnO_4^{2-}(wss) + 2H_2O(fl)], [MnO_2(f) + 4OH^-(wss)]|Pt$	$+0{,}59$	$-1{,}778$
$[2H^+(wss) + O_2(g)], H_2O_2(wss)|Pt$ $E^{298} = 0{,}682 - 0{,}0591\,pH + 0{,}0295\,lg(p_{O_2}/[H_2O_2])$	$+0{,}68$	$-1{,}033$
$[C_6H_4O_2(wss) + 2H^+(wss)], C_6H_4(OH)_2(wss)|Pt$	$+0{,}70$	$-0{,}731$
$Fe^{3+}(wss), Fe^{2+}(wss)|Pt$	$+0{,}77$	$+1{,}188$
$Hg_2^{2+}(wss)|Hg(f)$	$+0{,}79$	
$Ag^+(wss)|Ag(f)$	$+0{,}80$	$-1{,}000$
$[2NO_3^-(wss) + 4H^+(wss)], [N_2O_4(g) + 2H_2O(fl)]|Pt$	$+0{,}80$	$+0{,}107$
$[ClO^-(wss) + H_2O(fl)], [Cl^-(wss) + 2OH^-(wss)]|Pt$	$+0{,}89$	$-1{,}079$
$2Hg^{2+}(wss), Hg_2^{2+}(wss)|Pt$	$+0{,}92$	
$[NO_3^-(wss) + 3H^+(wss)], [HNO_2(wss) + H_2O(fl)]|Pt$	$+0{,}94$	$-0{,}80$
$[HNO_2(wss) + H^+(wss)], [NO(g) + H_2O(fl)]|Pt$	$+0{,}99$	

Elektrodensystem

	E^{298}/V	$(\mathrm{d}E^{298}/\mathrm{d}T)/\text{mV K}^{-1}$
$[\text{HIO (wss)} + \text{H}^+\text{(wss)}], [\text{I}^-\text{(wss)} + \text{H}_2\text{O (fl)}]\mid\text{Pt}$ *$E^{298} = +0{,}987 - 0{,}0295\,\text{pH} + 0{,}0295\,\lg([\text{HIO}]/[\text{I}^-])$*	$+0{,}99$	
$[\text{VO}_2^+\text{ (wss)} + 2\text{H}^+\text{(wss)}], [\text{VO}^{2+}\text{(wss)} + \text{H}_2\text{O (fl)}]\mid\text{Pt}$	$+1{,}00$	
$[\text{H}_6\text{TeO}_6\text{ (f)} + 2\text{H}^+\text{(wss)}], [\text{TeO}_2 + 4\text{H}_2\text{O (fl)}]\mid\text{Pt}$	$+1{,}02$	$+0{,}13$
$[\text{N}_2\text{O}_4\text{ (g)} + 4\text{H}^+\text{(wss)}], [2\text{NO (g)} + 2\text{H}_2\text{O (fl)}]\mid\text{Pt}$	$+1{,}03$	$-0{,}011$
$\text{Br}_2\text{ (fl)}, 2\text{Br}^-\text{(wss)}\mid\text{Pt}$	$+1{,}07$	$-0{,}629$
$\text{Br}_2\text{ (wss)}, 2\text{Br}^-\text{(wss)}\mid\text{Pt}$	$+1{,}09$	$-0{,}478$
$[2\text{IO}_3^-\text{ (wss)} + 12\text{H}^+\text{(wss)}], [\text{I}_2\text{ (wss)} + 6\text{H}_2\text{O (fl)}]\mid\text{Pt}$ *$E^{298} = +1{,}19 - 0{,}0709\,\text{pH} + 0{,}0059\,\lg([\text{IO}_3^-]^2/[\text{I}_2])$*	$+1{,}19$	$-0{,}364$
$[\text{MnO}_2\text{ (f)} + 4\text{H}^+\text{(wss)}], [\text{Mn}^{2+}\text{(wss)} + 2\text{H}_2\text{O (fl)}]\mid\text{Pt}$	$+1{,}23$	$-0{,}661$
$\text{Tl}^{3+}\text{(wss)}, \text{Tl}^+\text{(wss)}\mid\text{Pt}$	$+1{,}25$	$+0{,}89$
$[\text{Cr}_2\text{O}_7^{2-}\text{ (wss)} + 14\text{H}^+\text{(wss)}], [2\text{Cr}^{3+}\text{(wss)} + 7\text{H}_2\text{O (fl)}]\mid\text{Pt}$ *$E^{298} = 1{,}333 - 0{,}1379\,\text{pH} + 0{,}0098\,\lg([\text{Cr}_2\text{O}_7^{2-}]/[\text{Cr}^{3+}]^2)$*	$+1{,}33$	$-1{,}263$
$\text{Cl}_2\text{ (wss)}, 2\text{Cl}^-\text{(wss)}\mid\text{Pt}$	$+1{,}36$	$-1{,}260$
$[\text{PbO}_2\text{ (f)} + 4\text{H}^+\text{(wss)}], [\text{Mn}^{2+}\text{(wss)} + 4\text{H}_2\text{O (fl)}]\mid\text{Pt}$	$+1{,}46$	$-0{,}238$
$\text{Mn}^{3+}\text{(wss)}, \text{Mn}^{2+}\text{(wss)}\mid\text{Pt}$	$+1{,}51$	$+1{,}23$
$[\text{MnO}_4^-\text{ (wss)} + 8\text{H}^+\text{(wss)}], [\text{Mn}^{2+}\text{(wss)} + 4\text{H}_2\text{O (fl)}]\mid\text{Pt}$	$+1{,}51$	$-0{,}66$
$2\text{BrO}_3^-\text{ (wss)}, [\text{Br}_2\text{ (wss)} + 6\text{H}_2\text{O (fl)}]\mid\text{Pt}$ *$E^{298} = +1{,}52 - 0{,}0709\,\text{pH} + 0{,}0059\,\lg([\text{BrO}_3]^2/[\text{Br}_2])$*	$+1{,}52$	$-0{,}418$
$[2\text{HBrO (wss)} + 2\text{H}^+\text{(wss)}], [\text{Br}_2\text{ (wss)} + 2\text{H}_2\text{O (fl)}]\mid\text{Pt}$ *$E^{298} = +1{,}574 - 0{,}0591\,\text{pH} + 0{,}0295\,\lg([\text{HBrO}]^2/[\text{Br}_2])$*	$+1{,}57$	
$[2\text{HClO (wss)} + 2\text{H}^+\text{(wss)}], [\text{Cl}_2\text{ (wss)} + 2\text{H}_2\text{O (fl)}]\mid\text{Pt}$	$+1{,}59$	
$[2\text{HBrO (wss)} + 2\text{H}^+\text{(wss)}], [\text{Br}_2\text{ (fl)} + 2\text{H}_2\text{O (fl)}]\mid\text{Pt}$ *$E^{298} = +1{,}596 - 0{,}0591\,\text{pH} + 0{,}0591\,\lg([\text{HBrO}])$*	$+1{,}60$	
$[\text{H}_5\text{IO}_6\text{ (wss)} + \text{H}^+\text{(wss)}], [\text{IO}_3^-\text{ (wss)} + 3\text{H}_2\text{O (fl)}]\mid\text{Pt}$	$+1{,}60$	
$[2\text{HClO (wss)} + 2\text{H}^+\text{(wss)}], [\text{Cl}_2\text{ (g)} + 2\text{H}_2\text{O (fl)}]\mid\text{Pt}$ *$E^{298} = +1{,}630 - 0{,}0591\,\text{pH} + 0{,}0295\,\lg([\text{HClO}]^2/p_{\text{Cl}_2})$*	$+1{,}63$	
$[2\text{HCl (wss)} + 6\text{H}^+\text{(wss)}], [\text{Cl}_2\text{ (g)} + 4\text{H}_2\text{O (fl)}]\mid\text{Pt}$	$+1{,}64$	
$[2\text{ClO}_2^-\text{ (wss)} + 8\text{H}^+\text{(wss)}], [\text{Cl}_2\text{ (g)} + 4\text{H}_2\text{O (fl)}]\mid\text{Pt}$	$+1{,}68$	
$[\text{Cl}_2\text{O (g)} + 2\text{H}^+\text{(wss)}], [\text{Cl}_2\text{ (g)} + \text{H}_2\text{O (fl)}]\mid\text{Pt}$	$+1{,}68$	
$[\text{PbO}_2\text{(f)} + \text{SO}_4^{2-}\text{ (wss)} + 4\text{H}^+\text{(wss)}], [\text{PbSO}_4\text{(f)} + 2\text{H}_2\text{O (fl)}]\mid\text{Pt}$	$+1{,}69$	$+0{,}326$
$[\text{MnO}_4^-\text{ (wss)} + 4\text{H}^+\text{(wss)}], [\text{MnO}_2\text{ (f)} + 2\text{H}_2\text{O (fl)}]\mid\text{Pt}$ *$E^{298} = +1{,}695 - 0{,}0788\,\text{pH} + 0{,}0197\,\lg[\text{MnO}_4^-]$*	$+1{,}70$	$-0{,}666$
$\text{Ce}^{4+}\text{(wss)}, \text{Ce}^{3+}\text{(wss)}\mid\text{Pt}$	$+1{,}70\text{(in M HClO}_4)$	
$[\text{H}_2\text{O}_2\text{ (wss)} + 2\text{H}^+\text{(wss)}], 2\text{H}_2\text{O (fl)}\mid\text{Pt}$ *$E^{298} = 1{,}776 - 0{,}0591\,\text{pH} + 0{,}0295\,\lg[\text{H}_2\text{O}_2]$*	$+1{,}77$	$-0{,}658$
$\text{Co}^{3+}\text{(wss)}, \text{Co}^{2+}\text{(wss)}\mid\text{Pt}$	$+1{,}81\text{(in M HNO}_3)$	
$\text{Ag}^{2+}\text{(wss)}, \text{Ag}^+\text{(wss)}\mid\text{Pt}$	$+1{,}98$	
$\text{S}_2\text{O}_8^{2-}\text{ (wss)}, 2\text{SO}_4^{2-}\text{ (wss)}\mid\text{Pt}$ *$E^{298} = +2{,}010 + 0{,}0295\,\lg([\text{S}_2\text{O}_8^{2-}]/[\text{SO}_4^{2-}]^2)$*	$+2{,}01$	$-1{,}26$
$[\text{O}_3\text{ (g)} + 2\text{H}^+\text{(wss)}], [\text{O}_2\text{ (g)} + \text{H}_2\text{O (fl)}]\mid\text{Pt}$ *$E^{298} = +2{,}076 - 0{,}0591\,\text{pH} + 0{,}0295\,\lg(p_{\text{O}_3}/p_{\text{O}_2})$*	$+2{,}08$	$-0{,}483$
$[\text{F}_2\text{O (g)} + 2\text{H}^+\text{(wss)}], [2\text{F}^-\text{(wss)} + \text{H}_2\text{O (fl)}]\mid\text{Pt}$	$+2{,}15$	$-1{,}184$
$[\text{FeO}_4^{2-}\text{ (wss)} + 8\text{H}^+\text{(wss)}], [\text{Fe}^{3+}\text{(wss)} + 4\text{H}_2\text{O (fl)}]\mid\text{Pt}$	$+2{,}20$	$-0{,}85$
$\text{F}_2\text{ (g)}, 2\text{F}^-\text{(wss)}\mid\text{Pt}$	$+2{,}87$	$-1{,}830$
$[\text{H}_4\text{XeO}_6\text{ (wss)} + 2\text{H}^+\text{(wss)}], [\text{XeO}_3\text{ (g)} + 3\text{H}_2\text{O (fl)}]\mid\text{Pt}$	$+3{,}0$	
$[\text{F}_2\text{ (g)} + 2\text{H}^+\text{(wss)}], 2\text{HF (wss)}\mid\text{Pt}$	$+3{,}06$	$-0{,}60$

Literaturhinweis: R 68, R 74, R 75.

Standardbildungsenthalpien einiger wäßriger Lösungen

Z — Molverhältnis der Lösung $= n\,(\mathrm{H_2O})/\imath$ (gelöster Stoff), wobei n für die molare Substanzmenge steht

ΔH_f^{298} — molare Bildungsenthalpie der Lösung von Elementen des gelösten Stoffes und reinem Wasser

Alle Werte von ΔH_f^{298} sind negativ. Obere Indizes kennzeichnen die Werte von Z, die nicht Standardwerte sind

$\Delta H_f^{298}/\mathrm{kJ\,mol^{-1}}$

Nr	Z	1	2	5	10	20	50	100	200	500	1000	2000	∞
1	H_2O_2	189,81	190,46	190,95	191,08	191,15	191,15						191,17
2	HF		317,11	318,67	318,97	$319{,}21^{25}$	319,31	319,41	319,48	319,75	320,21	321,33	332,63
3	HCl	121,55	140,96	155,77	161,32	163,85	165,36	165,92	166,27	166,57	166,73	166,85	167,16
4	$HClO_4$		106,27	126,23	129,79	130,04	129,54	129,24	129,08	129,03	129,03	129,08[A]	129,33
5	HBr	72,72	93,72	111,74	116,96	119,08	120,16	120,56	120,81	121,03	121,16	121,26	121,55
6	HI		$35{,}82^{3}$	46,40	51,61	53,53	54,21	54,56	54,60	54,74	54,84	54,92	55,19
7	HIO_3							216,31	216,73	$217{,}57^{400}$	$218{,}41^{800}$		
8	SO_2							326,58	327,84	329,75	331,38	333,22	$337{,}15^{104}$
9	H_2SO_3							612,41	613,67	615,58	617,21	619,01	$622{,}99^{104}$
10	H_2SO_4	841,79	855,44	872,48	880,13	884,92	886,77	887,64	888,63	890,49	892,34	894,29	909,27
11	NH_3	75,36	77,66	79,27	79,81	80,02	80,15	80,19		80,22	80,21	$80{,}14^{5000}$	79,69
12	NH_4OH	363,49	364,33	365,29	365,66	365,86	365,99	366,03	366,04	366,05	366,04	366,02	362,50
13	HNO_3	187,63	194,56	202,77	205,82	$206{,}82^{25}$	206,85	206,86		206,97	207,04	207,11	207,36
14	NH_4NO_3		$349{,}30^{3}$	347,48	345,05	$342{,}53^{25}$	341,15	340,23	339,87	339,67	339,64	339,67	339,87
15	NH_4Cl			$299{,}53^{8}$	299,44	299,21	299,09	299,10	299,17	299,27	299,35	299,42	299,66
16	H_3PO_4	$1271{,}77^{0{,}75}$	1278,63	1283,94	1286,50	1287,96	1288,95	1289,41	1289,83	1290,36	1290,90	1291,58	1296,71
17	$ZnCl_2$		$444{,}76^{4}$	448,57	455,97	$464{,}43^{25}$	470,91	476,98	480,57	$482{,}12^{400}$	$482{,}96^{800}$		487,35
18	$ZnSO_4$	1052,61			$1052{,}61^{18}$	1053,15	1054,61	1054,95	1055,34	1055,83	1056,30		1059,93
19	$Zn(NO_3)_2$	$505{,}85^{1{,}5}$	513,80	542,37	560,15	564,97	565,17	564,80	564,97	$565{,}59^{400}$			
20	$CuCl_2$				232,13	240,50	247,61	250,96	253,22	$254{,}97^{400}$	256,23	256,90	
21	$CuSO_4$						836,79	837,26	837,64	838,23	838,85	839,48	843,12
22	$Cu(NO_3)_2$				347,73	351,67	351,50	350,95	350,79	$350{,}62^{400}$	$350{,}62^{800}$		
23	$MnSO_4$					1115,12	1117,46	1119,09	1120,31	$1121{,}31^{400}$	1122,48	1123,03	1126,75
24	$MgCl_2$				776,76	786,80	791,36	792,83	793,79	794,67	795,17	795,59	796,88
25	$CaCl_2$					$872{,}41^{25}$	873,87	874,69	875,29	875,79	876,17		877,89
26	LiCl		429,36	436,94	441,64	443,45	444,43	444,97	445,09	$445{,}30^{400}$	$445{,}46^{800}$		445,92
27	NaCl			$409{,}11^{8}$	409,06	408,24	407,27	406,89	406,75	$406{,}74^{400}$	406,80	406,86	407,11
28	$NaNO_3$			$453{,}84^{6}$	452,29	$449{,}57^{25}$	447,77	446,98	446,43	446,09	446,03	446,03	446,22
29	NaOH		$455{,}61^{3}$	464,49	469,23	469,59	469,25	469,06	469,03	469,10	469,19	469,29	469,60
30	KOH		$467{,}65^{3}$	474,09	478,49	479,81	480,19	480,31	480,42	480,59	480,72	480,84	481,16
31	KCl							418,46	418,29	$418{,}29^{400}$	$418{,}33^{800}$	$418{,}43^{3200}$	418,65

A   auch $129{,}16^{104}$ *Literaturhinweis:* R 7.

Löslichkeitsprodukte für Ionen in wäßriger Lösung

$$A_p B_q\,(f) \rightleftharpoons pA^+(wss) + qB^-(wss) \qquad\qquad L = [A^+(wss)]^p\,[B^-(wss)]^q$$

Nr.	Gleichgewicht	L^{298} / $\mathrm{mol^{(p+q)}\,dm^{-3(p+q)}}$	$p+q$
1	$Al(OH)_3\,(f) \rightleftharpoons Al^{3+}(wss) + 3OH\,(wss)$	$1{,}0 \cdot 10^{-32}$	4
2	$Au(OH)_3\,(f) \rightleftharpoons Au^{3+}(wss) + 3OH^-(wss)$	$5{,}5 \cdot 10^{-46}$	4
3	$As(OH)_3\,(f) \rightleftharpoons As^{3+}(wss) + 3OH^-(wss)$	$2{,}0 \cdot 10^{-1}$	4
4	$BaSO_4\,(f) \rightleftharpoons Ba^{2+}(wss) + SO_4^{2-}(wss)$	$1{,}0 \cdot 10^{-10}$	2
5	$BaC_2O_4\,(f) \rightleftharpoons Ba^{2+}(wss) + C_2O_4^{2-}(wss)$	$1{,}7 \cdot 10^{-7}$	2
6	$BaCO_3\,(f) \rightleftharpoons Ba^{2+}(wss) + CO_3^{2-}(wss)$	$5{,}5 \cdot 10^{-10}$	2
7	$BaCrO_4\,(f) \rightleftharpoons Ba^{2+}(wss) + CrO_4^{2-}(wss)$	$1{,}1 \cdot 10^{-10}$	2
8	$Be(OH)_2\,(f) \rightleftharpoons Be^{2+}(wss) + 2OH^-(wss)$	$2{,}0 \cdot 10^{-18}$ 291 K	2
9	$Bi(OH)_3\,(f) \rightleftharpoons Bi^{3+}(wss) + 3OH^-(wss)$	$4{,}0 \cdot 10^{-31}$	4
10	$CaCO_3\,(f) \rightleftharpoons Ca^{2+}(wss) + CO_3^{2-}(wss)$	$5{,}0 \cdot 10^{-9}$	2
11	$CaC_2O_4\,(f) \rightleftharpoons Ca^{2+}(wss) + C_2O_4^{2-}(wss)$	$2{,}3 \cdot 10^{-9}$	2
12	$Ca_3(PO_4)_2\,(f) \rightleftharpoons 3Ca^{2+}(wss) + 2PO_4^{3-}(wss)$	$1{,}0 \cdot 10^{-26}$	5
13	$CaC_4H_4O_6\,(f) \rightleftharpoons Ca^{2+}(wss) + C_4H_4O_6^{2+}(wss)$	$7{,}7 \cdot 10^{-7}$	2
14	$CaSO_4\,(f) \rightleftharpoons Ca^{2+}(wss) + SO_4^{2-}(wss)$	$2{,}0 \cdot 10^{-5}$	2
15	$CdCO_3\,(f) \rightleftharpoons Cd^{2+}(wss) + CO_3^{2-}(wss)$	$2{,}5 \cdot 10^{-14}$	2
16	$Co(OH)_2\,(f) \rightleftharpoons Co^{2+}(wss) + 2OH^-(wss)$	$6{,}3 \cdot 10^{-16}$	3
17	$Co(OH)_3\,(f) \rightleftharpoons Co^{3+}(wss) + 3OH^-(wss)$	$4{,}0 \cdot 10^{-45}$	4
18	$Cu(OH)_2\,(f) \rightleftharpoons Cu^{2+}(wss) + 2OH^-(wss)$	$2{,}0 \cdot 10^{-19}$	3
19	$Cu^{II}CrO_4\,(f) \rightleftharpoons Cu^{2+}(wss) + CrO_4^{2-}(wss)$	$3{,}6 \cdot 10^{-6}$	2
20	$Cu(IO_3)_2\,(f) \rightleftharpoons Cu^{2+}(wss) + 2IO_3^-(wss)$	$7{,}6 \cdot 10^{-8}$	3
21	$CdS\,(f) \rightleftharpoons Cd^{2+}(wss) + S^{2-}(wss)$	$8{,}0 \cdot 10^{-27}$	2
22	$CaF_2\,(f) \rightleftharpoons Ca^{2+}(wss) + 2F^-(wss)$	$4{,}0 \cdot 10^{-11}$	3
23	$Ce(OH)_3\,(f) \rightleftharpoons Ce^{3+}(wss) + 3OH^-(wss)$	$1{,}6 \cdot 10^{-20}$	4
24	$Cr(OH)_2\,(f) \rightleftharpoons Cr^{2+}(wss) + 2OH^-(wss)$	$1{,}0 \cdot 10^{-17}$	3
25	$Cr(OH)_3\,(f) \rightleftharpoons Cr^{3+}(wss) + 3OH^-(wss)$	$1{,}0 \cdot 10^{-30}$	4
26	$CuS\,(f) \rightleftharpoons Cu^{2+}(wss) + S^{2-}(wss)$	$6{,}3 \cdot 10^{-36}$ $1{,}0 \cdot 10^{-41}$ 291 K	2
27	$CuBr\,(f) \rightleftharpoons Cu^+(wss) + Br^-(wss)$	$3{,}2 \cdot 10^{-8}$	2
28	$Cu_2S\,(f) \rightleftharpoons 2Cu^+(wss) + S^{2-}(wss)$	$2{,}5 \cdot 10^{-48}$ $1{,}0 \cdot 10^{-51}$ 291 K	3

Nr.	Gleichgewicht	L^{298} / $\mathrm{mol^{(p+q)}\,dm^{-3(p+q)}}$	$p+q$
46	$MgCO_3\,(f) \rightleftharpoons Mg^{2+}(wss) + CO_3^{2-}(wss)$	$1{,}0 \cdot 10^{-5}$	2
47	$MgF_2\,(f) \rightleftharpoons Mg^{2+}(wss) + 2F^-(wss)$	$6{,}6 \cdot 10^{-9}$	3
48	$MgNH_4PO_4\,(f) \rightleftharpoons Mg^{2+}(wss) + NH_4^+(wss) + PO_4^{3-}(wss)$	$2{,}5 \cdot 10^{-13}$	3
49	$Hg(OH)_2\,(f) \rightleftharpoons Hg^{2+}(wss) + 2OH^-(wss)$	$6{,}3 \cdot 10^{-24}$	3
50	$HgSe\,(f) \rightleftharpoons Hg^{2+}(wss) + Se^{2-}(wss)$	$1{,}0 \cdot 10^{-59}$	2
51	$HgS\,(schwarz)\,(f) \rightleftharpoons Hg^{2+}(wss) + S^{2-}(wss)$	$1{,}6 \cdot 10^{-52}$	2
52	$HgS\,(rot)\,(f) \rightleftharpoons Hg^{2+}(wss) + S^{2-}(wss)$	$4{,}0 \cdot 10^{-53}$	2
53	$Hg_2Br_2\,(f) \rightleftharpoons Hg_2^{2+}(wss) + 2Br^-(wss)$	$5{,}75 \cdot 10^{-23}$	3
54	$Hg_2Cl_2\,(f) \rightleftharpoons Hg_2^{2+}(wss) + 2Cl^-(wss)$	$1{,}6 \cdot 10^{-18}$	3
55	$Hg_2(CN)_2\,(f) \rightleftharpoons Hg_2^{2+}(wss) + 2CN^-(wss)$	$5{,}0 \cdot 10^{-40}$	3
56	$Hg_2I_2\,(f) \rightleftharpoons Hg_2^{2+}(wss) + 2I^-(wss)$	$4{,}5 \cdot 10^{-29}$	3
57	$Hg_2C_2O_4\,(f) \rightleftharpoons Hg_2^{2+}(wss) + C_2O_4^{2-}(wss)$	$1{,}0 \cdot 10^{-13}$	2
58	$Hg_2SO_4\,(f) \rightleftharpoons Hg_2^{2+}(wss) + SO_4^{2-}(wss)$	$6{,}55 \cdot 10^{-7}$	2
59	$NiCO_3\,(f) \rightleftharpoons Ni^{2+}(wss) + CO_3^{2-}(wss)$	$6{,}6 \cdot 10^{-9}$	2
60	$Ni(OH)_2\,(f) \rightleftharpoons Ni^{2+}(wss) + 2OH^-(wss)$	$6{,}3 \cdot 10^{-18}$	3
61	$\gamma\text{-}NiS\,(f) \rightleftharpoons Ni^{2+}(wss) + S^{2-}(wss)$	$2{,}0 \cdot 10^{-26}$ $1{,}1 \cdot 10^{-27}$ 291 K	2
62	$K_2[PtCl_6]\,(f) \rightleftharpoons 2K^+(wss) + [PtCl_6]^{2-}(wss)$	$1{,}1 \cdot 10^{-5}$	3
63	$KClO_4\,(f) \rightleftharpoons K^+(wss) + ClO_4^-(wss)$	$1{,}07 \cdot 10^{-2}$	2
64	$AgCl\,(f) \rightleftharpoons Ag^+(wss) + Cl^-(wss)$	$2{,}0 \cdot 10^{-10}$	2
65	$AgBr\,(f) \rightleftharpoons Ag^+(wss) + Br^-(wss)$	$5{,}0 \cdot 10^{-13}$	2
66	$AgI\,(f) \rightleftharpoons Ag^+(wss) + I^-(wss)$	$8{,}0 \cdot 10^{-17}$	2
67	$AgBrO_3\,(f) \rightleftharpoons Ag^+(wss) + BrO_3^-(wss)$	$6{,}0 \cdot 10^{-5}$	2
68	$AgIO_3\,(f) \rightleftharpoons Ag^+(wss) + IO_3^-(wss)$	$2{,}0 \cdot 10^{-8}$	2
69	$Ag_2CrO_4\,(f) \rightleftharpoons 2Ag^+(wss) + CrO_4^{2-}(wss)$	$3{,}0 \cdot 10^{-12}$	3
70	$AgCNS\,(f) \rightleftharpoons Ag^+(wss) + CNS^-(wss)$	$2{,}0 \cdot 10^{-12}$	2
71	$Ag_2CO_3\,(f) \rightleftharpoons 2Ag^+(wss) + CO_3^{2-}(wss)$	$6{,}3 \cdot 10^{-12}$	3
72	$Ag_2Cr_2O_7\,(f) \rightleftharpoons 2Ag^+(wss) + Cr_2O_7^{2-}(wss)$	$1{,}02 \cdot 10^{-11}$	3
73	$AgCN\,(f) \rightleftharpoons Ag^+(wss) + CN^-(wss)$	$2{,}3 \cdot 10^{-16}$	2
74	$Ag_3PO_4\,(f) \rightleftharpoons 3Ag^+(wss) + PO_4^{3-}(wss)$	$1{,}25 \cdot 10^{-20}$ 293 K	4

#	Gleichgewicht		$\dfrac{L^{298}}{\mathrm{mol}^{(p+q)}\,\mathrm{dm}^{-3(p+q)}}$	$p+q$
29	$Fe_4^{III}[Fe^{II}(CN)_6]_3$ (f)	$\rightleftharpoons\ 4Fe^{3+}$ (wss) $+\ 3\,[Fe^{II}(CN)_6]^{4-}$ (wss)	$3,0\cdot10^{-41}$	7
30	$FeCO_3$ (f)	$\rightleftharpoons\ Fe^{2+}$ (wss) $+\ CO_3^{2-}$ (wss)	$3,5\cdot10^{-11}$	2
31	FeC_2O_4 (f)	$\rightleftharpoons\ Fe^{2+}$ (wss) $+\ C_2O_4^{2-}$ (wss)	$2,1\cdot10^{-7}$	2
32	FeS (f)	$\rightleftharpoons\ Fe^{2+}$ (wss) $+\ S^{2-}$ (wss)	$6,3\cdot10^{-18}$	2
33	$Fe(OH)_2$ (f)	$\rightleftharpoons\ Fe^{2+}$ (wss) $+\ 2OH^-$ (wss)	$6,0\cdot10^{-15}$	3
34	$Fe(OH)_3$ (f)	$\rightleftharpoons\ Fe^{3+}$ (wss) $+\ 3OH^-$ (wss)	$8,0\cdot10^{-40}$	4
35	$PbCl_2$ (f)	$\rightleftharpoons\ Pb^{2+}$ (wss) $+\ 2Cl^-$ (wss)	$2,0\cdot10^{-5}$	3
36	$Pb_3(AsO_4)_2$ (f)	$\rightleftharpoons\ 3Pb^{2+}$ (wss) $+\ 2AsO_4^{3-}$ (wss)	$4,1\cdot10^{-36}$	5
37	$Pb(N_3)_2$ (f)	$\rightleftharpoons\ Pb^{2+}$ (wss) $+\ 2N_3^-$ (wss)	$2,6\cdot10^{-9}$	3
38	$PbBr_2$ (f)	$\rightleftharpoons\ Pb^{2+}$ (wss) $+\ 2Br^-$ (wss)	$3,9\cdot10^{-5}$	3
39	$PbCO_3$ (f)	$\rightleftharpoons\ Pb^{2+}$ (wss) $+\ CO_3^{2-}$ (wss)	$6,3\cdot10^{-14}$	2
40	PbF_2 (f)	$\rightleftharpoons\ Pb^{2+}$ (wss) $+\ 2F^-$ (wss)	$2,7\cdot10^{-8}$	3
41	PbI_2 (f)	$\rightleftharpoons\ Pb^{2+}$ (wss) $+\ 2I^-$ (wss)	$7,1\cdot10^{-9}$	3
42	PbC_2O_4 (f)	$\rightleftharpoons\ Pb^{2+}$ (wss) $+\ C_2O_4^{2-}$ (wss)	$3,4\cdot10^{-11}$	2
43	$PbSO_4$ (f)	$\rightleftharpoons\ Pb^{2+}$ (wss) $+\ SO_4^{2-}$ (wss)	$1,6\cdot10^{-8}$	2
44	PbS (f)	$\rightleftharpoons\ Pb^{2+}$ (wss) $+\ S^{2-}$ (wss)	$1,25\cdot10^{-28}$	2
45	$Mg(OH)_2$ (f)	$\rightleftharpoons\ Mg^{2+}$ (wss) $+\ 2OH^-$ (wss)	$2,0\cdot10^{-11}$	3

#	Gleichgewicht		$\dfrac{L^{298}}{\mathrm{mol}^{(p+q)}\,\mathrm{dm}^{-3(p+q)}}$	$p+q$
75	Ag_2SO_4 (f)	$\rightleftharpoons\ 2Ag^+$ (wss) $+\ SO_4^{2-}$ (wss)	$1,6\cdot10^{-5}$	3
76	Ag_2S (f)	$\rightleftharpoons\ 2Ag^+$ (wss) $+\ S^{2-}$ (wss)	$6,3\cdot10^{-50}$	3
77	$SrCO_3$ (f)	$\rightleftharpoons\ Sr^{2+}$ (wss) $+\ CO_3^{2-}$ (wss)	$1,1\cdot10^{-10}$	2
78	SrF_2 (f)	$\rightleftharpoons\ Sr^{2+}$ (wss) $+\ 2F^-$ (wss)	$2,45\cdot10^{-9}$	3
79	SrC_2O_4 (f)	$\rightleftharpoons\ Sr^{2+}$ (wss) $+\ C_2O_4^{2-}$ (wss)	$5,0\cdot10^{-8}$	2
80	$Sn(OH)_2$ (f)	$\rightleftharpoons\ Sn^{2+}$ (wss) $+\ 2OH^-$ (wss)	$1,4\cdot10^{-28}$	3
81	$Zn(OH)_2$ (f)	$\rightleftharpoons\ Zn^{2+}$ (wss) $+\ 2OH^-$ (wss)	$2,0\cdot10^{-17}$	3
82	$ZnCO_3$ (f)	$\rightleftharpoons\ Zn^{2+}$ (wss) $+\ CO_3^{2-}$ (wss)	$1,4\cdot10^{-11}$	2
83	$Zn(CN)_2$ (f)	$\rightleftharpoons\ Zn^{2+}$ (wss) $+\ 2CN^-$ (wss)	$2,6\cdot10^{-13}$ 291K	3
84	ZnC_2O_4 (f)	$\rightleftharpoons\ Zn^{2+}$ (wss) $+\ C_2O_4^{2-}$ (wss)	$7,5\cdot10^{-9}$	2
85	$\alpha\text{-}ZnS$ (f)	$\rightleftharpoons\ Zn^{2+}$ (wss) $+\ S^{2-}$ (wss)	$1,6\cdot10^{-24}$ $5,0\cdot10^{-26}$ 291K	2
86	$\beta\text{-}ZnS$ (f)	$\rightleftharpoons\ Zn^{2+}$ (wss) $+\ S^{2-}$ (wss)	$2,5\cdot10^{-22}$ $1,1\cdot10^{-24}$ 291K	2
87	$Th(OH)_4$ (f)	$\rightleftharpoons\ Th^{4+}$ (wss) $+\ 4OH^-$ (wss)	$1,25\cdot10^{-45}$	5
88	$TlCl$ (f)	$\rightleftharpoons\ Tl^+$ (wss) $+\ Cl^-$ (wss)	$1,75\cdot10^{-4}$	2

Molare Ionenleitfähigkeit in wäßriger Lösung

λ molare Ionenleitfähigkeit bei unendlicher Verdünnung. Die Leitfähigkeit von Wasser siehe Seite 111.

#	Kation	$\lambda/\Omega^{-1}\,\mathrm{cm}^2\,\mathrm{mol}^{-1}$	#	Kation	$\lambda/\Omega^{-1}\,\mathrm{cm}^2\,\mathrm{mol}^{-1}$
1	Li^+	39	11	Fe^{2+}	108
2	Na^+	50	12	Co^{2+}	110
3	Ag^+	62	13	Sr^{2+}	119
4	K^+	74	14	Pb^{2+}	119
5	NH_4^+	74	15	Ca^{2+}	119
6	Zn^{2+}	106	16	Ba^{2+}	127
7	Ni^{2+}	106	17	Hg^{2+}	127
8	Mg^{2+}	106	18	Al^{3+}	189
9	Mn^{2+}	107	19	Fe^{3+}	205
10	Cu^{2+}	107	20	H^+	350

#	Anion	$\lambda/\Omega^{-1}\,\mathrm{cm}^2\,\mathrm{mol}^{-1}$	#	Anion	$\lambda/\Omega^{-1}\,\mathrm{cm}^2\,\mathrm{mol}^{-1}$
21	IO_3^-	41	31	NO_3^-	71
22	$CH_3CO_2^-$	41 (Äthansäure)	32	Cl^-	76
23	HCO_3^-	45	33	I^-	77
24	HSO_4^-	52	34	Br^-	78
25	HCO_2^-	55 (Methansäure)	35	CN^-	82
26	F^-	55	36	CO_3^{2-}	119
27	BrO_3^-	56	37	$C_2O_4^{2-}$	148 (Oxalsäure)
28	MnO_4^-	61	38	SO_4^{2-}	160
29	ClO_3^-	65	39	OH^-	197
30	ClO_4^-	67	40	PO_4^{3-}	240

Literaturhinweis: R1, R2, R69 (für beide Tabellen).

Gleichgewichtskonstanten für Säuren und Basen in wäßriger Lösung

$K_s = [H^+][B^-]/[A]$, wobei $A \rightleftharpoons H^+ + B^-$; K_s ist die Gleichgewichtskonstante für Säuren
$pK_s = -\lg(K_s/\text{mol dm}^{-3})$
K_b ist die Gleichgewichtskonstante für Basen
Die Werte beziehen sich auf Konzentrationen zwischen $0{,}01$ mol dm^{-3} und $0{,}1$ mol dm^{-3}.

Säure oder Ion	Gleichgewicht (in allen wäßrigen Lösungen)	$K_s^{298}/\text{mol dm}^{-3}$	pK_s
Schwefelsäure	$H_2SO_4 \rightleftharpoons H^+ + HSO_4^-$	sehr groß	
Salpetersäure	$HNO_3 \rightleftharpoons H^+ + NO_3^-$		
Chromsäure	$H_2CrO_4 \rightleftharpoons H^+ + HCrO_4^-$	40	$-1{,}4$
Trichloressigsäure	$CCl_3CO_2H \rightleftharpoons H^+ + CCl_3CO_2^-$	10	$-1{,}0$[U]
Jodsäure	$HIO_3 \rightleftharpoons H^+ + IO_3^-$	$2{,}3 \cdot 10^{-1}$	$0{,}7$[X]
Dichloressigsäure	$CHCl_2CO_2H \rightleftharpoons H^+ + CHCl_2CO_2^-$	$1{,}7 \cdot 10^{-1}$	$0{,}8$
Schwefelige Säure	$H_2SO_3 \rightleftharpoons H^+ + HSO_3^-$	$5{,}0 \cdot 10^{-2}$	$1{,}3$[X]
Phosphorige Säure	$H_3PO_3 \rightleftharpoons H^+ + H_2PO_3^-$	$1{,}6 \cdot 10^{-2}$†	$1{,}8$[V]
Chlorige Säure	$HClO_2 \rightleftharpoons H^+ + ClO_2^-$	$1{,}6 \cdot 10^{-2}$	$1{,}8$[Y]
Hydrogensulfat [I]	$HSO_4^- \rightleftharpoons H^+ + SO_4^{2-}$	$1{,}0 \cdot 10^{-2}$	$2{,}0$
Phosphorsäure	$H_3PO_4 \rightleftharpoons H^+ + H_2PO_4^-$	$1{,}0 \cdot 10^{-2}$	$2{,}0$
Eisen (III) [I]	$Fe(H_2O)_6^{3+} \rightleftharpoons H^+ + Fe(H_2O)_5(OH)^{2+}$	$7{,}9 \cdot 10^{-3}$	$2{,}1$[Z]
Chloressigsäure	$CH_2ClCO_2H \rightleftharpoons H^+ + CH_2ClCO_2^-$	$6{,}0 \cdot 10^{-3}$	$2{,}2$
Flußsäure	$HF \rightleftharpoons H^+ + F^-$	$1{,}3 \cdot 10^{-3}$	$2{,}9$[X]
Salpetrige Säure	$HNO_2 \rightleftharpoons H^+ + NO_2^-$	$5{,}6 \cdot 10^{-4}$	$3{,}3$†
Methansäure (Ameisensäure)	$HCO_2H \rightleftharpoons H^+ + HCO_2^-$	$4{,}7 \cdot 10^{-4}$	$3{,}3$
Benzoesäure	$C_6H_5CO_2H \rightleftharpoons H^+ + C_6H_5CO_2^-$	$1{,}6 \cdot 10^{-4}$	$3{,}8$
Anilin [I]	$C_6H_5NH_3^+ \rightleftharpoons H^+ + C_6H_5NH_2$	$6{,}3 \cdot 10^{-5}$	$4{,}2$
Äthansäure (Essigsäure) [D]	$CH_3CO_2H \rightleftharpoons H^+ + CH_3CO_2^-$	$2{,}0 \cdot 10^{-5}$	$4{,}6$
Buttersäure	$CH_3(CH_2)_2CO_2H \rightleftharpoons H^+ + CH_3(CH_2)_2CO_2^-$	$1{,}7 \cdot 10^{-5}$	$4{,}8$[X]
Propionsäure	$CH_3CH_2CO_2H \rightleftharpoons H^+ + CH_3CH_2CO_2^-$	$1{,}5 \cdot 10^{-5}$	$4{,}8$
Aluminium [I]	$Al(H_2O)_6^{3+} \rightleftharpoons H^+ + Al(H_2O)_5(OH)^{2+}$	$1{,}3 \cdot 10^{-5}$	$4{,}9$
Dihydrogenphospit [I]	$H_2PO_3^- \rightleftharpoons H^+ + HPO_3^-$	$1{,}0 \cdot 10^{-5}$	$5{,}0$
Kohlensäure	$H_2O + CO_2$[A] $\rightleftharpoons H^+ + HCO_3$	$6{,}3 \cdot 10^{-7}$	$6{,}2$[V]
Hydrogenchromat [I]	$HCrO_4^- \rightleftharpoons H^+ + CrO_4^{2-}$	$4{,}5 \cdot 10^{-7}$	$6{,}4$[T]
Schwefelwasserstoff	$H_2S \rightleftharpoons H^+ + HS^-$	$3{,}2 \cdot 10^{-7}$	$6{,}5$[U]
Hydrogensulphit [I]	$HSO_3^- \rightleftharpoons H^+ + SO_3^{2-}$	$8{,}9 \cdot 10^{-8}$	$7{,}1$[S]
Dihydrogenphosphat [I]	$H_2PO_4^- \rightleftharpoons H^+ + HPO_4^{2-}$	$6{,}2 \cdot 10^{-8}$	$7{,}2$[V]
Hypochlorige Säure	$HClO \rightleftharpoons H^+ + ClO^-$	$6{,}2 \cdot 10^{-8}$	$7{,}2$[Z]
Hypobromige Säure	$HBrO \rightleftharpoons H^+ + BrO^-$	$3{,}7 \cdot 10^{-8}$	$7{,}4$
Borsäure	$H_3BO_3 \rightleftharpoons H^+ + H_2BO_3^-$	$2{,}1 \cdot 10^{-9}$	$8{,}7$
Ammonium [I]	$NH_4^+ \rightleftharpoons H^+ + NH_3$	$5{,}8 \cdot 10^{-10}$	$9{,}2$
Cyanwasserstoff	$HCN \rightleftharpoons H^+ + CN^-$	$5{,}6 \cdot 10^{-10}$	$9{,}3$
Metakieselsäure	$H_2SiO_3 \rightleftharpoons H^+ + HSiO_3^-$	$4{,}9 \cdot 10^{-10}$	$9{,}3$
Hydrogenkarbonat [I]	$HCO_3^- \rightleftharpoons H^+ + CO_3^{2-}$	$1{,}3 \cdot 10^{-10}$	$9{,}9$
Wasserstoffperoxid	$H_2O_2 \rightleftharpoons H^+ + HO_2^-$	$4{,}8 \cdot 10^{-11}$	$10{,}3$[T]
Hydrogensilikat [I]	$HSiO_3^- \rightleftharpoons H^+ + SiO_3^{2-}$	$2{,}4 \cdot 10^{-12}$	$11{,}6$
Hydrogenphosphat [I]	$HPO_4^{2-} \rightleftharpoons H^+ + PO_4^{3-}$	$1{,}3 \cdot 10^{-12}$†	$11{,}9$
Schwefelwasserstoff [I]	$HS^- \rightleftharpoons H^+ + S^{2-}$	$4{,}4 \cdot 10^{-13}$	$12{,}4$[Z]
Wasser	$H_2O \rightleftharpoons H^+ + OH^-$	$1{,}2 \cdot 10^{-13}$† $1{,}0 \cdot 10^{-14}$[B]	$12{,}9$[S] $14{,}0$

Anmerkungen

† Diskrepanzen zwischen den Quellen.
A Etwas gelöstes CO_2 bildet das nichtionisierte Molekül H_2CO_3 für das $K_s \approx 2 \cdot 10^{-4}$ mol dm^{-3} und $pK_s \approx 3{,}7$.
B Das ist $K_w/\text{mol}^2\,\text{dm}^{-6} = [H^+][OH^-]/\text{mol}^2\,\text{dm}^{-6}$. Der Wert ist exakt bei 297 K. Siehe Seite 111.
D Siehe auch Seite 111.
STUVWXYZ Vergleiche Werte mit demselben Buchstaben.
I ION.

Base	Gleichgewicht (in allen wäßrigen Lösungen)	$K_s^{298}/\text{mol dm}^{-3}$	pK_s
Bleihydroxid	$Pb(OH)_2 \rightleftharpoons PbOH^+ + OH^-$	$9{,}6 \cdot 10^{-4}$	$3{,}0$
Zinkhydroxid	$Zn(OH)_2 \rightleftharpoons ZnOH^+ + OH^-$	$9{,}6 \cdot 10^{-4}$	$3{,}0$
Silberhydroxid	$AgOH \rightleftharpoons Ag^+ + OH^-$	$1{,}1 \cdot 10^{-4}$	$4{,}0$
Ammoniumhydroxid	$NH_3\,(wss) + H_2O\,(fl) \rightleftharpoons NH_4^+\,(wss) + OH^-\,(wss)$	$1{,}8 \cdot 10^{-5}$	$4{,}8$
Hydrazin	$N_2H_4 + H_2O \rightleftharpoons N_2H_5^+ + OH$	$1{,}2 \cdot 10^{-7}$†	$6{,}1$
Hydroxylamin	$NH_2OH + H_2O \rightleftharpoons NH_3OH^+ + OH^-$	$6{,}6 \cdot 10^{-9}$†	$8{,}2$
Berylliumhydroxid	$Be(OH)_2 \rightleftharpoons Be^{2+} + 2OH^-$	$5{,}0 \cdot 10^{-11}$	$10{,}3$

Indikatoren

		$pK_{indikator}$	pH-Bereich		
			sauer		*alkalisch*
1	Methylviolett	0,8	gelb	0,0–1,6	blau
2	Malachitgrün	1,0	gelb	0,2–1,8	blau/grün
3	Thymolblau (Säure)	1,7	rot	1,2–2,8	gelb
4	Methylgelb (in Äthanol)	3,5	rot	2,9–4,0	gelb
5	Methylorange – Xylol Zyanol Lös.	3,7	purpur	3,2–4,2	grün
6	Bromphenolblau	4,0	gelb	2,8–4,6	blau
7	Kongorot	4,0	violett	3,0–5,0	rot
8	Bromkresolgrün	4,7	gelb	3,8–5,4	blau
9	Methylrot	5,1	rot	4,2–6,3	gelb
10	Lackmus		rot	5,0–8,0	blau
11	Bromkresolpurpur	6,3	gelb	5,2–6,8	purpur
12	Bromthymolblau	7,0	gelb	6,0–7,6	blau
13	Phenolrot	7,9	gelb	6,8–8,4	rot
14	Thymolblau (Base)	8,9	gelb	8,0–9,6	blau
15	Phenolphtalein (in Äthanol)	9,3[†]	farblos	8,2–10,0	rot
16	Thymolphtalein	9,7	farblos	8,3–10,6	blau
17	Alizaringelb GG	12,5	gelb	10,1–13,0[†]	orange/rot

Anmerkung
Die meisten Indikatoren sind 0,1%-ige Lösungen in H_2O, wenn nicht anders vermerkt.

Warnung
Bestimmte Indikatoren sind giftig und sollten sorgfältig behandelt werden, besonders wenn sie konzentriert sind.

Pufferlösungen

Die folgenden Mischungen ergeben den aufgeführten pH-Wert bei 298 K.

pH	x	Zusammensetzung der Lösungen
1,0	67,0	
1,5	20,7	25 cm³ auf 0,2 mol dm⁻³ KCl + x cm³ auf 0,2 mol dm⁻³ HCl
2,0	6,5	
2,5	38,8	
3,0	22,3	
3,5	8,2	50 cm³ auf 0,1 mol dm⁻³ Kaliumhydrogenphtalat + x cm³ auf 0,1 mol dm⁻³ HCl
4,0	0,1	
4,5	8,7	
5,0	22,6	50 cm³ auf 0,1 mol dm⁻³ Kaliumhydrogenphtalat + x cm³ auf 0,1 mol dm⁻³ NaOH
5,5	36,6	
6,0	5,6	
6,5	13,9	
7,0	29,1	50 cm³ auf 0,1 mol dm⁻³ Kaliumdihydrogenphosphat + x cm³ auf 0,1 mol dm⁻³ NaOH
7,5	40,9	
8,0	46,1	
8,5	15,2	50 cm auf 0,025 mol dm⁻³ Borax + x cm³ auf 0,1 mol dm⁻³ HCl
9,0	4,6	
9,5	8,8	
10,0	18,3	50 cm³ auf 0,025 mol dm⁻³ Borax + x cm³ auf 0,1 mol dm⁻³ NaOH
10,5	22,7	
11,0	4,1	
11,5	11,1	50 cm³ auf 0,05 mol dm⁻³ Dinatriumhydrogenphosphat + x cm³ auf 0,1 mol dm⁻³ NaOH
12,0	26,9	
12,5	20,4	25 cm³ auf 0,2 mol dm⁻³ KCl + x cm³ auf 0,2 mol dm⁻³ NaOH
13,0	66,0	

Literaturhinweis: R 2 (für beide Seiten).

Gleichgewichtskonstanten für einige Gasreaktionen

T Temperatur
ΔH molare Enthalpieänderung (für Reaktion)
ΔG Änderung der Gibbs-Energie

K_p Gleichgewichtskonstante (von Partialdruck)
K^{298} siehe Reaktion (möglicherweise dimensionslos)

T/K	$10^3\,\text{K}/T$	K_p/K^{298}	lg K_p/K^{298}	$\Delta H/\text{kJ mol}^{-1}$	$\Delta G/\text{kJ mol}^{-1}$

Reaktion $N_2O_4(g) \rightleftharpoons 2NO_2(g)$ $K^{298} = \text{atm}$

T/K	$10^3\,\text{K}/T$	K_p/K^{298}	lg K_p/K^{298}	$\Delta H/\text{kJ mol}^{-1}$	$\Delta G/\text{kJ mol}^{-1}$
298	3,36	$1,15 \cdot 10^{-1}$	$-0,94$	58,0	5,4
350	2,86	3,89	$+0,59$	57,9	$-3,9$
400	2,50	$4,79 \cdot 10^1$	$+1,68$	57,7	$-12,9$
450	2,22	$3,47 \cdot 10^2$	$+2,54$	57,6	$-21,9$
500	2,00	$1,70 \cdot 10^3$	$+3,23$	57,4	$-30,9$
550	1,82	$6,03 \cdot 10^3$	$+3,78$	57,2	$-39,9$
600	1,67	$1,78 \cdot 10^4$	$+4,25$	57,1	$-48,8$

Reaktion $N_2(g) + 3H_2(g) \rightleftharpoons 2NH_3(g)$ $K^{298} = \text{atm}^{-2}$

T/K	$10^3\,\text{K}/T$	K_p/K^{298}	lg K_p/K^{298}	$\Delta H/\text{kJ mol}^{-1}$	$\Delta G/\text{kJ mol}^{-1}$
298	3,36	$6,76 \cdot 10^5$	$+5,83$	$-92,4$	$-33,3$
400	2,50	$4,07 \cdot 10^1$	$+1,61$	$-96,9$	$-12,3$
500	2,00	$3,55 \cdot 10^{-2}$	$-1,45$	$-101,3$	13,9
600	1,67	$1,66 \cdot 10^{-3}$	$-2,78$	$-105,8$	31,9
700	1,43	$7,76 \cdot 10^{-5}$	$-4,11$	$-110,2$	55,1
800	1,25	$6,92 \cdot 10^{-6}$	$-5,16$	$-114,6$	79,1
900	1,11	$1,00 \cdot 10^{-6}$	$-6,00$	$-119,0$	103,3
1100	0,91	$5,0 \ \cdot 10^{-8}$	$-7,70$		

Reaktion $H_2(g) + CO_2(g) \rightleftharpoons H_2O(g) + CO(g)$ $K^{298} = 1$

T/K	$10^3\,\text{K}/T$	K_p/K^{298}	lg K_p/K^{298}	$\Delta H/\text{kJ mol}^{-1}$	$\Delta G/\text{kJ mol}^{-1}$
298	3,36	$1,00 \cdot 10^{-5}$	$-5,00$	41,2	28,5
500	2,00	$7,76 \cdot 10^{-3}$	$-2,11$	40,5	20,2
700	1,43	$1,23 \cdot 10^{-1}$	$-0,91$	39,9	12,2
800	1,25	$2,88 \cdot 10^{-1}$	$-0,54$	39,5	8,2
900	1,11	$6,03 \cdot 10^{-1}$	$-0,22$	39,1	4,2
1000	1,00	$9,55 \cdot 10^{-1}$	$-0,02$	38,8	0,3
1100	0,91	1,45	$+0,16$	38,5	$-3,47$
1200	0,83	2,10	$+0,32$	38,1	$-7,36$
1300	0,77	2,82	$+0,45$	37,8	$-11,1$

Reaktion $2SO_2(g) + O_2(g) \rightleftharpoons 2SO_3(g)$ $K^{298} = \text{atm}^{-1}$

T/K	$10^3\,\text{K}/T$	K_p/K^{298}	lg K_p/K^{298}	$\Delta H/\text{kJ mol}^{-1}$	$\Delta G/\text{kJ mol}^{-1}$
298	3,36	$4,0 \cdot 10^{24}$	$+24,60$	$-19,7$	
500	2,00	$2,5 \cdot 10^{10}$	$+10,40$		
700	1,43	$3,0 \cdot 10^4$	$+4,48$		
1100	0,91	$1,3 \cdot 10^{-1}$	$-0,89$		

Reaktion $H_2(g) + I_2(g) \rightleftharpoons 2HI(g)$ $K^{298} = 1$

T/K	$10^3\,\text{K}/T$	K_p/K^{298}	lg K_p/K^{298}	$\Delta H/\text{kJ mol}^{-1}$	$\Delta G/\text{kJ mol}^{-1}$
298	3,36	794	$+2,9$	$-9,6$	
500	2,00	160	$+2,2$		
700	1,43	54	$+1,7$		
764	1,31	46 (experimenteller Wert)			
1100	0,91	25	$+1,4$		

T/K	10^3 K/T	K_p/K^{298}	lg K_p/K^{298}	ΔH/kJ mol^{-1}	ΔG/kJ mol^{-1}

Reaktion $H_2O(g) + C(f) \rightleftharpoons H_2(g) + CO(g)$ $K^{298} = $ atm

T/K	10^3 K/T	K_p/K^{298}	lg K_p/K^{298}	ΔH	ΔG
298	3,36	$1,00 \cdot 10^{-16}$	$-16,0$	131,3	91,3
500	2,00	$2,52 \cdot 10^{-7}$	$-6,60$	134,4	63,3
700	1,43	$2,82 \cdot 10^{-3}$	$-2,55$	137,6	34,2
800	1,25	$5,37 \cdot 10^{-2}$	$-1,27$	139,1	19,5
900	1,11	$5,75 \cdot 10^{-1}$	$-0,24$	140,7	4,18
1000	1,00	3,72	$+0,57$	142,3	$-11,0$
1100	0,91	$1,70 \cdot 10^1$	$+1,23$	143,8	$-26,0$
1200	0,83	$6,60 \cdot 10^1$	$+1,82$	145,4	$-41,8$
1300	0,77	$2,04 \cdot 10^2$	$+2,31$	146,9	$-57,6$

Reaktion $Ag_2CO_3(f) \rightleftharpoons Ag_2O(f) + CO_2(g)$ $K^{298} = $ atm

T/K	10^3 K/T	K_p/K^{298}	lg K_p/K^{298}	ΔH	ΔG
298	3,36	$3,16 \cdot 10^{-6}$	$-5,5$	81,6	31,4
350	2,86	$3,98 \cdot 10^{-4}$	$-3,4$	81,2	23,0
400	2,50	$1,41 \cdot 10^{-2}$	$-1,85$	80,3	14,2
450	2,22	$1,86 \cdot 10^{-1}$	$-0,73$	79,9	6,3
500	2,00	1,48	$+0,17$	79,5	$-1,7$
550	1,82	8,91	$+0,95$	78,7	$-10,0$
600	1,67	63,1	$+1,8$	78,2	$-20,5$

Reaktion $CaCO_3(f) \rightleftharpoons CaO(f) + CO_2(g)$ $K^{298} = $ atm

T/K	10^3 K/T	K_p/K^{298}	lg K_p/K^{298}	ΔH	ΔG
298	3,36	$1,6 \cdot 10^{-23}$	$-22,8$	177,8	130,1
500	2,00	$6,3 \cdot 10^{-11}$	$-10,2$	177,4	97,5
700	1,43	$1,3 \cdot 10^{-5}$	$-4,9$	177,0	65,3
800	1,25	$5,0 \cdot 10^{-4}$	$-3,3$	177,0	49,8
900	1,11	$1,0 \cdot 10^{-2}$	$-2,0$	177,0	33,9
1000	1,00	$1,3 \cdot 10^{-1}$	$-0,9$	176,6	18,0
1100	0,91	$7,9 \cdot 10^{-1}$	$-0,1$	176,6	2,1
1200	0,83	4,0	$+0,6$	176,1	$-13,8$
1300	0,77	15,9	$+1,2$	176,1	$-29,7$

Reaktion $N_2(g) + O_2(g) \rightleftharpoons 2NO(g)$ $K^{298} = 1$

T/K	10^3 K/T	K_p/K^{298}	lg K_p/K^{298}	ΔH	ΔG
293	3,36	$4 \cdot 10^{-31}$	$-30,4$	180	
700	1,43	$5 \cdot 10^{-13}$	$-12,3$		
1100	0,91	$4 \cdot 10^{-8}$	$-7,4$		
1500	0,67	$1 \cdot 10^{-5}$	$-5,0$		

Dampfdruck ausgewählter Flüssigkeiten und Gase

Diese Tabelle gibt Werte von T/K an, wobei T die Temperatur ist, bei der der Dampfdruck p der Flüssigkeit den angegebenen Wert erreicht.

	p/mbar					1013 (p/mbar) = 1,013 (p/bar)	p/bar				
	1,33	13,3	53,2	133	532	1,013	2,026	5,065	10,13	20,26	40,52	60,78
Ammoniak	164,1[f]	181,3[f]	194,0[f]	204,8	227,8	239,6	254,5	277,9	298,9	323,3	352,1	371,5
Wasserstoff	9,9[f]	11,9[f]	13,6[f]	15,3	18,7	20,7	23,0	27,2	31,4			
Sauerstoff	54,1[f]	62,6	69,1	74,4	84,4	90,3	97,2	108,7	120,0	133,2	149,1	
CCl_2F_2	154,7	175,4	191,6	204,6	229,3	243,4	261,0	289,3	315,6	347,2	273,2	
$CHCl_2F$	181,9	205,7	224,4	239,3	267,0	282,1	301,6	332,2	360,2	394,4	435,8	
CCl_4	223,2[f]	253,6	277,5	296,2	331,0	349,9	375,2	414,9	451,2	495,2	549,2	
CO_2	138,9[f]	153,7[f]	164,6[f]	173,0[f]	187,5[f]	195,0[f]	204,1[f]	216,5	233,7	254,3	279,1	295,6
CS_2	199,4	228,5	250,7	268,1	301,2	319,7	342,3	378,0	409,5	448,7	496,0	529,2
Äthanol	241,9	270,9	292,2	308,1	336,7	351,6	370,7	399,2	425,0	456,2	491,2	515,2
Methanol	229,2	257,0	278,2	294,4	323,1	337,9	357,2	385,7	411,2	441,0	476,7	497,2
Benzol	236,5[f]	261,7[f]	280,8	299,3	333,8	353,3	377,0	415,7	452,0	494,7	545,5	
Methan	67,3[f]	77,7[f]	85,5[f]	91,8	104,4	111,7	120,9	134,9	148,4	164,7	186,9	
Äthan	113,7	130,3	143,4	153,9	173,5	184,6	198,2	220,4	241,2	266,8	296,8	
Propan	144,3	164,7	180,8	193,6	217,6	231,1	247,6	274,6	300,1	331,3	368,0	
Butan	171,7	195,4	214,1	229,0	256,9	272,7	292,0	323,2	352,7	389,2		
Pentan	196,6	223,1	244,0	260,6	291,7	309,3	331,2	365,6	397,9	437,5		
Hexan	219,3	248,2	270,9	431,2	322,8	341,9	366,2	404,9	439,8	482,6		
Heptan	239,2	271,1	295,5	315,0	351,2	371,6	398,0	438,9	476,0	520,7		
Octan	259,2	292,4	318,3	338,9	377,2	398,8	425,9	469,4	509,0	454,6		
Nonan	274,6	311,2	339,2	361,3	401,4	424,0						
Dekan	289,7	328,9	358,7	381,8	423,8	447,3						
Undekan	305,9	347,1	377,6	401,3	445,1	469,0						
Dodekan	321,0	363,2	394,9	419,4	464,2	489,4	522,4	573,2	619,0			
Äthoxiäthan	198,9	225,1	245,5	261,7	291,1	307,8	329,2	363,2	395,2	432,2		

[f] fest.

Literaturhinweis: R 2, R 4 (4–217).

1 atm = 0,101 325 MPa = 1,013 bar
1 mmHg = 133 Pa = 1,33 mbar

Dampfdruck von Eis, Wasser und Quecksilber als Funktion der Temperatur

t Temperatur p Sättigungsdampfdruck

Beachten Sie die Änderungen des Multiplikationsfaktors.

Eis

$t/°C$	p/Pa	$t/°C$	p/Pa	$t/°C$	p/Pa	$t/°C$	p/Pa	$t/°C$	p/Pa
−90	0,01	−70	0,26	−50	3,94	−30	38.10	−10	260
−80	0,05	−60	1,08	−40	12,90	−20	103	0	610

Wasser

$t/°C$	$p/10^2\,Pa$	$t/°C$	$p/10^4\,Pa$	$t/°C$	$p/10^5\,Pa$	$t/°C$	$p/10^6\,Pa$	$t/°C$	$p/10^6\,Pa$
−15	1,91	75	3,85	115	1,69	205	1,72	295	8,00
−10	2,87	80	4,73	120	1,99	210	1,91	300	8,59
−5	4,22	85	5,78	125	2,32	215	2,11	305	9,21
0	6,10	90	7,01	130	2,70	220	2,32	310	9,87
5	8,72	91	7,28	135	3,13	225	2,55	315	10,56
10	12,3	92	7,56	140	3,61	230	2,80	320	11,29
15	17,0	93	7,85	145	4,16	235	3,06	325	12,06
20	23,4	94	8,14	150	4,76	240	3,35	330	12,87
25	31,7	95	8,45	155	5,43	245	3,65	335	13,72
30	42,4	96	8,77	160	6,18	250	3,98	340	14,61
35	56,2	97	9,09	165	7,00	255	4,32	345	15,55
40	73,8	98	9,43	170	7,92	260	4,69	350	16,53
45	95,8	99	9,79	175	8,92	265	5,08	355	17,56
50	123	100	10,13	180	10,03	270	5,50	360	18,65
55	157	101	10,50	185	11,23	275	5,94	365	19,80
60	199	102	10,88	190	12,55	280	6,41	370	21,02
65	250	105	12,08	195	13,98	285	6,91	374	22,06
70	312	110	14,33	200	15,54	290	7,44	374,15[c]	22,12

Quecksilber

$t/°C$	$p/10^{-2}\,Pa$	$t/°C$	p/Pa	$t/°C$	$p/100\,Pa$	$t/°C$	$p/10^3\,Pa$	$t/°C$	$p/10^5\,Pa$
−300	0,06	70	6,44	170	8,17	270	16,47	370	1,28
−200	0,24	80	11,84	180	11,73	280	20,92	380	1,52
−100	0,81	90	21,09	190	16,56	290	26,34	390	1,79
0	2,47	100	36,38	200	23,05	300	32,90	400	2,10
10	6,53	110	60,95	210	31,62	310	40,78	461	5,00
20	16,01	120	99,42	220	42,84	320	50,17	518	10,00
30	37,02	130	138,12	230	57,31	330	61,30	585	20,00
40	81,05	140	246,0	240	75,81	340	74,39	630	30,00
50	168,9	150	374,3	250	99,17	350	89,69	680	45,00
70	336,5	160	538,5	260	128,40	360	107,50	753	75,00

[c] kritische Temperatur $V_c(H_2O) = 5{,}7 \cdot 10^{-5}\,m^3\,mol^{-1}$.

Anmerkung

Die Größenordnung kritischer Bedingungen für Hg kann aus den van-der-Waals-Koeffizienten berechnet werden, mit $T_c = 1550\,°C$, $p_c = 1{,}05 \cdot 10^8\,Pa$, $V_c = 1{,}7 \cdot 10^{-5}\,m^3\,mol^{-1}$.

Literaturhinweis: R 4 (4−274).

Stabilitätskonstanten für Metallionenkomplexe in wäßriger Lösung

Das Gleichgewicht $ML_{n-1} + L \rightleftharpoons ML_n$, wobei M ein Metallion und L einen Liganden bedeutet, hat schrittweise Stabilitätskonstanten:

$$K_n = [ML_n]/[ML_{n-1}]\,[L].$$

Zum Beispiel: $Cu(H_2O)_3\,Cl^+(wss) + Cl^-(wss) \rightleftharpoons Cu(H_2O)_2\,Cl_2\,(wss) + H_2O$ hat die Stabilitätskonstante:

$$K_2 = [Cu(H_2O)_2\,Cl_2]/[Cu(H_2O)_3\,Cl^+]\,[Cl^-], \quad \text{wobei } \lg K_2 = 1{,}6.$$

Kann eine Gesamtsumme von p Ligandenionen (oder Molekülen) einen Komplex bilden, ist die Gesamtstabilitätskonstante:

$$K_{(p)} = K_1 K_2 \dots K_p = [ML_p]/[M]\,[L]^p.$$

Werte von K_n und $K_{(p)}$ sind gegenüber der Temperatur und der vorhandenen Konzentration anderer Ionen sehr empfindlich. Die hier angegebenen Werte gelten für unendliche Verdünnung in reinem Wasser und wurden wahrscheinlich aus Formeln berechnet und nicht gemessen.

Ion	Ligand	$\lg K_1$	$\lg K_2$	$\lg K_3$	$\lg K_4$	$\lg K_5$	$\lg K_{(p)}(T)$	p	T/K
$Cu(H_2O)_4^{2+}$	Cl^-	2,80	1,60	0,49	0,73	—	5,62	4	291
	NH_3 (wss)	4,25	3,61	2,98	2,24	−0,52	13,08	4	291
	$C_7H_5O_3^-$ [A]	10,6	6,3	—	—	—	16,9	2	
	$C_6H_6O_2$ [B]	17,0	8,0	—	—	—	25,0	2	
Fe^{3+}	SCN^-	2,95	1,94	1,4	0,8	0,02	7,1	5	298
	F^-	5,30	4,46	3,22	2,00	0,36	15,34	5	
Co^{2+}	NH_3 (wss)	1,99	1,51	0,93	0,64	0,06	4,39	6	303
Ni^{2+}	NH_3 (wss)	2,67	2,12	1,61	1,07	0,63	8,01	6	303
Ag^+	NH_3 (wss)	3,32	3,92	—	—	—	7,23	2	298
Zn^{2+}	NH_3 (wss)	2,18	2,25	2,31	1,96	—	8,70	4	303
Cd^{2+}	NH_3 (wss)	2,51	1,96	1,30	0,79	—	6,65	4	303
	CN^-	5,18	4,42	4,32	3,19	—	17,11	4	298
Hg^{2+}	NH_3 (wss) [C]	8,8	8,7	1,0	0,8	—	19,3	4	295
	CN^- [D]	18,00	16,70	3,83	2,98	—	41,52	4	293

Gesamtstabilitätskonstanten für Metallionen-EDTA[E]-Komplexe bei 293 K

Ion	$\lg K$	Ion	$\lg K$	Ion	$\lg K$
Ag^+	7,3	Co^{3+}	36 [in 0,1 KCl]	Mn^{2+}	14,0
Al^{3+}	16,1	Cu^{2+}	18,8	Na^{2+}	1,7 [in 0,1 KCl]
Ba^{2+}	7,7	Fe^{2+}	14,3	Ni^{2+}	18,6
Ca^{2+}	10,6	Fe^{3+}	25,1	Pb^{2+}	18,0
Cd^{2+}	16,5	Hg^{2+}	21,8	Sr^{2+}	8,6
Co^{2+}	16,3	Mg^{2+}	8,7	Zn^{2+}	16,5

[A] 2-Hydroxybenzoat

[B] 1,2-Dihydroxybenzol

[C] in $2\ \mathrm{mol\,dm^{-3}}\ NH_4NO_3$ Lösung

[D] in $0{,}1\ \mathrm{mol\,dm^{-3}}\ NaNO_3$ Lösung

[E] Äthylendiamintetraessigsäure

Literaturhinweis: R 69.

Gitterenergien von Ionenkristallen

ΔH_1 experimentelle Gitterenergie des Kristalls, d.h. die Bildungsenthalpie des Kristalls aus Gasionen im Standardzustand. Die Werte von $-\Delta H_1^{298}/kJ\ mol^{-1}$ sind für eine Reihe von Ionenpaare angegeben. Alle Werte von ΔH_1 sind negativ.

	F^-	Cl^-	Br^-	I^-	O^{2-}	S^{2-}
Li^+	1029	849	804	753		
Na^+	915	781	743	699		
K^+	813	710	679	643		
Rb^+	779	685	656	624		
Ag^+	943	890	877	867		
Be^{2+}	3456	2983	2895	2803	4519	
Mg^{2+}	2883	2489	2414	2314	3933	3255
Ca^{2+}	2582	2197	2125	2038	3523	3021
Sr^{2+}	2427	2109	2046	1954	3310	2874
Ba^{2+}	2289	1958	1937	1841	3125	2745
Zn^{2+}		2686	2648	2594	4058	3565
Cd^{2+}	2770	2502	2481	2356	3812	3356
Hg^{2+}		2611	2611	2636	3933	3523
Pb^{2+}	2469	2234	2209	2079	3556	3063
Mn^{2+}		2464			3849	3519
Cu^{2+}		2761			4142	3724
Cs^+	735	641	626	594		
NH_4^+	733	676	644	607		

Einige Neutralisationsenthalpien

ΔH_R Reaktionsenthalpie

Reaktion			$\Delta H_R^{298}/kJ\ mol^{-1}$
HCl (wss)	$+\ NaOH$ (wss)	$\rightarrow NaCl$ (wss) $+ H_2O$	$-57{,}9$
HBr (wss)	$+\ NaOH$ (wss)	$\rightarrow NaBr$ (wss) $+ H_2O$	$-57{,}6$
HNO_3 (wss)	$+\ NaOH$ (wss)	$\rightarrow NaNO_3$ (wss) $+ H_2O$	$-57{,}6$
CH_3CO_2H (wss)	$+\ NaOH$ (wss)	$\rightarrow CH_3CO_2Na$ (wss) $+ H_2O$	$-56{,}1$
HCl (wss)	$+\ NH_3$ (wss)	$\rightarrow NH_4Cl$ (wss)	$-53{,}4$
H^+ (wss)	$+\ NH_4OH$	$\rightarrow NH_4^+$ (wss) $+ H_2O$	$-51{,}5$
CH_3CO_2H (wss)	$+\ NH_3$ (wss)	$\rightarrow CH_3CO_2NH_4$ (wss)	$-50{,}4$
H_2S (wss)	$+\ OH^-$	$\rightarrow HS^-$ (wss) $+ H_2O$	$-32{,}2$
$\frac{1}{2}Cu^{2+}$ (wss)	$+\ OH^-$	$\rightarrow \frac{1}{2}Cu(OH)_2$ (wss)	$-30{,}1$
$\frac{1}{2}Mg^{2+}$ (wss)	$+\ OH^-$	$\rightarrow \frac{1}{2}Mg(OH)_2$ (wss)	$-4{,}4$

Änderung der Dissoziationskonstanten und der Leitfähigkeit mit der Temperatur

γ elektrolytische Leitfähigkeit
K_s Säurekonstante für Essigsäure

K_w Ionenprodukt von Wasser

T/K	273	283	293	298	303	313	233	373
γ (Wasser)$/10^{-8}\ \Omega^{-1}\ cm^{-1}$	1,2	2,3	4,2	5,5	7,0	11,3	17	51,3
$K_w/10^{-14}\ mol^2\ dm^{-2}$	0,11	0,29	0,68	1,01	1,47	2,92	5,6	
$K_s(CH_3CO_2H)/10^{-5}\ mol\ dm^{-1}$	1,66	1,73	1,75	1,75	1,75	1,70	1,63	

Literaturhinweis: R 72 (für alle drei Tabellen).

Allgemeine Einführung zu den Tabellen über Eigenschaften von Feststoffen

Es folgen Daten über die Eigenschaften verschiedener Materialien. Zwei Punkte sollten beachtet werden.

1. Die angegebenen Werte sind eher typisch als exakt, da sie in den meisten Fällen von der Zusammensetzung der Probe, der Vorgeschichte und möglicherweise von der Feuchtigkeit oder anderen äußeren Faktoren abhängig sind. Für einige der stärker variierenden Eigenschaften ist es nur möglich einen Wertebereich anzugeben.

2. Es ist nicht ratsam aus den angegebenen Zahlen Schlüsse zu ziehen ohne zu überprüfen, ob man die Definition der gemessenen Größe verstanden hat. Die hier angegebenen Zahlen können nahelegen, warum Materialien für bestimmte Anwendungen nützlich sind, für ernsthafte Planungsarbeit reichen sie aber nicht aus. Nur eine sehr kleine Anzahl der wichtigeren Materialien wurde aufgenommen.

Metalle (s. S. 113–117). Sehr wenige Metalle werden in reiner Form verwendet (siehe die Fußnoten auf den Seiten 114–115). Einige Eigenschaften variieren merklich im brauchbaren Temperaturarbeitsbereich: Typische Änderungen sind auf Seite 116 angegeben.

Festigkeit und Härte können durch *Legieren, Kaltverformung* (das heißt Rollen, Ziehen oder anderweitig bei Zimmertemperatur verformen) und *Tempern* (das heißt plötzlich von einer hohen Temperatur abkühlen) verbessert werden. Bestimmte Legierungen können durch plötzliches Abschrecken aus einer hohen Temperatur mit nachfolgender Wiedererwärmung auf eine niedrigere Temperatur gehärtet werden. Die Wiedererwärmung soll *Ausscheidungs* (oder *Alters*)-*Härtung* durch die Ausfällungsbildung innerhalb des Metalls ermöglichen. Diese Prozesse reduzieren auch die Leitfähigkeit und können Sprödigkeit verursachen, so daß gewöhnlich ein Kompromiß zwischen Festigkeit und Sprödigkeit gefunden werden muß. Die Tabelle auf Seite 117 gibt Beispiele für die Wirkung dieser Prozesse, die normalerweise die elastischen Eigenschaften oder die Dichte nicht merklich beeinflussen.

Wenn zwei Werte von σ und ϵ angegeben sind, bezieht sich der erste auf den weichsten erreichbaren ausgeglühten Zustand und der zweite auf den härtesten feinkörnigen oder kaltbearbeiteten Zustand.

Baustoffe (s. S. 118). Viele davon sind natürlichen Ursprungs und/oder gemischter Natur, so daß die Veränderlichkeit besonders zu bemerken ist. Die theoretische Festigkeit muß durch einen recht großen Sicherheitsfaktor dividiert werden, um den Auswirkungen von Veränderlichkeit, Gestalt und Verbindungsstellen Rechnung zu tragen. Die Festigkeit kann mit der Orientierung der Beanspruchung beträchtlich variieren. Die Auswirkungen von Feuchtigkeit und Feuer sind für den Techniker von großer Wichtigkeit.

Kunststoffe (s. S. 119). Die Eigenschaften kommerziell hergestellter Gegenstände hängen sehr wesentlich von den benutzten Füllstoffen ab. Diese können eingesetzt werden, um eine bestimmte Eigenschaft zu erzielen oder einfach um teures Material zu sparen. Die Eigenschaften können auch von den Herstellungsmethoden abhängen. In einigen Fällen ist die Eigenschaft des Materials weit mehr für den Füllstoff als für den Kunststoff charakteristisch, zum Beispiel bei Faserglas und Rußfasermaterialien. In diesen Materialien hat der Kunststoff die Funktion, die Fasern zusammenzuhalten und die Beanspruchung gleichmäßig unter ihnen zu verteilen.

Gläser (s. S. 120). Die meisten Gläser bestehen in erster Linie aus Siliciumdioxid (Kieselerde), SiO_2, mit Beimischungen anderer Oxide, die die zur Bearbeitung erforderlichen Temperaturen reduzieren und dem Glas andere gewünschte Eigenschaften verleihen; damit verbunden ist aber eine Zunahme des thermischen Ausdehnungsvermögens und von daher der Neigung, unter thermischem Schock zu brechen. Die angegebenen Zusammensetzungen sind typische Massenprozentsätze und die exakten Werte schwanken von Glassatz zu Glassatz.

Keramiken (s. S. 120). Es steht eine sehr große Anzahl an Keramikmaterialien zur Verfügung, einige basieren mehr auf Metalloxiden als auf Ton. Die vier angegebenen Beispiele sind für die Hauptklassen dieser Materialien repräsentativ. Alle Keramikmaterialien sind spröde und die meisten Keramiken sind mehr oder weniger porös.

Eigenschaften ferromagnetischer Stoffe

μ_{ra} relative Anfangspermeabilität
μ_{rm} relative maximale Permeabilität
$M_s = M - \mu_0 H$ Sättigungsmagnetisierung
H_c Koerzitivität
I_r Remanenz
W Hystereseverlust pro Zyklus pro Einheitsvolumen für $B_{max} = 1\,T$ (oder 0,5 T)

T_C Curie-Temperatur
ρ spezifischer elektrischer Widerstand
$(MH)_{max}$ maximales Energieprodukt auf der Hysteresekurve, Gütekurve für das Material
H Wert der magnetischen Feldstärke bei der $(MH)_{max}$ auftritt

Weichmagnetische Materialien

Material	$\dfrac{\mu_{ra}}{1000}$	$\dfrac{\mu_{rm}}{1000}$	$\dfrac{M_s}{T}$	$\dfrac{H_c}{A\,m^{-1}}$	$\dfrac{I_r}{T}$	$\dfrac{W}{J\,m^{-3}}$	$\dfrac{T_C}{K}$	$\dfrac{\rho}{10^{-8}\,\Omega m}$
Fe (Einkristall)		1500	2,16	12		$30^{0,5\,T}$	1043	10
Fe (99 % rein)	0,25	7	2,16	80	1,3	500	1043	11
Fe (1 % C Stahl)			2,00	600				
Fe (Temperguß)			1,70	400		1000		
Fe (2 % Si Dynamo)	1,0	6	2,10	60		250	1003	35
Fe (3 % Si Korn-orientiert)	5,0	40	1,98	8		30	993	48
Ni (99 % rein)	0,25	2	0,61	120	0,3		631	7
Co			1,76	950			1388	9
NiFeMo(79:16:5)[A]	100	1000	0,79	0,16	0,55	$0,8^{0,5\,T}$	673	60
NiFeMo(79:17:4)[B]	20	100	0,87	0,16	0,5	20	733	55
NiFe(45:55)[C]	2,5	2,5	1,60	24		120	673	45
NiFeCo(45:30:25)[D]	0,4	2,0	1,55	96		250	988	19
NiFeCu(30:59:11)[E]	0,06	0,065		240			573	70
CuMnAl(61:26:13)[F]	0,8		0,48	550			603	7
MnZn$(Fe_2O_4)_2$[G]	1,5	2,5	0,34	16	0,1	10	423	$2 \cdot 10^7$
NiZn$(Fe_2O_4)_2$[G]	0,8	2,5	0,37	80	0,2	14	523	10^{11}

[A] Supermalloy.   [B] 4–79 Permalloy.   [C] 45 Permalloy.
[D] Perminvar (Legierung mit konstanter Durchlässigkeit).
[E] 36 Isoperm (Legierung mit konstanter Durchlässigkeit).   [F] Heusler Legierung.
[G] Ferroxcube Ferrite.

Dauermagnetische Materialien

Material	Zusammensetzung	$\dfrac{I_r}{T}$	$\dfrac{H_c}{kA\,m^{-1}}$	$\dfrac{(MH)_{max}}{kJ\,m^{-3}}$ bei	$\dfrac{H}{kA\,m^{-1}}$
Kohlenstoffstahl	Fe(1 % C, ? Mn)	0,9	4,4	1,6	2,7
Kobaltstahl	Fe(2 % Co, 4 % Cr, 0,9 % C)	1,0	6,0	2,9	4,2
Alnico 1	FeNiAlCo(62:21:12:5)	0,65	43	11,0	25
Magnadur	$BaFe_{12}O_{19}$ anisotrop	0,36	110	20	86
Ticonal C	FeCoNiAlTiCu(41,5:29:14:7:4,5:4)	0,85	95	32	59,5
Hycomax II Columax	FeCoNiAlCu(51:24:14:8:3)	1,35	58	59,5	51
Ticonal GX	(Kolumnar-Struktur)				
Kobalt-Platin	PtCo(77:23)	0,65	360	72	206

Anmerkung

Die Eigenschaften magnetischer Materialien sind von Unreinheiten, Wärmebehandlung und der Vorgeschichte der Probe stark beeinflußt. Zur Definition von H siehe S. 15.

Literaturhinweis: R 1, R 4.

Physikalische und mechanische Eigenschaften reiner Metalle

Die Werte beziehen sich auf handelsübliche reine Metalle bei Zimmertemperatur und können zwischen den Proben variieren. In anderen Tabellen sind möglicherweise abweichende Werte zu finden.

KS Kristallsystem (siehe Seite 58)
n Anzahl der festen Phasen
r Abstand nächstbenachbarter Atome
ρ_m Dichte
α Wärmeausdehnungsvermögen
T_F normale Schmelztemperatur
Δh_S^L spezifische Schmelz-Enthalpie (latente Wärme)
c_p spezifische Wärmekapazität. $c_p^{298} = 0,1$ J g^{-1} K^{-1}
λ Wärmeleitfähigkeit

	Metall	KS	n	$\dfrac{r}{\text{nm}}$	$\dfrac{\rho_m}{\text{g cm}^{-3}}$	$\dfrac{\alpha}{10^{-6}\,\text{K}^{-1}}$	$\dfrac{T_F}{\text{K}}$	$\dfrac{\Delta h_S^L}{\text{J g}^{-1}}$	$\dfrac{c_p}{c_p^{298}}$	$\dfrac{\lambda\,[A]}{\text{W cm}^{-1}\,\text{K}^{-1}}$
1	Aluminium [B]	FZ	1	0,29	2,70	23,0	932	412	8,78	2,38
2	Antimon	RBH	3	0,29	6,68	11,0	903	163	2,13	0,18
3	Blei [D]	TRG	1	0,31	9,75	13,5	545	54	1,27	0,09
4	Cadmium	HDG	1	0,30	8,65	31,5	594	54	2,29	1,00
5	Chrom	RZ	2	0,25	7,19	7,0	2176	280	4,64	0,87
6	Eisen	FZ	3	0,25	8,90	13,7	1768	280	4,31	1,00
7	Iridium	FZ	1	0,26	8,94	16,7	1356	205	3,81	3,85
8	Gold	FZ	1	0,29	19,32	14,0	1336	628	1,27	3,10
9	Kobalt	FZ	1	0,27	22,42	6,5	2727	138	1,35	1,48
10	Kupfer [C]	RZ	4	0,25	7,86	11,7	1812	269	4,38	0,80
11	Lanthan	HDG	4	0,38	6,19	5,0	1193	113	2,00	
12	Magnesium	FZ	1	0,35	11,35	28,9	601	25	1,26	0,38
13	Mangan	HDG	1	0,32	1,74	25,0	923	377	9,80	1,50
14	Molybdän	KUB	4	0,89 [I]	7,42	22,8	1517	262	5,11	
15	Natrium	RZ	1	0,27	10,22	5,0	2890		3,01	1,43
16	Nickel	FZ	2	0,25	8,90	12,8	1728	305	0,44	0,91
17	Niob	RZ	1	0,29	8,55	7,1	2770	288	2,65	0,52
18	Platin [E]	FZ	1	0,28	21,45	8,9	2043	113	1,36	0,73
19	Rhodium	FZ	2	0,27	12,41	8,4	2239	212	2,43	1,52
20	Silber [F]	FZ	1	0,29	10,50	19,2	1234	105	1,05	4,18
21	Tantal	RZ	1	0,37	0,97	69,6	371	113	1,22	1,35
22	Titan	RZ	1	0,29	16,60	6,5	3270	173	1,51	0,58
23	Uran	TET	3	0,32	7,31	21,2	505	57	2,24	0,64
24	Wismut	HDG	2	0,30	4,54	8,5	1950	322	4,73	0,20
25	Wolfram [G]	RZ	1	0,27	19,35	4,5	3650	184	1,42	1,91
26	Zink [H]	RZ	3	0,28	18,95	13,5	1406	650	1,17	0,28
27	Zinn	HDG	1	0,27	7,13	29,7	693	100	3,84	1,13
28	Zirkonium	HDG	2	0,32	6,53	5,4	2125	183	2,76	0,22

A Diese Größen ändern sich mit den Legierungszusätzen und der vorausgehenden Behandlung.
B rein verwendet für elektrische Leiter, Klimaanlagen und Gartenmöbel.
C rein verwendet für elektrische Leiter, Wasserrohre und Walzen.
D rein verwendet für elektrische Speicherbatterien und Kabelhüllen.
E rein verwendet für elektrische Kontakte und Thermometer.
F rein verwendet für elektrische Kontakte und dekorative Silberarbeiten.
G rein verwendet für Glühfäden in elektrischen Lampen.
H rein verwendet für Trockenzellen und Antikorrosionsschutz.
I Gitterkonstante.

ρ_e spezifischer elektrischer Widerstand
$\rho_e' = d\rho/\rho\,dT$. Temperaturkoeffizient von ρ_e
E Elastizitätsmodul
K Kompressionsmodul
G Schubmodul

μ Poisson-Zahl
σ_{max} Zugfestigkeit
ϵ Bruchdehnung
BH Brinel-Härte

		ρ_e [A] $10^{-8}\,\Omega\,m$	ρ_e' [A] $10^{-3}\,K^{-1}$	E $10^{10}\,Nm^{-2}$	K $10^{10}\,Nm^{-2}$	G $10^{10}\,Nm^{-2}$	μ	σ_{max} [A,D] $10^7\,Nm^{-2}$	ϵ [A,E] %	BH [A]
1	Al	2,45	4,5	7,0[B]	7,6	2,6[C]	0,34	5 zu 11,4	60 zu 5	20 zu 27
2	Sb	39,0	5,1	7,8			0,33	1		30
3	Bi	107,0	4,6	3,2	3,2	1,2	0.30			7
4	Cd	6,8	4,2	5,0	4,2	1,9	0,21	7	50	21
5	Cr	12,7	3,0	27,9	16,0	11,5		8		70
6	Co	5,6	6,6	20,6			0.34	23 zu 91		120
7	Cu	1,56	4,3	13,0[B]	13,8	4,8[C]	0,44	22 zu 43	50 zu 5	45 zu 100
8	Au	2,04	4,0	7,8[B]	21,7	2,7[C]	0,42	12 zu 22	30 zu 4	33 zu 58
9	Ir	4,7	4,5	51,5			0,44	22	7	170
10	Fe	8,9	6,5	21,1[B]	17,0	8,2[C]	0,29	21	50	
11	La	62,4	2,18	3,9		1,5	0,29	13	8	40
12	Pb	19,0	4,2	1,6	4,6	0,6		1,5	6	
13	Mg	3,9	4,3	4,5	3,6	1,7	0,31	9 zu 22		30 zu 47
14	Mn	136,0		15,7			0,39			
15	Mo	5,2	4,4	34,3				16,5		
16	Ni	6,1	6,8	20,0	17,7	7,6	0,37	34 zu 99	50 zu 8	90 zu 210
17	Nb	15,2	2,6	10,5	17,0	3,8	0,38	26 zu 69	49 zu 1	80 zu 160
18	Pt	9,8	3,9	16,6[B]	22,8	6,1	0,34	12		38
19	Rh	4,3	4,4	29,4			0,32	95 zu 21		100
20	Ag	1,5	4,1	8,3[B]	10,4	3,0[C]		14 zu 35	25 zu 50	25
21	Na	4,8								
22	Ta	12,6	3,5	18,6	19,6	6,9	0,39	34 zu 124	40 zu 1	80 zu 180
23	Sn	11,5	4,6	5,0	5,8	1,8[C]	0,33	1	60	5
24	Ti	43,1	3,8	11,6	10,8	4,4		23	54	
25	W	4,9	4,8	41,1	31,1	16,1		12	1	225
26	U	29,0		16,6		8,3	0,21	38,6	4	
27	Zn	5,5	4,2	10,8	7,2	4,3		13,9	50	
28	Zr	42,4	4,4	7,4				34 zu 56	35 zu 10	64 zu 200

A Diese Größen ändern sich mit den Legierungszusätzen und der vorausgehenden Behandlung.
B Temperaturkoeffizienten $\alpha_E/10^{-4}\,K^{-1}$: Al $-4,8$, Cu $-3,7$, Au $-4,8$, Fe $-2,3$, Pt $-1,0$, Ag $-7,5$.
C Temperaturkoeffizienten $\alpha_G/10^{-4}\,K^{-1}$: Al $-5,2$, Cu $-3,1$, Au $-3,3$, Fe $-2,8$, Ag $-4,5$, Sn $-5,9$.
D σ_{max} ist die maximale Kraft an der Bruchgrenze dividiert durch die ursprüngliche Querschnittsfläche und ist ein Maß für die Belastbarkeit.
E ϵ ist das Verhältnis von Verlängerung zur ursprünglichen Länge, bevor der Bruch eintritt, und ist ein Maß für die Dehnbarkeit.

Literaturhinweis: R 17, R 53, R 54, R 55, R 56.

Temperaturabhängigkeit einiger Eigenschaften ausgewählter Metalle

Spezifischer elektrischer Widerstand $\sigma/10^{-8}\,\Omega\,\text{m}$

Der spezifische elektrische Widerstand ist insbesondere bei tiefen Temperaturen empfindlich gegenüber Fremdstoffkonzentration und Kaltbearbeitung.

T/K	20	40	80	160	273	373	573	973	1473
Aluminium			0,3		2,45	3,55	5,9	24,7[fl]	32,1[fl]
Kupfer	0,0008	0,058	0,29	0,77	1,55	2,38	3,61	6,7	22,3
Eisen	0,007	0,37	0,64	3,55	8,70	16,61[A]	31,5[A]	85,5[A]	122,0[A]
Blei	0,59		4,7		19,8	27,8	50	107,6[fl]	126,3[B]
Wolfram	0,005	0,066	0,60	2,33	4,82	7,3	12,4	24	39

A Diese Zahlen beziehen sich auf eine andere Probe als die bei tiefen Temperaturen.   B fl 1273 K.

Wärmeleitfähigkeit $\lambda/\text{W m}^{-1}\,\text{K}^{-1}$

T/K	4,2	20	76	194	273	373	573	973
Aluminium	3200	5700	420	239	238	230	226	
Kupfer	12000	10500	660	410	400	380	380	350
Eisen	77	300	180	89	82	69	55	34
Blei	2500	59	40	36	35	34	32	
Wolfram	2600	5400	260	178	170	160	150	120

Linearer Ausdehnungskoeffizient $\alpha/10^{-6}\,\text{K}^{-1}$

T/K	25	50	100	200	300	400	500	600	800	1200
Aluminium	0,5	3,8	12,2	20,0	23,2	24,9	26,4	28,3	33,8	
Kupfer	0,6	3,8	10,5	15,1	16,8	17,7	18,3	18,9	20,0	23.4
Eisen		1,6	5,6	10,0	11,7	12,9	14,3	15,5	16,6	21,4 γ-Phase
Blei	14,5	21,6	25,0	27,5	28,9	29,8	32,1			
Wolfram			2,7	4,1	4,5	4,6	4,6	4,7	4,8	5,1

Molare Wärmekapazität $C_m/\text{J mol}^{-1}\,\text{K}^{-1}$

Der ‚klassische' Wert ist $3R = 25\,\text{J mol}^{-1}\text{K}^{-1}$ bei allen Temperaturen, wobei R die Gaskonstante ist.

T/K	10	20	30	50	100	200	400	800	1200
Aluminium	0,04	0,21	0,84	3,80	13,1	21,5	25,7	30,6	29,3[fl]
Kupfer	0.054	0,46	1,71	6,22	16,1	22,7	25,1	27,6	30,1[fl]
Eisen	0,084	0,25	0,75	3,05	12,0	21,5	27,4	38,6	34,2 γ-Phase
Blei	2,80	11,0	16,4	21,4	24,5	25,8	27,4	30,0	28,7[fl]
Wolfram	0,046	0,326	1,42	5,93	16,0	15,0	25,0	26,5	27.8

C_m (fl Fe, 2000 K) = $44\,\text{J mol}^{-1}\text{K}^{-1}$.

Maximale Zugfestigkeit $\sigma_{max}/10^6\,\text{Pa}$

T/K	70	205	277	373	477	589	673	773
Aluminium	220	100	90	75	42	17		
Kupfer	330	260	210	190	160		130	90

Diese Werte sollten nur verwendet werden, um die Größenordnung der Änderung von σ_{max} anzugeben. Die exakten Werte sind sehr empfindlich gegenüber Verunreinigung (Legierungsanteile), Wärmebehandlung und Kaltbearbeitung.

Literaturhinweis: R 17, R 53, R 54, R 55, R 56.

Typische Auswirkungen der Kaltbearbeitung, Wärmebehandlung und Legierung auf die mechanischen Eigenschaften von Metallen

R	Verringerung der Dicke bei Kaltbearbeitung	ϵ	Bruchdehnung
σ_f	Fließspannung	T	Tempertemperatur
σ_p	0,1-%-Dehngrenze (ein Maß für σ_f)	W	Massenanteil der Legierungskomponente
σ_{max}	maximale Zugfestigkeit		

Siehe „Allgemeine Einführung" auf S. 112.

Kaltbearbeitung von gewalztem, vorher geglühtem Kupferband

$R/\%$	$\sigma_p/10^8\,\mathrm{Nm}^{-2}$	$\sigma_{max}/10^8\,\mathrm{Nm}^{-2}$	$\epsilon/\%$
0	0,6	2,1	58
10	1,8	2,4	38
20	2,4	2,7	23
30	2,7	3,2	15
40	3,0	3,3	10
50	3,2	3,5	8
60	3,3	3,8	7
70	3,5	3,9	6
80	3,6	4,1	5

Tempern von unlegiertem Kohlenstoffstahl

Dieser enthält 0,45 % C und kleine Beimengen von Si, Mn, S und P. Er ist anfangs durch Abschrecken gehärtet. Getempert wird durch Beibehalten einer Temperatur T, bis keine weitere Änderung der Eigenschaften beobachtet wird.

T/K	$\sigma_p/10^8\,\mathrm{Nm}^{-2}$	$\sigma_{max}/10^8\,\mathrm{Nm}^{-2}$	$\epsilon/\%$
Anfangsbedingung	7,1	9,8	12
573	6,6	9,8	15
673	6,9	9,6	17
773	6,3	9,0	21
873	5,4	7,8	25
973	4,7	6,8	28

Eisen-Kohlenstoff-Legierung

Unlegierter Kohlenstoffstahl mit geringen Anteilen an Si, Mn, S und P.

$W(C)/\%$	$\sigma_f/10^8\,\mathrm{Nm}^{-2}$	$\sigma_{max}/10^8\,\mathrm{Nm}^{-2}$	$\epsilon/\%$
0,10	2,6	3,7	45
0,22	3,3	4,8	36
0,39	3,2	5,4	34
0,54	3,6	6,9	25
0,81	3,7	7,9	19
1,04	4,1	8,4	15

Kupfer-Zink-Legierung (Messing)

$W(Cu)/\%$	$W(Zn)/\%$	$\sigma_p/10^8\,\mathrm{Nm}^{-2}$	$\sigma_{max}/10^8\,\mathrm{Nm}^{-2}$	$\epsilon/\%$
100	0	0,45	2,3	50
90	10	0,75	2,6	63
80	20	0,90	3,0	67
70	30	1,05	3,3	70
60	40	1,35	3,6	85

Literaturhinweis: R 17, R 53, R 54, R 55, R 56.

Eigenschaften von Konstruktions- und Baumaterialien

ρ Dichte
E Elastizitätsmodul
σ_max Zugfestigkeit
f Sicherheitsfaktor für σ_max [A]
σ_dB Druckfestigkeit
σ_sB Schubfestigkeit
α Wärmeausdehnungsvermögen
ε Quellung bei Feuchtigkeit (relative Feuchtigkeit 40 % bis 90 %)
λ Wärmeleitfähigkeit
B Brennbarkeit
FB Feuchtigkeitsbeständigkeit; SG = sehr gut, G = Gut, A = ausreichend, W = wenig

Nr.	Material	ρ / kg m^{-3}	E / GN m^{-2}	σ_max / MN m^{-2}	f	σ_dB / MN m^{-2}	σ_sB / MN m^{-2}	α / 10^{-6} K	ε / 10^{-3}	λ / W m^{-1} K^{-1}	B / °C	FB
	Metalle											
1	Weichstahl	7700	200	250[Y]	1,5	250[Y]	250[Y]	12	—	60	400	G[H]
2	Hochbelastbarer Stahl	7700	200	340[Y]	1,3	340[Y]	330[Y]	12	—	60	400	
3	Unlegiertes Aluminium	2700	70	60 bis 120[Y]	variiert	60 bis 120[Y]	60 bis 70[Y]	24	—	200	200	SG[rein]
4	Hochwertige Al-Legierung	2800	70	240 bis 400[Y]	variiert	240 bis 400[Y]	160 bis 280[Y]	24	—	100	200	G
	Holz (trocken, 18 % Feuchtigkeit)											
5	Douglastanne (importiert)	600	16[∥] 1[⊥]	18[∥]	1,3 bis 2,5	15[∥] 2,5[⊥]	1,9[⊥]	3[∥][E] 35[⊥]	0,5[∥] 4,0[⊥]	0,4[∥] 0,11[⊥]	brennt	A[H]
6	Eiche	720	9[mittel] 5[min]	21[∥]	1,3 bis 2,5	15[∥] 4,4[⊥]	3,1[⊥]	3[∥][E]	0,5[∥] 4,0[⊥]	0,16[⊥]	brennt	A[H]
7	Westliche Rote Zeder	380	7[mittel] 4[min]	11[∥]	1,3 bis 2,5	9[∥] 1,5[⊥]	1,4[⊥]	3[∥][E]	0,5[∥] 4,0[⊥]	0,09[⊥]	brennt	A[H]
8	Balsa	200	6[∥] 0,2[⊥]	25[∥]	—	1,5[∥]	1,5[⊥]	0,2[∥][E] 20[⊥]	15[⊥][K]	0,2[∥] 0,07[⊥]	brennt	A[H]
	Platten											
9	Douglastannen-Sperrholz	450 bis 600	7 bis 11	9[C] bis 15[B] [F]		6[C] bis 10[B]	(2)	5 bis 10[E]	0,7 bis 3,4[I]	0,12 bis 0,19[⊥]	brennt	A[H]
10	Birkensperrholz	600 bis 700	4 bis 10	8[C] bis 16[B] [F]		5[C] bis 8[B]	(2)	5 bis 10[E]	0,7 bis 3,4[I]	0,17 bis 0,20[⊥]	brennt	A[H]
11	Standard Hartfaserplatte[D]	800 bis 1000	4 bis 6	25 bis 55	6	10 bis 15		[E]	1,0 bis 3,5	0,07 bis 0,10	brennt	W
12	Spanplatte[D]	450 bis 1300	2 bis 4	2 bis 10		5 bis 10		[E]	0,7 bis 8,3	0,10 bis 0,25	brennt	W
13	Gipsplatte	700 bis 1300	—	2 bis 5		2 bis 5		[E]	0,1 bis 0,7	0,15 bis 0,20	wird geschwächt	W
14	Asbestzementplatte[D]	1700 bis 2000	18 bis 20	20 bis 35		20 bis 30		[E]	0,2 bis 0,8	0,25 bis 0,35	zerbricht	G
15	Holzwolle-Zement[D]	400 bis 800	—	0,3 bis 2		—		[E]	—	0,05 bis 0,10	wird geschwächt	G
	Ziegelsteine und Bausteine											
16	Klinkerziegel	1800 bis 2000	20	abhängig von Verbindung	15 bis 30[G]	50 bis 100		6	0,05	1,00 bis 1,50	brennt nicht	SG
17	Normaler Ziegelstein	1500 bis 1800	7		12[G]	7 bis 70		6	0,1	0,80 bis 1,20		SG
18	Schlackenstein	1300 bis 1500	20 bis 40		12[G]	4 bis 6		12	0,3 bis 0,7	0,35 bis 0,45		G
19	Schaumbetonstein[D]	600 bis 1200	15 bis 30			4 bis 8		12	0,3 bis 0,7	0,08 bis 0,40		G
	Beton											
20	1 : 2 : 4 Mischung	2200 bis 2400	40	bricht ohne Verstärkung	3	20 bis 35		12	0,2 bis 0,6	1,40 bis 1,50	stabil	SG
21	Hochwertiger Beton	2200 bis 2400	40		3	50 bis 70		12	0,2 bis 0,6	1,40 bis 1,50	stabil	SG
22	Leichtbeton[D]	800 bis 1200	15 bis 40		4	6 bis 15		12	0,2 bis 0,7	0,10 bis 0,60	stabil	G
	Kunststoff											
23	Glasverstärkter Polyester[J]	1500 bis 2000	5 bis 7	70 bis 500	4 bis 10	100 bis 400		20 bis 30	—		stabil[I]	AG
24	Harter Kunststoff	1250 bis 2500	2 bis 4	40 bis 60		40 bis 60		50 bis 70	—		200	AG
25	Epoxyharz	1200 bis 2500	1 bis 5	30 bis 80		100 bis 200		40 bis 60	—		250	G

[∥] parallel zur Faser oder zu den Schichten. [⊥] senkrecht zur Faser oder zu den Schichten. [A] maximal zulässige Beanspruchung ist σ_max/f. [B] parallel zur Oberflächenfaser. [C] senkrecht zur Oberflächenfaser. [D] E, σ_max, λ, $1/\varepsilon$ nimmt mit ρ zu (und Bindergehalt). [E] α wird von ε überlagert. [F] hängt vom Zustand des Holzes ab. [G] schließt die Festigkeit des Mörtels ein. Die Werte sind abhängig vom Verhältnis Höhe zu Dicke (r). Die Zahlen gelten für $r = 1$. $f(12) = 2f(1)$, $f(21) = 4f(1)$. [H] wenn entsprechend eingehüllt. [I] wenn speziell feuerbeständige Qualität. [J] niedrige Zahlen für kaum ausgerichtete Fasern. Hohe Zahlen für Belastung parallel zu einheitlich ausgerichteten Fasern. [K] 10 % bis 20 % Feuchtigkeit. [Y] Fließfestigkeit.

Literaturhinweis: entnommen aus C.I.R.I.A., Herstellerunterlagen.

Eigenschaften von Kunststoffen

ρ	Dichte	E	Elastizitätsmodul
n	Brechungsindex	σ_{bB}	Biegefestigkeit
σ_B	Zugfestigkeit	σ_{dB}	Druckfestigkeit
δ	Bruchdehnung	c_V	spezifische Wärme
α	Wärmeausdehnungsvermögen	E_d	elektrische Durchbruchsfeldstärke
λ	Wärmeleitfähigkeit	ε_r	relative Dielektrizitätskonstante
t_{max}	maximale Arbeitstemperatur		
ρ_e	elektrischer spezifischer Widerstand		

		ρ ($g\,cm^{-3}$)	n	σ_B (MPa)	δ (%)	E (MPa)
1	Acryl (z. B. Perspex)	1,17 bis 1,20	1,49	55 bis 70	2 bis 10	2500 bis 3500
2	Polyvinylchlorid (PVC)	1,25[F] 1,39[R]	1,52	20[F] 60[R]	300[F] 2[R]	2400 bis 2500
3	Polyäthylen (niedrige Dichte)	0,92	1,51	15	600	150
4	Polyäthylen (hohe Dichte)	0,96		29	350	1000
5	Polystyrol	1,05	1,6	40	2,5	35 000
6	Polyester (ungesättigt) mit Gießharz	1,2	(klar)	35		
7	Polyester-Schichtplatte, 70 % gewebte Glasfaser	1,65	(undurchsichtig)	350		
8	Polypropylen	0,9	1,49	35	100	900 bis 1300
9	Polymethylpenten	0,83	(klar)	28	15	1100
10	Polyphenyläthanal Hartgewebe (z. B. Tufnul)	1,27 bis 1,55	(braun)	190		6700
11	Phenoplast (Bakelit) mit Holzmehl	1,35 bis 1,45	(braun)	50	0,6	6000 bis 8000
12	Phenoplast (Bakelit) mit Asbest	1,7 bis 2,0	(schwarz)	55	0,34	1000 bis 14 000
13	Gummi (natürlich) leicht vulkanisiert	0,93 bis 1,17	(undurchsichtig)	32	850	1 (δ = 25 %)
14	Gummi (natürlich) mit Ruß	2,5	(undurchsichtig)	35	650	10 (δ = 500 %)

	σ_{bB} (MPa)	σ_{dB} (MPa)	c_V ($J\,g^{-1}\,K^{-1}$)	α ($10^{-6}\,K^{-1}$)	λ ($W\,m^{-1}\,K^{-1}$)	t_{max} (°C)	ρ_e ($\Omega\,m$)	E_b ($kV\,mm^{-1}$)	ε_r	p(1969) ($\text{£}\,kg^{-1}$)
1	83 bis 20	75130	1,5	90		340 bis 380	10^{13}	14 bis 16	3,3	0,4
2	93[R]	9[F] 55[R]	1 bis 2[F] 0,9[R]	240[F] 50[R]		293[F] 255[R]	10^{14}	12 bis 52	2,2	0,13
3			2,3			363	10^{14}	28	2,2	0,16
4						394	10^{14}	20	2,35	0,21
5	60	95	1,3	70		359	10^{11}	16	2,45	0,16
6	120	110	2,1	80	23	343	10^{14}	8	4,0	0,24
7	400	350		12	0,17	453	10^{13}	60	5,0	0,54
8					12					0,25
9			2,2	117	17	453	10^{14}	2,8		0,84[A]
10		480		$80^{\perp}$ $20^{\parallel}$		393				0,16
11	70	200	1,5	50	34	408	10^{14}	275	5	
12	75	240	1,3	30	60	413	10^{14}	325	5 bis 20	
13		2000	2,1	220	15	250	10^{12}	0,25	2,5	0,24[B]
14			1,6	160	17		10^{11}		7,0	

[F] biegsames PVC. [R] steifes PVC. … fabrication process. so no typical price can be given for vulcanized material. [F] flexible PVC. [R] rigid PVC.

Literaturhinweis: Herstellerunterlagen.

Eigenschaften typischer handelsüblicher Gläser und Keramiken

ρ	Dichte
n	Brechungsindex
V	Abbesche Zahl (reziprokes Dispersionsvermögen) N
α	linearer thermischer Ausdehnungskoeffizient
E	Elastizitätsmodul
T_G	Glühtemperatur
T_E	Erweichungstemperatur
ρ_e	elektrischer spezifischer Widerstand
ϵ_r	relative Dielektrizitätskonstante (293 K, 1 MHz)
υ	Scheinporosität
σ	Bruchmodul (Biegeversuch)
t_{Fl}	Flammtemperatur
λ	Wärmeleitfähigkeit

	Glas	Anwendungen	ρ $\frac{}{\text{g cm}^{-3}}$	n (589 nm)	V	α $\frac{}{10^{-6}\,\text{K}^{-1}}$	T_G $\frac{}{\text{K}}$	T_E $\frac{}{\text{K}}$	ρ_e $\frac{}{\Omega\,\text{m}}$	ϵ_r	E $\frac{}{\text{GPa}}$	Zusammensetzung
1	Quarzglas	Tafelgeschirr, Tauchsieder	2,20	1,458		0,54	1413	1940	10^{12}	3,8	70	99.5 % SiO_2
2	Vycor	Tafelgeschirr	2,18	1,458		0,8	1183	1773	5×10^9	3,8	68	96 % SiO_2, 3 % B_2O_3
3	Hohlglas	Behälter und Flaschen	2,49	1,520		8,5	821	1003	10^7	7,6	70	73 % SiO_2, 15 % Na_2O[D]
4	Tafelglas	Fenster, elektrische Lampen	2,46	1,510		8,5	821	1003	3×10^6	7,0	70	73 % SiO_2, 13 % Na_2O[E]
5	Boro-Silicatglas	Laborgeräte und feuerfeste Ware	2,23	1,474		3,2	838	1093	10^8	4,6	69	80 % SiO_2, 12 % B_2O_3
6	Aluminiumsilicatglas	Verbrennungsrohre A	2,53	1,534		4,2	988	1188	3×10^{11}	6,3	89	57 % SiO_2, 21 % Al_2O_3[F]
7	Schweres Bleiglas	Elektrische Teile	4,28	1,693		9,1	703	853	6×10^{11}	9,5	53	35 % SiO_2, 58 % PbO[G]
8	Lötglas					8,9	613	718				16 % B_2O_3, 84 % PbO
9	Helles Baritkronglas	Optik	2,90	1,541	59,4	8,2	843			6,90	73	57 % SiO_2, 27 % BaO[H]
10	Dunkles Baritkronglas	Optik	3,56	1,612	59,0	6,4	878			8,21	79	36 % SiO_2, 45 % BaO[I]
11	Helles Flintglas	Optik	3,26	1,578	40,8	8,0	758			6,57	60	53 % SiO_2, 38 % PbO[J]
12	Dunkles Flintglas	Optik	3,55	1,613	36,9	8,6	733			7,42	56	48 % SiO_2, 45 % PbO[K]
13	Glasfaser B	Textilien	2,46	1,512		8,7	801	983	5×10^6	7,9	73	72 % SiO_2, 13 % Na_2O[L]
14	Glasfaser C	Fiberglas	2,53	1,548		5,0	848	1103	$> 10^{15}$	6,4	77	55 % SiO_2, 18 % CaO[M]

	Keramik	ρ $\frac{}{\text{g cm}^{-3}}$	υ $\frac{}{\%}$	E $\frac{}{\text{GPa}}$	σ $\frac{}{\text{MPa}}$	α $\frac{}{10^{-6}\,\text{K}^{-1}}$	λ $\frac{}{\text{W m}^{-1}\text{K}^{-1}}$	ρ_e $\frac{}{\Omega\,\text{m}}$	t_{Fl} $\frac{}{°\text{C}}$
1	Tongut	2,5	15 to 20	50	56	7	1,6		1400
2	Knochenporzellan	2,8	0 to 2	90	112	8	1,6		1500
3	Elektroporzellan	2,5	0	70	105	7	1,6	10^{10} to 10^{12}	1500
4	Porzellan mit hohem Tonerdegehalt (90 % Al_2O_3)	3,7	0	250 to 380	280 to 380	7,5	12 to 26	10^9 to 10^{12}	1950

A auch Schaugläser von Boilern. B Natronkalk. C E-Glas, wetterbeständig. D auch 10 % CaO.
E auch 9 % CaO, 3 % Mg. F auch 6 % CaO. G auch 7 % K_2O. H auch 14 % K_2O. I auch 8 % B_2O_3. J auch 10 % K_2O. K auch 5 % Na_2O. L auch 9 % CaO. M auch 15 % Al_2O_3.
N $V = (n_d - 1)/(n_F - n_c)$, wobei d die He-Linie (588 nm) ist; F, H F-Linie (486 nm) und C, H C-Linie (656 nm). (Das sind optische Standardwellenlängen)

Literaturhinweis: Glas Research Institute and Britisch Ceramics R.A., Herstellerunterlagen.

Elektrische Leiter und Widerstände

Kupferdraht

d_b Durchmesser des blanken Leiters. Bevorzugte Größen fettgedruckt.

d_i Durchmesser des einfach lackisolierten Leiters (= L) (Durchbruchspannung 350 V) ([II] bedeutet doppelt lackisoliert (= 2L))

R Widerstand pro Längeneinheit
δ minimale Bruchdehnung

d_b	d_i	$R\,(293\text{ K})^1$	δ
mm	mm	$\Omega\,\text{m}^{-1}$	%
0,016	0,020	85,75	—
0,020	0,025	54,88	—
0,025	0,031	35,12	—
0,032	0,040	21,44	—
0,040	0,050	13,72	—
0,050	0,062	8,781	10
0,063	0,078	5,531	12
0,080	0,098	3,430	14
0,100	$0,129^{II}$	2,195	16
0,125	0,149	1,405	17
0,160	0,187	0,8575	19
0,200	0,230	0,5488	21
0,250	0,284	0,3512	22

d_b	d_i	$R\,(293\text{ K})^{1,2}$	δ
mm	mm	$10^{-2}\,\Omega\,\text{m}^{-1}$	%
0,315	0,352	22,12	23
0,400	0,442	13,72	24
0,500	0,548	8,781	25
0,630	0,684	5,531	27
0,800	0,861	3,430	28
1,000	1,068	2,195	30
1,250	1,325	1,405	31
1,600	1,683	0,858	32
2,000	2,092	0,549	33
2,500	$2,631^{II}$	0,351	33
3,150	$3,294^{II}$	0,221	34
4,00	$4,160^{II}$	0,137	35
5,00	$5,177^{II}$	0,088	36

[1] Toleranz ± 10 % für feine Drähte, bis zu 3 % für dicke Drähte.   [2] Beachten Sie die Skalenänderung.

Internationaler Farbkode für 3-adrige Kabel

braun: **Phase**   blau: **Null**   gelb/grün: **Erde**

(alter Standard   rot: Phase   schwarz: Null   grün (manchmal braun): Erde)

Internationaler Kode für Widerstände

1. Buchstabe (für die Dezimalstellen):   R Ohm,   K Kiloohm,   M Megohm
2. Buchstabe (für die Toleranz):   F ± 1 %   G ± 2 %   J ± 5 %   K ± 10 %   M ± 20 %

Also: 1 R0M bedeutet 1,0 Ω ± 20 %   100K0K bedeutet 100 kΩ ± 10 %   6K8G bedeutet 6,8 kΩ ± 2 %
       4R7J bedeutet 4,7 Ω ± 5 %   4M7F bedeutet 4,7 MΩ ± 1 %

Bevorzugte Werte für Widerstände

Fettdruck: erhältlich mit ± 5 %, ± 10 % und ± 20 % Toleranzbereich
Normaldruck: erhältlich mit ± 5 % und ± 10 % Toleranzbereich
Kursivdruck: erhältlich nur mit ± 5 % Toleranzbereich

Die Zahlen wiederholen sich für jede Dekade von 0,22 Ω bis 22 MΩ. Werte außerhalb dieses Bereichs sind nicht immer erhältlich.

10   *11*   12   *13*   **15**   *16*   18   *20*   **22**   *24*   27   *30*   **33**   *36*   39   *43*   **47**   *51*   56   *62*   **68**   *75*   82   *91*   **100**

Alter Farbkode für Widerstände

Farbe	Schwarz	Braun	Rot	Orange	Gelb	Grün	Blau	Purpur	Grau	Weiß	Silber	Gold
Band A 1. Ziffer	0	1	2	3	4	5	6	7	8	9	—	—
Band B 2. Ziffer	0	1	2	3	4	5	6	7	8	9	—	—
Band C Multiplikator	1	10	100	1000	10^4	10^5	10^6	—	—	—	0,01	0,1
Band D Toleranz	—	—	—	—	—	—	—	—	—	—	± 10 %	± 5 %

Massewiderstände: alle Bänder mit gleicher Breite. Drahtgewickelte Widerstände: Band A doppelte Breite.
Kein Band D heißt ± 20 %.

Literaturhinweis: R 63, R 70.

Physikalische Eigenschaften von Flüssigkeiten

M molare Masse
ρ Dichte (273 K)
α_V kubischer Ausdehnungskoeffizient (293 K)
T_F normale Schmelztemperatur (1,013 bar)
T_S normale Siedetemperatur (1,013 bar)

p_S Sättigungsdampfdruck (298 K)
Δh_B spezifische Schmelzenthalpie (latente Wärme) (bei T_F). $h^{298} = 10^4\,\mathrm{J\,kg^{-1}}$
Δh_V spezifische Verdampfungsenthalpie (latente Wärme) (bei T_S). $h^{298} = 10^4\,\mathrm{J\,kg^{-1}}$

	Flüssigkeit	$\dfrac{M}{\mathrm{g\,mol^{-1}}}$	$\dfrac{\rho}{\mathrm{g\,cm^{-3}}}$	$\dfrac{\alpha_V}{10^{-3}\,\mathrm{K^{-1}}}$	$\dfrac{T_F}{\mathrm{K}}$	$\dfrac{T_S}{\mathrm{K}}$	$\dfrac{p_S}{\mathrm{Pa}}$	$\dfrac{\Delta h_B}{h^{298}}$	$\dfrac{\Delta h_V}{h^{298}}$
1	Wasser	18,0	1,00	0,21	273,2	373,2	2261	33,44	226,1
2	Schweres Wasser	20,0	1,10		277,0	374,6		31,70	
3	Quecksilber	200,6	13,55	0,18	234,3	630,1		1,15	29,5
4	Pentan	72,2	0,62	1,61	143,5	309,2	56392		35,9
5	Hexan	86,2	0,66		177,8	341,9	16093		33,2
6	Heptan	100,2	0,68		182,5	371,6	4655		32,5
7	Octan	114,2	0,70		216,4	398,8	1330		29,2
8	Dichlormethan	84,9	1,32	1,37	178,0	382,9	44954	5,42	33,0
9	Trichlormethan	119,4	1,48	1,27	209,7	334,9	20615	7,79	24,9
10	Tetrachlormethan	153,8	1,58	1,24	250,2	349,7	11571	1,69	19,5
11	Dibrommethan	173,9	2,48		220,6	370,1	4522		
12	Schwefelkohlenstoff	76,1	1,26	1,22	162,2	319,5	39235	5,77	35,2
13	Methanol	32,0	0,79	1,20	175,5	337,9	12502	6,91	110,3
14	Äthanol	46,1	0,79	1,12	159,1	351,4	5586	10,89	83,9
15	1-Propanol	60,1	0,80	0,96	147,0	370,4	1862		68,7
16	1,2,3-Propantriol (Glyzerin)	92,1	1,26	0,51	291,3	563,2	133	19,87	
17	Benzol	78,1	0,87	1,24	278,7	353,3	9975	12,70	39,4
18	Cyclohexan	84,2	0,77		279,7	353,9	10241	3,18	35,7
19	Phenylamin (Anilin)	93,1	1,02	0,86	267,0	457,6	133	8,81	43,4
20	Methylbenzol (Tolnol)	92,1	0,86	1,07	178,2	383,8	2926		35,9
21	1,2-Dimethylbenzol A	106,2	0,88	0,97	248,0	417,6	665	12,81	34,7
22	1,3-Dimethylbenzol A	106,2	0,86	1,01	225,3	412,3	798	10,89	34,3
23	1,4-Dimethylbenzol A	106,2	0,86	1,01	286,4	411,5	931	16,48	33,9
24	Äthan-(Essig-) Säure	60,1	1,04	1,07	289,8	391,1	1596	19,47	39,4
25	Aceton	58,1	0,78	1,49	178,5	329,4	23541	9,79	52,2
26	Diäthyläther (Äther)	74,1	0,71	1,66	156,9	307,7	57855		37,2
27	Terpentin	136,2	0,86	0,97	263,2	429,2			28,7
28	Silikonöl B	163,3	0,76	1,60	205,2	372,7			

† viele Diskrepanzen zwischen den einzelnen Quellen.
A jeweils o, m und p-Xylol.
B Dimethylsilikon, Ol mit geringer Viskosität.

Literaturhinweis: R 1, R 2, R 4, R 45, R 46, R 47.

κ isotherme Kompressibilität (293 K). $\kappa^{298} = 10^{11}\,\mathrm{Pa^{-1}}$
c_p spezifische Wärmekapazität. $c_p^{298} = 100\,\mathrm{J\,g^{-1}\,K^{-1}}$
λ Wärmeleitfähigkeit. $\lambda^{298} = 0,1\,\mathrm{W\,m^{-1}\,K^{-1}}$
c Schallgeschwindigkeit (293 K)

η Viskosität (298 K). $\eta^{298} = 10^{-4}\,\mathrm{kg\,m^{-1}\,s^{-1}}$
σ Oberflächenspannung (293 K)
ε relative Dielektrizitätskonstante (293 K, 0 Hz)
n Brechungsindex

Nr.	Formel	$\dfrac{\kappa^\dagger}{\kappa^\ominus}$	$\dfrac{c_p}{c_p^\ominus}$	$\dfrac{\lambda^\dagger}{\lambda^\ominus}$	$\dfrac{c}{\mathrm{m\,s^{-1}}}$	$\dfrac{\eta^{\dagger A}}{\eta^\ominus}$	$\dfrac{\sigma^B}{10^{-2}\,\mathrm{N\,m^{-1}}}$	ε	$n(589\,\mathrm{nm})$
1	H_2O	0,46	4,17	6,0	1483	8,91	7,28	80,10	1,3320
2	D_2O	0,47	4,10	5,8	1384			79,80	1,3280
3	Hg		0,14	80,3	1451	15,50	40,70	—	—
4	$CH_3(CH_2)_3CH_3$	0,32		1,4	1044	2,24	1,60	1,84	1,3547
5	$CH_3(CH_2)_4CH_3$	1,54	2,26	1,3	1085	2,98	1,84	1,89	1,3723
6	$CH_3(CH_2)_5CH_3$	1,44	2,05	1,4	1161	3,96	2,03	1,92	1,3851
7	$CH_3(CH_2)_6CH_3$	1,16	2,22	1,5	1192	6,14	2,48	1,95	1,3951
8	CH_2Cl_2	0,97	1,22		1064	4,25	2,80	9,08	1,4212
9	$CHCl_3$	1,01	0,98	1,2	995	5,42	2,71[s]	4,81	1,4429
10	CCl_4	1,05	0,84	1,1	938	8,80	2,69	2,24	1,4570
11	CH_2Br_2	0,65			971			7,73	1,5389
12	CS_2	0,93	0,99	1,6	1166	3,63	3,23	2,64	
13	CH_3OH	1,23	2,53	2,0	1122	5,53	2,26	33,00	1,3265
14	CH_3CH_2OH	1,11	2,41	1,7	1177	10,60	2,23	25,70	1,3594
15	$CH_3CH_2CH_2OH$	1,00	2,41	1,6	1223	22,70	2,30	20,10	1,3836
16	$CH_2OHCHOHCH_2OH$	0,21	2,42	2,9	1930	942,00	6,30	42,50	
17	C_6H_6	0,96	1,70	1,5	1321	6,01	2,888[s]	2,28[s]	1,4979
18	C_6H_{12}	1,10	1,83		1278	8,95	2,50	2,02[s]	1,4235
19	$C_6H_5NH_2$	0,56	2,05	1,7	1659	3,71	4,29	6,89	
20	$C_6H_5CH_3$	0,89	1,68	1,8	1322	5,50	2,84	2,39	1,4941
21	$C_6H_4(CH_3)_2$		1,73	1,4	1352	7,54	3,01	2,57	1,5029
22	$C_6H_4(CH_3)_2$	0,85	1,68	1,6		5,79	2,89	2,38	1,4946
23	$C_6H_4(CH_3)_2$		1,67			6,03	2,84	2,27	1,4933
24	CH_3CO_2H	0,91	2,03	1,7	1585	11,55	2,76	6,15	1,3698
25	CH_3COCH_3	1,27	2,17	1,9	1197	3,16	2,37	21,30	1,3563
26	$C_2H_5OC_2H_5$	1,87	2,28	1,4		2,22	1,696[s]	4,34	1,3495
27	$C_{10}H_{16}$	1,28	1,75		1225		2,70		1,4700
28	$CH_3Si(CH_3)_2OSi(CH_3)_3$		1,37	1,0	795	4,95	1,60	2,18	1,3750

† viele Diskrepanzen zwischen den einzelnen Quellen.
A nimmt rasch mit der Temperatur ab, nimmt mit dem Druck zu (verdoppelt sich bei etwa 10^8 Pa)
B γ nimmt rasch mit der Temperatur ab. Für viele Flüssigkeiten gilt die Eötvos-Beziehung: $\mathrm{d}\{\gamma\,(M/p)^{2/3}\}/\mathrm{d}T = -2,12\cdot 10^{-7}\,\mathrm{Nm\,mol^{-2/3}\,K^{-1}}$, die verwendet wurde um M abzuschätzen.
S Standardwert für Eichinstrumente.

Physikalische Eigenschaften von Gasen

M molare Masse
T_S normale Siedetemperatur
c_p spezifische Wärmekapazität bei konstantem Druck
γ Verhältnis c_p/c_V

η Viskosität
α_V Volumenausdehnungskoeffizient
α_p Temperaturkoeffizient des Drucks
z Kompressibilitätsfaktor pV/RT
T_c kritische Temperatur

p_c kritischer Druck
ρ_c kritische Dichte
l mittlere freie Weglänge
d Moleküldurchmesser (abgeleitet aus Viskositätsmessungen)

Nr.	Gas	Formel	M / $\mathrm{g\,mol^{-1}}$	T_S / K	$c_p(273\,\mathrm{K})$ / $0{,}1\,\mathrm{J\,g^{-1}K^{-1}}$	$\gamma(273\,\mathrm{K})$	$\eta(273\,\mathrm{K})$ / $10^{-5}\,\mathrm{N\,s\,m^{-2}}$	$\alpha_V(273\,\mathrm{K})$ / $10^{-3}\,\mathrm{K^{-1}}$	$\alpha_p(273\,\mathrm{K})$ / $10^{-3}\,\mathrm{K^{-1}}$	$z(273\,\mathrm{K},\,1\,\mathrm{atm})$	T_c / K	p_c / $10^5\,\mathrm{Pa}$	ρ_c / $10^2\,\mathrm{kg\,m^{-3}}$	$l(1\,\mathrm{atm})$ / $10^{-8}\,\mathrm{m}$	d / $10^{-10}\,\mathrm{m}$
1	Ideales einatomiges Gas				207,8/M	1,67	0	3,66	3,66	1,00000	—	—	—	∞	0
2	Luft					1,40	1,71	3,67	3,67	0,99956	132	37,7		5,98	3,74
3	Sauerstoff	O_2	32	90	9,09	1,40	1,92	4,86	3,67	0,99922	155	50,6	4,10	6,33	3,54
4	Stickstoff	N_2	28	77	10,36	1,40	1,66	3,67	3,67	0,99968	126	33,9	3,11	5,88	3,75
5	Wasserstoff	H_2	2	20	141,50	1,41	0,84	3,66	3,66	1,0006	33	12,9	0,31	11,1	2,97
6	Helium	He	4	4	$52{,}25^{-180\,^\circ\mathrm{C}}$	$1{,}63^{-180\,^\circ\mathrm{C}}$	1,86	3,66	3,66		5	2,3	0,69	17,4	2,58
7	Neon	Ne	20	27	10,30	1,64	2,97	3,66	3,66		44	27,2	4,84	12,4	2,79
8	Argon	Ar	40	87	5,24	1,67	2,10	3,68	3,67	0,99921	151	48,5	5,31	6,26	3,42
9	Chlor	Cl_2	71	239	4,81	1,36	1,23	3,83	3,80		417	76,9	5,73	2,74	4,40
10	Kohlenmonoxid	CO	28	82	10,36	1,40	1,66	3,67	3,67		133	34,8	3,01	5,86	3,71
11	Kohlendioxid	CO_2	44	273	8,32	1,30	1,38	3,74	3,73	0,99479	304	73,6	4,68	3,90	3,90
12	Schwefeldioxid	SO_2	64	263	6,33	1,26†	1,17	3,90	3,84		431	78,6	5,24	2,74	4,29
13	Methan	CH_4	16	112	22,06	1,31	1,03	3,68	3,68	$0{,}9984^{300\,\mathrm{K}}$	191	46,2	1,62	4,81	3,80
14	Äthan	C_2H_6	30	185	16,15	1,22	0,85			$0{,}9926^{300\,\mathrm{K}}$	305	48,8	2,03		4,42
15	Propan	C_3H_8	44	229	$2{,}23^{-43\,^\circ\mathrm{C}}$	1,13	0,80			$0{,}9848^{300\,\mathrm{K}}$	370	42,4	2,20		5,08
16	Butan	C_4H_{10}	58	273	$2{,}27^{-5\,^\circ\mathrm{C}}$		$0{,}83^{16\,^\circ\mathrm{C}}$			$0{,}9712^{300\,\mathrm{K}}$	425	37,8	2,28		5,00
17	Isobutan	C_4H_{10}	58	261	$2{,}20^{-16\,^\circ\mathrm{C}}$	$1{,}11^{15\,^\circ\mathrm{C}}$	$0{,}76^{23\,^\circ\mathrm{C}}$			$0{,}9731^{300\,\mathrm{K}}$	408	36,4	2,21		5,34
18	Ammoniak	NH_3	17	240	21,88	1,34†	0,92	3,77	3,79		405	112	2,35	5,83	2,97
19	Schwefelwasserstoff	H_2S	34	213	10,00	1,32	1,17	3,77	3,76		374	89,8	3,49		
20	Äthen (Äthylen)	C_2H_4	28	169	15,02	1,26	0,91	3,72	3,74		283	51,0	2,27	3,43	4,23
21	Acethylen (Äthin)	C_2H_2	26	189	$16{,}04^{15\,^\circ\mathrm{C}}$	1,26	0,94	3,74	3,73		309	62,2†	2,31		4,22
22	Distickstoffoxid	N_2O	44	185	8,25	1,30	1,35	3,73†	3,72†		310	72,4	4,59†	3,87	3,88
23	Stickoxid	NO	30	121	9,70	1,39	1,78	3,67	3,67		180	65,6	5,20		3,47
24	Stickstoffdioxid	NO_2	46	294	6,80	1,31					431	101	5,60		
25	Dichlordifluormethan (Freon 12)	CCl_2F_2	121	243	$0{,}61^{30\,^\circ\mathrm{C}}$	1,14	$1{,}27^{30\,^\circ\mathrm{C}}$				385	41,0	5,55		
26	Trifluormethan (Freon 11)	CCl_3F	137	297	0,67	1,14	$1{,}14^{30\,^\circ\mathrm{C}}$				471	43,6	5,54		

Anmerkung

Spezifische Verdampfungsenthalpien, $\Delta h_L^G(T_b)/\mathrm{J\,g^{-1}}$: H_2 450, O_2 213, He 21, CO_2 607, NH_3 1376, CCl_2F_2 165, CCl_3F 182.   † Diskrepanzen zwischen den einzelnen Quellen.

Literaturhinweise: R 1, R 2, R 4, R 45, R 46, R 47.

Kompressibilität ausgewählter Gase

z Kompressibilitätsfaktor $= pV_m/RT$

B_V, C_V, D_V Virialkoeffizienten in $pV_m/RT = 1 + B_V(T)/V_m + C_V(T)/V_m^2 + D_V(T)/V_m^3$ $U\ cm^3\ mol^{-1}$

Wasserstoff

(z unter den Druckspalten)

T/K	0,1013 MPa	0,4052 MPa	0,7091 MPa	1,013 MPa	4,052 MPa	7,091 MPa	10,13 MPa	B_V/U	C_V/U^2	D_V/U^3
								−51,52	1400	−10400
40	0,9845	0,9362	0,8853	0,8317				− 1,90	412	13000
100	0,9998	0,9992	0,9987	0,9983	1,0029	1,0222	1,0560	11,93	254	8850
200	1,0007	1,0028	1,0048	1,0068	1,0283	1,0513	1,0760	15,01	250	6000
300	1,0006	1,0024	1,0042	1,0059	1,0238	1,0420	1,0607			
400	1,0005	1,0020	1,0034	1,0048	1,0193	1,0339	1,0486			
500	1,0004	1,0016	1,0028	1,0040	1,0160	1,0280	1,0400			
600	1,0003	1,0012	1,0023	1,0034	1,0136	1,0237	1,0337			

kritische Konstanten: $T_c = 32,99\ K$, $p_c = 1,294\ MPa$, $\rho_c = 0,031\ g\,cm^{-3}$, $z_c = 0,30$.
Van-der-Waals-Konstante: $a = 0,0247\ Pa\,m^6\,mol^{-2}$, $b = 26,7\ m^3\,mol^{-1}$.

Luft

T/K	0,1013 MPa	0,4052 MPa	0,7091 MPa	1,013 MPa	4,052 MPa	7,091 MPa	10,13 MPa	B_V/U	C_V/U^2	D_V/U^3
								−153,15	−3253,5	9,40
100	0,9809			0,9767	0,9080	0,8481	0,8105	−38,24	1323,5	5,46
200	0,9977	0,9907	0,9837	0,9972	0,9914	0,9900	0,9933	−7,480	1288,5	3,46
300	0,9997	0,9988	0,9980	1,0021	1,0095	1,0188	1,0299	6,367	1194,2	2,16
400	1,0002	1,0008	1,0014	1,0035	1,0145	1,0265	1,0393	14,048	1119,2	1,40
500	1,0003	1,0014	1,0024	1,0033	1,0133	1,0233	1,0333	27,129	904,3	
1000	1,0003	1,0013	1,0023	1,0020	1,0076	1,0132	1,0188			
2000	1,0004	1,0009	1,0014	1,0095	1,0092	1,0119	1,0151			
3000	1,0252	1,0133	1,0107							

kritische Konstanten: $T_c = 132,45\ K$, $p_c = 30,5\ MPa$, $\rho_c = 0,311\ g\,cm^{-3}$, $z_c = 0,29$.
Van-der-Waals-Konstante: $a = 0,14\ Pa\,m^6\,mol^{-2}$, $b = 39,1\ m^3\,mol^{-1}$ (für N_2).

Kohlendioxid

T/K	0,1013 MPa	0,4052 MPa	0,7091 MPa	1,013 MPa	4,052 MPa	7,091 MPa	10,13 MPa
300	0,9950	0,9798	0,9644	0,9486	0,7611		
400	0,9982	0,9927	0,9871	0,9815	0,9252	0,8697	0,8155
500	0,9993	0,9971	0,9950	0,9928	0,9721	0,9531	0,9365
600	0,9998	0,9990	0,9983	0,9976	0,9916	0,9874	0,9850
700	1,0000	0,9999	0,9999	1,0000	1,0008	1,0031	1,0068
800	1,0001	1,0004	1,0008	1,0011	1,0054	1,0108	1,0172
900	1,0001	1,0007	1,0012	1,0018	1,0079	1,0147	1,0224
1000	1,0002	1,0008	1,0015	1,0022	1,0092	1,0167	1,0248
1500	1,0002	1,0010	1,0017	1,0025	1,0100	1,0176	1,0253

kritische Konstanten:
$T_c = 304,2\ K$
$p_c = 7,38\ MPa$
$\rho_c = 0,468\ g\,cm^{-3}$
$z_c = 0,274$
Van-der-Waals-Konstanten:
$a = 0,3636\ Pa\,m^6\,mol^{-2}$
$b = 42,67\ m^3\,mol^{-1}$

Butan

T/K	0,1013 MPa	0,4052 MPa	0,7091 MPa	1,013 MPa	4,052 MPa	7,091 MPa	10,13 MPa	B_V/U
300	0,9712	0,8606[H]						
350	0,9840	0,9274	0,8346	0,7119[H]				
400	0,9888	0,9553	0,9063	0,8541				
450	0,9920	0,9680	0,9350	0,9908	0,5949	0,3358	0,4095	0,9816
500	0,9944	0,9773	0,9543	0,9313	0,7644	0,5693	0,5214	0,9745
600	0,9972	0,9887	0,9775	0,9664	0,8913	0,8193	0,7780	1,0051
700	0,9985	0,9940	0,9882	0,9825	0,9464	0,9164	0,9026	1,0674
800	0,9992	0,9968	0,9938	0,9909	0,9743	0,9643	0,9637	1,1199
900	0,9997	0,9985	0,9971	0,9958	0,9902	0,9909	0,9975	1,1545
1000	0,9999	0,9996	0,9992	0,9989	0,9998	1,0066	1,0173	1,1751
1500	1,0003	1,0013	1,0026	1,0040	1,0151	1,0304	1,0458	1,1888

kritische Konstanten:
$T_c = 425,16\ K$
$p_c = 3,784\ MPa$
$\rho_c = 0,228\ g\,cm^{-3}$
$z_c = 0,274$
Van-der-Waals-Konstanten:
$a = 1,466\ Pa\,m^6\,mol^{-2}$
$b = 122,6\ m^3\,mol^{-1}$

[H] flüssig.   *Literaturhinweis:* R1, R2, R4, R45, R46, R47.

Temperaturen und die Internationale Praktische Temperaturskala (1968)

Der Bezugsdruck für Siede- und Gefriertemperaturen ist 101,325 kPa. Definitionspunkte für die 1968 festgelegte Internationale Praktische Temperaturskala (IPTS) sind fettgedruckt aufgeführt.

	T_{68}/K	t_{68}/°C
Absolut Null (unerreichbar)	0	−273,15
Helium siedet	4,215	−268,935
Tripelpunkt des Wasserstoffs A	**13,81**	**−259,34**
Wasserstoff A **dampfdruck = 33 360,6 Pa**	**17,042**	**−256,108**
Wasserstoff A **siedet**	**20,28**	**−252,87**
Neon siedet	**27,102**	**−246,048**
Tripelpunkt des Sauerstoffs	**54,361**	**−218,789**
Sauerstoff siedet	**90,188**	**−182,962**
Äthanol schmilzt	161	−112
Kohlendioxid sublimiert S	194,67	−78,48
niedrigste bisher gemessene Temperatur an der Erdoberfläche	205	−68
($CaCl_2$ + 6H_2O): Eis (1 : 0,7) Kältemischung	218,3	−54,9
Quecksilber schmilzt S	234,29	−38,86
Äthylenglycol: Wasser 50 : 50 (Frostschutzmittel) gefriert	236,7	−36,5
Tripelpunkt des Wassers (Definition von K)	**273,16**	**0,01**
Raumtemperatur	288 bis 293	15 bis 20
Standard für Thermochemie	298,15	25,0
heißes Wetter	303	30
höchste bisher gemessene Landtemperatur	330	57
Äthanol siedet	351,6	78,4
Wasser siedet } alternative Definitionspunkte	**373,15**	**100,00**
Zinn schmilzt	**505,1181**	**231,9681**
Quecksilber siedet S	629,81	356,66

	T_{68}/K	t_{68}/°C
Zink schmilzt	**692,73**	**419,58**
dunkle Rotglut (Schwarzer Körper)	800	530
helle Rotglut (Schwarzer Körper)	1180	900
Silber schmilzt	**1235,08**	**961,93**
Gold schmilzt	**1337,58**	**1064,43**
Weißglut	1500	1300
Eisen schmilzt	und darüber	und darüber
Bunsenbrennerflamme (Stadtgas)	1808	1535
Knallgasflamme	2033	1760
Wolframglühfaden	3073	2800
	3100	2800
Wolfram schmilzt S	bis 3300	bis 3000
Elektrischer Lichtbogen	3660	3387
Acetylenflamme	3700	3427
Kohlenstoff sublimiert	3773	3500
Wolfram verdampft	5100	4827
Sonnenoberfläche (schwankt mit der Meßmethode)	5570	5297
Nitroglycerinexplosion (berechnet)	6000	5700
Heißester Stern (Oberfläche)	7000	6700
Sonnenkorona	25000	
Sterneninneres, Atombombe	10^6	
	10^8	

A Wasserstoff muß Gleichgewicht zwischen Para- und Ortho-Molekülen herstellen.   S sekundärer Fixpunkt.

Meßbereich von Standardthermometern

1 Unterhalb 5 K, Heliumdampfdruck. Skala von 1958 (^{4}He) und 1962 (^{3}He). p_S Sattdampfdruck von Helium.

p_S/Pa	10^{-2}	10^{-1}	1,0	10	10^2	10^3	10^4	10^5	$1,01 \times 10^5$
$T_{58}(^4$He)/K	0,549	0,643	0,771	0,953	1,23	1,67	2,48	4,20	4,125
$T_{62}(^3$He)/K	0,228	0,276	0,345	0,452	0,632	0,966	1,66	3,18	3,190

2 13,81 K bis 903,89 K, Platinwiderstandsthermometer. 4 verschiedene Formeln werden für verschiedene Bereiche verwendet.
3 903,89 K bis 1337,58 K, Pt/Pt$_{90}$Rh$_{10}$-Thermoelement. Spannung des Thermoelements $U(T_{68}) = a + b\,T_{68} + c\,T_{68}^2$. a, b und c sind Konstanten.
4 Oberhalb 1337,58 K optisches Glühfadenpyrometer.

Literaturhinweis: R1, R2, R4.

Temperaturskalen und Temperaturmessung

T, θ Temperatur $\qquad$ R Gaskonstante $\qquad$ k Boltzmannkonstante
$\rho(T)$ elektrischer spezifischer Widerstand für Pt, Cu und W jeweils, bei der Temperatur T
$U \qquad$ Thermospannung jeweils für $Pt/Pt_{90}Rh_{10}$, Kupfer/Konstantan, und Chromel/Alumel. Temperatur der kalten Lötstelle bei 273,15 K.

Die angegebenen Zahlen können interpoliert werden, um Thermometerunterteilungen anzunähern. Für genauere Arbeit, siehe R4 (Seite 4.13) für ρ_{Pt} und ρ_{Cu}, R1 (Seite 92) für ρ_W, R2 (Seite E 47) für U.

$\dfrac{T}{K}$	$\dfrac{\theta_C}{°C}$	$\dfrac{\theta_F}{°F}$	$\dfrac{RT}{kJ\,mol^{-1}}$	$\dfrac{kT}{eV}$	$\dfrac{\rho_{Pt}(T)}{\rho_{Pt}(°C)}$	$\dfrac{\rho_{Cu}(T)}{\rho_{Cu}(°C)}$	$\dfrac{\rho_W(T)}{\rho_W(°C)}$	$\dfrac{U_{Pt/PtRh}}{mV}$	$\dfrac{U_{Cu/con}}{mV}$	$\dfrac{U_{ch/al}}{mV}$
73,2	−200	−328	0,61	0,006	0,177	0,117	0,122			
123,2	−150	−238	1,02	0,011					−4,60	−4,81
173,2	−100	−148	1,44	0,015	0,599	0,557			−3,35	−3,49
223,2	−50	−58	1,86	0,019					−1,81	−1,86
273,2	0	32	2,27	0,024	1,000	1,000	1,000			
323,2	50	122	2,69	0,028				0,30	2,03	2,02
373,2	100	212	3,10	0,032	1,392	1,431	1,490	0,64	4,28	4,10
423,2	150	302	3,52	0,036				1,03	6,70	6,13
473,2	200	392	3,93	0,041	1,773	1,862		1,44	9,29	8,13
523,2	250	482	4,35	0,045				1,87	12,01	10,16
573,2	300	572	4,77	0,049	2,142	2,299	2,531	2,32	14,86	12,21
623,2	350	662	5,18	0,054				2,78	17,82	14,29
673,2	400	752	5,60	0,058	2,499	2,747		3,25	20,87	16,40
723,2	450	842	6,01	0,062				3,73		18,51
773,2	500	932	6,43	0,067	2,844	3,210	3,673	4,22		20,65
823,2	550	1022	6,84	0,071				4,72		22,78
873,2	600	1112	7,26	0,075	3,178	3,695		5,22		24,91
923,2	650	1202	7,68	0,080				5,74		27,03
973,2	700	1292	8,09	0,084	3,499	4,207	4,898	6,26		29,17
1023,2	750	1382	8,51	0,088				6,79		31,23
1073,2	800	1472	8,92	0,093	3,809	4,750		7,33		33,30
1123,2	850	1562	9,34	0,097				7,88		35,34
1173,2	900	1652	9,75	0,101	4,108	5,332		8,43		37,36
1223,2	950	1742	10,17	0,105				9,00		39,35
1273,2	1000	1832	10,58	0,110	4,395	5,959	6,735	9,57		41,31
1323,2	1050	1922	11,00	0,114				10,15		43,25
1373,2	1100	2012	11,42	0,118	4,672			10,74		45,16
1423,2	1150	2102	11,83	0,123				11,34		47,04
1473,2	1200	2192	12,25	0,127	4,937		7,959	11,94		48,89
1523,2	1250	2282	12,66	0,131				12,54		50,69
1573,2	1300	2372	13,08	0,136	5,190			13,14		52,46
1623,2	1350	2462	13,49	0,140				13,74		54,20
1673,2	1400	2552	13,91	0,144	5,431			14,34		
1723,2	1450	2642	14,33	0,149				14,94		
1773,2	1500	2732	14,74	0,153	5,660			15,53		
1823,2	1550	2822	15,16	0,157				16,12		
1873,2	1600	2912	15,57	0,161				16,72		
1923,2	1650	3002	15,99	0,166				17,31		
1973,2	1700	3092	16,40	0,170				17,89		
2023,2	1750	3182								

Literaturhinweis: R 1, R 2, R 4.

Gleichungen und Gesetze aus Physik, Chemie und Mathematik

Die auf den Seiten 6 bis 11 EKS empfohlenen Einheiten werden mit einem Minimum an Erklärungen benutzt. Die Liste soll nur das Gedächtnis auffrischen. Um die Bedeutung der Formeln und die zu ihrer Herleitung gemachten Annahmen zu verstehen sollte ein Nachschlagewerk benutzt werden.

Kinematik

lineare Bewegung

$$a = dv/dt = d^2s/dt^2$$
$$v = u + at \qquad \text{nur } a \text{ konstant}$$
$$v^2 = u^2 + 2as \qquad \text{nur } a \text{ konstant}$$

Kreisbewegung

$$v = r\omega$$
$$a = v^2/r$$

Dynamik

lineare Bewegung

$$F = ma = d(mv)/dt$$

Impuls

$$Ft = \Delta p = \Delta(mv) = mv - mv_0$$

Arbeit

$$W = F\Delta s = \Delta E_k = \Delta(mv^2/2) \qquad F \parallel s$$
$$= mv^2/2 - mv_0^2/2 = -\Delta E_p$$

Erhaltung der mechanischen Energie

$$E_k + E_p = E_T \text{(konstant)} \qquad \text{Idealfall}$$

Gravitation

$$F = -Gm_1m_2/r^2$$
$$E_p = -Gm_1m_2/r.$$
$$\approx mgh \qquad \text{nahe der Erdoberfläche}$$

Keplersche Gesetze

$$r^2\omega = \text{konstant}$$
$$\omega^2 r^3 = Gm$$

rotierende Bewegung

Trägheitsmoment

$$J = \Sigma\, mr^2 = Mk^2 \qquad \text{im allgemeinen}$$
$$J = mr^2/2$$

für eine Scheibe um eine senkrechte Achse durch den Mittelpunkt

$$J = mr^2/4$$

für eine Scheibe um einen Durchmesser

$$J = ml^2/12$$

für einen Stab um eine senkrechte Achse durch den Mittelpunkt

$$J = 2mr^2/3$$

für eine Hohlkugel um einen Durchmesser

$$J = 2mr^2/5$$

für eine Vollkugel um einen Durchmesser

Theorem für senkrechte Achsen

$$J_z = J_x + J_y \qquad \text{für eine ebene Platte}$$

Steinerscher Satz

$$J_a = J_c + Mh^2$$

J_s bezieht sich auf eine parallele Achse durch den Schwerpunkt

kinetische Energie

$$E_k = J\omega^2/2$$

Torsion

$$T = Fr = d(J\omega)/dt \qquad r \perp F$$

einfache harmonische Bewegung

Auslenkung

$$x = x_0 \frac{\sin}{\cos}(\omega t + \phi)$$

Beschleunigung

$$a = d^2x/dt^2 = -\omega^2 x$$

Periode (Frequenz = $1/T$)

$$T = 2\pi/\omega = 2\pi\sqrt{i/f}$$

i Trägheit, f Kraft pro Auslenkungseinheit

$$= 2\pi\sqrt{l/g} \qquad \text{für ein einfaches Pendel}$$
$$= 2\pi\sqrt{J/\tau} \qquad \text{für Torsionsschwingungen}$$

Vektoren

Betrag

$$A_\theta = |A|\cos\theta = \text{Komponente unter dem Winkel } \theta \text{ zum Vektor } A$$

$$A^2 = A_x^2 + A_y^2 + A_z^2$$

A_x, A_y und A_z sind senkrecht aufeinanderstehende Komponenten

Druck $\qquad\qquad\qquad p = \rho g h$
  Ausdehnungsarbeit $\qquad W = p\Delta V$

Elastizität
Spannung $\qquad\qquad\qquad \sigma = F/A$
Dehnung $\qquad\qquad\qquad \varepsilon = \Delta l/l_0$
Elastizitätsmodul $\qquad\quad E = \sigma/\varepsilon$
Poisson-Zahl $\qquad\qquad \mu = -\,\epsilon\,(\text{quer})/\epsilon\,(\text{längs})$
Schubspannung $\qquad\quad \tau = F/A$ $\qquad\qquad\qquad\qquad$ F wirkt parallel zur ‚Oberfläche'

Schiebung, Scherung $\qquad \gamma = \dfrac{\Delta l(\|F)}{l(\perp F)} = \Delta\theta$ $\qquad\qquad$ θ ist der Scherwinkel

Schubmodul $\qquad\qquad G = \tau/\gamma$
Kompressionsmodul $\qquad K = -p/(\nabla V/V_0)\ \text{oder} - \Delta p/(\Delta V/V_0)$

Optik
Kugelspiegel $\qquad\qquad 1/u + 1/v = 1/f = 2/r$ $\qquad\qquad$ neue karthesische Vorzeichen-
$\qquad\qquad\qquad\qquad\qquad m = v/u = (v/f) - 1$ $\qquad\qquad\qquad\quad$ regel

Brechungsindex $\qquad\quad n_{1,2} = \sin i/\sin r = n_1/n_2 = c_2/c_1$

Prisma $\qquad\qquad\qquad n = \sin\dfrac{A + D_{\min}}{2}\Big/\sin\dfrac{A}{2}$

Dispersionsvermögen $\qquad \sigma = (n_b - n_r)/(n_g - 1)$ $\qquad$ n_b für die blaue und n_r für die rote
$\qquad\qquad\qquad\qquad\qquad\qquad\qquad\qquad\qquad\qquad\qquad\qquad\qquad$ Wasserstofflinie, n_g für die gelbe
$\qquad\qquad\qquad\qquad\qquad\qquad\qquad\qquad\qquad\qquad\qquad\qquad\qquad$ Natrium- (oder Helium-) Linie

Linse $\qquad\qquad\qquad 1/v - 1/u = 1/f = (n-1)(1/r_1 - 1/r_2)$ $\quad$ neue karthesische Vorzeichen-
$\qquad\qquad\qquad\qquad\qquad m = v/u$ $\qquad\qquad\qquad\qquad\qquad\qquad\qquad\qquad$ regel
$\qquad\qquad\qquad\qquad\qquad 1/F = 1/f_1 - 1/f_2$ $\qquad\qquad\qquad\qquad\qquad$ dünne mit einander verbundene
$\qquad\qquad\qquad\qquad\qquad l_1 l_2 = f^2$ $\qquad\qquad\qquad\qquad\qquad\qquad\qquad\qquad$ Linsen
$\qquad\qquad\qquad\qquad\qquad\qquad\qquad\qquad\qquad\qquad\qquad\qquad\qquad\qquad$ Abstände vom Hauptbrennpunkt
Fernrohr $\qquad\qquad\quad M = f_o/f_e$ $\qquad\qquad\qquad\qquad\qquad\qquad$ d_0 Objektivdurchmesser
Auflösungsvermögen $\qquad \phi = 1{,}22\lambda/d_0 \approx \lambda/d_0$ $\qquad\qquad$ für den p-ten dunklen Ring, R
Newtonsche Ringe $\qquad r^2 = pR\lambda$ $\qquad\qquad\qquad\qquad\qquad\qquad$ Radius der Linsenkrümmung

dünne Schicht $\qquad\quad 2nt\cos r = p\lambda$ $\qquad\qquad\qquad\qquad$ für den dunklen Rand in der Re-
$\qquad\qquad\qquad\qquad\qquad\qquad\qquad\qquad\qquad\qquad\qquad\qquad\qquad$ flexion, p = ganze Zahl

Beugungsgitter $\qquad\quad d(\sin i + \sin\theta) = p\lambda$ $\qquad\qquad$ für Maximum, p = ganze Zahl
$\qquad\qquad\qquad\qquad\qquad\qquad\qquad\qquad\qquad\qquad\qquad\qquad\qquad$ d Gitterkonstante

  Dispersionsvermögen $\qquad \omega = p/(d\cos\theta)$
  Auflösungsvermögen $\qquad \lambda/d\lambda = nN$ $\qquad\qquad\qquad\qquad$ N Gesamtzahl der Spalte
$\qquad\qquad\qquad\qquad\qquad\qquad\qquad\qquad\qquad\qquad\qquad\qquad\qquad$ n Ordnung des Spektrums

Wellen $\qquad\qquad\qquad c = v\lambda$
Doppler-Effekt $\qquad\qquad v_1/v_2 = c/(c - v_s)$ $\qquad\qquad\qquad$ bewegte Quelle
$\qquad\qquad\qquad\qquad\qquad\qquad\quad = (c - v_o)/c$ $\qquad\qquad\qquad\qquad$ bewegter Beobachter

Lambertsches Absorptionsgesetz $\quad I = I_0 \exp(-\alpha l)$

Schall
Geschwindigkeit $\qquad\quad c = (K/\rho)^{\frac{1}{2}}$ $\qquad\qquad\qquad\qquad$ Feststoffe, Flüssigkeiten und Gase
$\qquad\qquad\qquad\qquad\qquad c = (\gamma p/\rho)^{\frac{1}{2}}$ $\qquad\qquad\qquad\qquad$ Gas
$\qquad\qquad\qquad\qquad\qquad c = (F/m)^{\frac{1}{2}}$ $\qquad\qquad\qquad\qquad$ Saite, m Masse pro Längenein-
$\qquad\qquad\qquad\qquad\qquad\qquad\qquad\qquad\qquad\qquad\qquad\qquad\qquad$ heit, F Spannung

Gleichungen und Gesetze aus Physik, Chemie und Mathematik (Fortsetzung)

Elektrostatik

Coulombsches Gesetz	$F = -Q_1 Q_2/4\pi\varepsilon_r\varepsilon_0 r^2$	F wächst positiv in Richtung von r
potentielle Energie	$E_p = Q_1 Q_2/4\pi\varepsilon_0 r$	
Potential	$V = Q/4\pi\varepsilon_r\varepsilon_0 r$	
Feldstärke	$E = \lim\limits_{Q\to 0} F/Q = -\mathrm{d}V/\mathrm{d}x$	
verrichtete Arbeit bei der Bewegung einer Ladung	$W = Q\Delta V = QEl$	$l \parallel E$
Kapazität	$C = Q/U$ $ = A\varepsilon_r\varepsilon_0/d$	für parallele Platten. U Potentialdifferenz (Spannung)
Serienschaltung	$1/C = 1/C_1 + 1/C_2 + \cdots$	
Parallelschaltung	$C = C_1 + C_2 + \cdots$	
Gespeicherte Energie	$E_p = QU/2 = CU^2/2 = Q^2/2C$	

Elektrischer Strom

	$I = \mathrm{d}Q/\mathrm{d}t$	im allgemeinen
	$I = nQv$	n mit der Geschwindigkeit v bewegte Ladungen
Ohmsches Gesetz	$I = U/R$	U Spannung an R
homogener Leiter	$R = \rho l/A = l/\sigma A$	ρ spezifischer Widerstand σ Leitfähigkeit
Leistung	$P = UI\ (= I^2 R = U^2/R)$	(wenn das Ohmsche Gesetz erfüllt ist)
Reihenschaltung	$R = R_1 + R_2 + \cdots$	
Parallelschaltung	$1/R = 1/R_1 + 1/R_2 + \cdots$	

Kirchhoffsche Gesetze

1. Der gesamte in einen Knoten hineinfließende Strom ist Null $\Sigma I_i = 0$.
2. Für jeden geschlossenen Umlauf (Masche) in einem Netzwerk von linearen Leitern ist die Summe der „Ohmschen Spannungsabfälle" gleich der Summe der eingeprägten Spannungen. $\Sigma I_i R_i = \Sigma U$

Elektromagnetismus

Biot-Savartsches Gesetz	$\mathrm{d}B = \mu_0 I\,\mathrm{d}s\,\sin\theta/4\pi r^2$	$\perp I\,\mathrm{d}s$ und r, im Sinn einer Rechtsschraube entlang $I\,\mathrm{d}s$
Amperesches Gesetz	$\oint B\,\mathrm{d}s\,\cos\theta = \mu_0 I$	I Gesamtstrom innerhalb des Integrationsweges
langer gerader Leiter	$B = \mu_0 I/2\pi r$	B kreisförmig im Sinn einer Rechtsschraube, gedreht entlang I
Zylinderspule (auf der Achse)	$B = \mu_0 NIr^2/2(r^2 + x^2)^{3/2}$	B entlang der Achse, in Richtung einer Rechtsschraube gedreht im Sinn von I
	$ = \mu_0 NI \sin^3\alpha/2r$	2α ist der von der Spule aufgespannte Winkel am Feldpunkt Richtung wie oben.
Solenoid (auf der Achse)	$B = \mu_0 nI(\cos\phi_1 - \cos\phi_2)/2$ $\to \mu_0 nI$ für ein unendlich langes Solenoid	$2\phi_1$, $2\phi_2$ von den Spulenenden aufgespannte Winkel am Feldpunkt
Kraft auf eine bewegte Ladung	$F = BQv \sin\theta$	
Kraft auf einen Strom	$F = IlB \cos\theta$	$\perp B$ und l im Sinn der Linken-Hand-Regel
Drehmoment auf einen Dipol	$T = mB \sin\theta$	m Dipolmoment
Drehmoment auf eine Spule	$T = ANIB \sin\theta$	θ Winkel zwischen Spulennormalen (Rechtsschraube + Senkrechte) und Feld

Elektromagnetische Induktion

E.M.K. für geschlossenen Kreis	$E = -\mathrm{d}\phi/\mathrm{d}t = -\mathrm{d}(BA)/\mathrm{d}t$
Selbstinduktion	$\phi = LI$
wechselseitige Induktion	$\phi_2 = M_{12}I_1 = M_{21}I_1$
gespeicherte Energie	$E_p = LI^2/2$

A eingeschlossene Fläche

ϕ_2 Fluß, der Kreis 2 verbindet

Wechselstrom

LRC-Kreis
$$U_{inst} = L\,(\mathrm{d}I/\mathrm{d}t)_{inst} + RI_{inst} + Q_{inst}/C$$

RC-Kreis
$$Q = CU_0(1 - e^{-\,t/RC})$$
Anwachsen der Ladung, konstantes U_0

$$Q = CU_0\,e^{-\,t/RC} = e^{-\,t/\tau}$$
Abnahme der Ladung, anfangs U_0

RL-Kreis
$$I = (U_0/R)\,(1 - e^{-\,Rt/L})$$
Anwachsen des Stroms, konstantes U_0

$$I = I_0\,e^{-\,Rt/L} = I_0\,e^{-t/\tau}$$
Abnahme des Stromes, anfangs U_0

Wechselstromkreis
$$U = U_0 \cos \omega t$$
$$I = (U_0/Z) \cos(\omega t - \phi)$$

$$I_{eff.} = U_{eff.}/Z$$

$Z = (R^2 + (\omega L - 1/\omega C)^2)^{\frac{1}{2}}$
$\tan \phi = (\omega L - 1/\omega C)/R$

U und I werden oft benutzt, um Effektiv-Werte ohne Index zu schreiben

U_0 Spitzenwert

Resonanzfrequenz
$$U_{eff.} = U_0/\sqrt{2} = 0{,}707\,U_0$$
$$\nu_0 = 1/2\pi\sqrt{LC}$$
$$Z(\nu_0) = R$$

Temperatur

Definition der Temperatur
$$\theta/100\,°C = \frac{X(\theta) - X(0\,°C)}{X(100\,°C) - X(0\,°C)}$$
empirische Skala, X kann eine beliebige temperaturabhängige Eigenschaft sein

Thermoelement
$$U = A + B\theta + C\theta^2$$
$$U_{a,c} = U_{a,b} + U_{b,c}$$
A, B, C Konstanten
a, b, c Stoffe

Widerstandsthermometer
$$R(\theta) = R(0\,°C)\{1 + \alpha\theta + \beta\theta^2 + \cdots\}$$
Newtons Gesetz der Kühlung
$$\mathrm{d}\theta/\mathrm{d}t = -k\,(\theta - \theta_{außen})$$
lineare Ausdehnung
$$l(\theta) = l(0\,°C)(1 + \alpha\theta + \beta\theta^2 + \cdots)$$
α, β Konstanten
k konstant
α ist der lineare Ausdehnungskoeffizient, wenn β vernachlässigt werden kann; ändert sich mit dem Temperaturbereich

Kubische Ausdehnung
$$V(\theta) = V(0\,°C)(1 + \gamma\theta + \cdots)$$
wobei $\gamma \approx 3\alpha$

Eigenschaften idealer Gase

ideales Gasgesetz
$$pV = nRT = nm\overline{c^2}/3$$
durchschnittliche Kinetische Energie eines Gasmoleküls
$$E_k = 3kT/2$$
molare Wärmekapazität
$$C_V = (3 + f)R/2$$

n Substanzmenge
$k = R/L$ = Bolztmannkonstante
f Anzahl der Freiheitsgrade für Rotations- und Vibrationsbewegung
c konstant, $\gamma\, c_p/c_V$

adiabatisches Gasgesetz
$$pV^\gamma = c$$
Ausdehnungsarbeit
$$W = \int_{V_1}^{V_2} p\,\mathrm{d}V = nRT \ln(V_2/V_1)$$
$$= (p_1 V_1 - p_2 V_2)/(\gamma - 1)$$
isotherm
adiabatisch

Beziehung zwischen den molaren Wärmekapazitäten
$$C_p - C_V = R$$

Gleichungen und Gesetze aus Physik, Chemie und Mathematik (Fortsetzung)

Eigenschaften realer Gase

Van-der-Waalssche Gleichung $\quad (p + a/V^2)(V - b) = nRT$

a, b Konstanten; $a \sim n^2$

$b \sim n$

kritische Bedingungen $\quad T_c = 8a/27Rb,\ p_c = a/27b^2,\ V_c = 3b$

Boyle-Temperatur $\quad T_B = a/Rb$

Inversionstemperatur $\quad T_i = 2T_B$

$\left\{\begin{array}{l}\text{in Termen der van-der-Waals}\\ \quad \text{Konstanten } a \text{ und } b\end{array}\right.$

Strahlung

Wiensches Gesetz für schwarze Körper $\quad \lambda_{max} T = 2{,}9 \cdot 10^{-3}\,\text{m K}$

Kirchhoffsches Gesetz $\quad \varepsilon(\lambda)/a(\lambda) = dQ/d\lambda = c$

Stefan-Boltzmannsches Gesetz $\quad P = \sigma \varepsilon A T^4$

c Konstante

wobei

$\sigma = 3{,}74 \cdot 10^{-16}\,\text{W m}^{-2}\,\text{K}^{-4}$

Plancksches Gesetz $\quad E_\lambda\, d\lambda = c_1 \lambda^{-5}\, d\lambda (e^{c_2/\lambda T} - 1)^{-1}$

$\left\{\begin{array}{l} c_1 = 2\pi hc^2 \\ \quad = 5{,}74 \cdot 10^{-8}\,\text{W m}^2 \\ c_2 = hc/k \\ \quad = 1{,}44 \cdot 10^{-2}\,\text{m K} \end{array}\right.$

Thermodynamik

Erstes Gesetz der Thermodynamik $\quad dQ = dU + dW$

thermische Leitung $\quad P = dQ/dt = \lambda A\, d\theta/dz$

  durch einen Zylindermantel $\quad P = 2\pi\lambda l(\theta_1 - \theta_2)/\ln(r_2/r_1)$

Carnot-Maschine $\quad \eta = (Q_1 - Q_2)/Q_1 = (T_1 - T_2)/T_1$

Entropie $\quad dS = \Delta Q/T = k\, \Delta \ln \omega$

Enthalpie $\quad H = U + pV$

Wärmekapazität $\quad C_V = (dU/dT)_V$

$\quad C_p = (dH/dT)_p$

Gibbsche Funktion $\quad G = H - TS = U + pV - TS$

$\quad dG = V\, dp - S\, dT$

λ thermische Leitfähigkeit

Physikalische Chemie

Spannung einer Zelle $\quad U = -\Delta G/nF$

Clausius-Clapeyronsche Gleichung $\quad dp/dT = \Delta H_b/T\,(V_{dpf} - V_{fl})$

Troutonsche Regel $\quad \Delta H_b/T_b\,(1\ \text{bar}) \approx 88\ \text{J mol}^{-1}\,\text{K}^{-1}$

Dampfdruck über einer ge-

krümmten Oberfläche $\quad \delta p = 2\sigma \rho_{dpf}\{r(\rho_{fl} - \rho_{dpf})\}$

osmotischer Druck $\quad \Pi = cRT/M$

Phasenregel $\quad f = c - p + 2$

Gleichgewichtskonstante $\quad K = [C]^p[D]^q/[A]^m[B]^n$

Reaktionsgeschwindigkeit $\quad d[A]/dt = -k$

$\quad = -kN$

$\quad = -kN^2$

$\quad = kN_A N_B$

n Anzahl der pro Molekül

  übertragenen Elektronen

für normale nichtassoziierte

  Flüssigkeiten

σ Oberflächenspannung

r Krümmungsradius

c Konzentration der Lösung,

M molare Masse der Lösung,

Freiheitsgrade, Komponenten

  und Phasen

A, B Reaktanden

C, D Produkte

m, n, p, q Koeffizienten

nullte Ordnung

erste Ordnung

zweite Ordnung

Bimolekular

Atomphysik

Radioaktivität	$A = \mathrm{d}N/\mathrm{d}t = -\lambda N$
	$N = N_0\,\mathrm{e}^{-\lambda t}$
	$T_{\frac{1}{2}} = (\ln 2)/\lambda = 0{,}693/\lambda$
α-Emission	$Z \to Z-2,\, A \to A-4$
β^--Emission	$Z \to Z+1,\, A \to A$
β^+-Emission	$Z \to Z-1,\, A \to A$
γ-Absorption	$I = I_0\,\mathrm{e}^{-\mu x}$
Teilchen im Magnetfeld	$r = mv/Be$

r Krümmungsradius des Weges, $B \perp v$

t Dicke
n ganze Zahl
ϕ Austrittsarbeit

Rutherford-Streuung	$N \sim Z^2 t\, \mathrm{cosec}^4(\phi/2)/(M_\alpha v^2)^2$
Braggsche Beugung	$2d \sin\theta = n\lambda$
photoelektrischer Effekt	$h\nu = \phi + mv^2/2$
De Broglie-Welle	$\lambda = h/p = h/mv$
Bohrsches Atom	$E_n = -mZ^2 e^4/8h^2\varepsilon_0^2 n^2$
	$h\nu = \Delta E$
	$\bar{\nu} = 1/\lambda = R_\infty(1/n_1^2 - 1/n_2^2)$
	$L\,(= mvr) = nh/2\pi$
	$a_n = n^2 h^2 \varepsilon_0/\pi e^2$

n ganze Zahl

L Bahndrehimpuls (um die z-Achse)
a Radius der größten Aufenthaltswahrscheinlichkeit

Masse-Energie Gleichung	$E = mc^2$
Unschärferelation	$\Delta x\,\Delta p \geq h/2\pi$

Mathematische Formeln

Differentiale und Integrale

Die Funktionen in Spalte A sind die Differentiale der Funktionen in Spalte B. Die Funktionen in Spalte B sind die unbestimmten Integrale der Funktionen in Spalte A.

A Differential	B Integral
anx^{n-1}	ax^n
ax^n	$ax^{n+1}/(n+1)$
x^{-1}	$\ln x$
$a\,\mathrm{e}^{ax}$	e^{ax}
$-\cos x$	$\sin x$
$\sin x$	$-\cos x$
$\sec^2 x$	$\tan x$
$(1-x^2)^{-\frac{1}{2}}$	$\sin^{-1} x$ or $-\cos^{-1} x$
$(1+x^2)^{-1}$	$\tan^{-1} x$
$u(\mathrm{d}v/\mathrm{d}x) + v(\mathrm{d}u/\mathrm{d}x)$	uv
$\{v(\mathrm{d}u/\mathrm{d}x) - u(\mathrm{d}u/\mathrm{d}x)\}/v^2$	u/v
$\sin^2 x$	$x/2 - (\sin 2x)/4$
$\cos^2 x$	$x/2 + (\sin 2x)/4$

Gleichungen und Gesetze aus Physik, Chemie und Mathematik (Fortsetzung)

Trigonometrische Funktionen

$\sin \theta = y/r = 1/\operatorname{cosec} \theta \qquad \cos \theta = x/r = 1/\sec \theta \qquad \tan \theta = y/x = \sin \theta/\cos \theta = 1/\cot \theta$

$\cos^2\theta + \sin^2\theta = 1 \qquad 1 + \tan^2\theta = \sec^2\theta \qquad 1 + \cot^2\theta = \operatorname{cosec}^2\theta$

$\sin(\theta \pm \phi) = \sin \theta \cos \phi \pm \cos \theta \sin \phi$

$\cos(\theta \pm \phi) = \cos \theta \cos \phi \mp \sin \theta \sin \phi$

$\tan(\theta \pm \phi) = (\tan \theta \pm \tan \phi)/(1 \mp \tan \theta \tan \phi)$

$\sin \theta \pm \sin \phi = 2 \genfrac{}{}{0pt}{}{\sin}{\cos} \left(\dfrac{\theta + \phi}{2}\right) \genfrac{}{}{0pt}{}{\cos}{\sin} \left(\dfrac{\theta - \phi}{2}\right)$

$\sin 2\theta = 2 \sin \theta \cos \theta$

$\cos 2\theta = \cos^2\theta - \sin^2\theta = 2\cos^2\theta - 1 = 1 - 2\sin^2\theta$

$\tan 2\theta = 2 \tan \theta/(1 - \tan^2\theta)$

$\cos \theta \pm \cos \phi = \pm 2 \genfrac{}{}{0pt}{}{\cos}{\sin} \left(\dfrac{\theta + \phi}{2}\right) \genfrac{}{}{0pt}{}{\cos}{\sin} \left(\dfrac{\theta - \phi}{2}\right)$

Kosinussatz $\quad a^2 = b^2 + c^2 - 2bc \cos A \qquad$ für ein beliebiges Dreieck

Sinussatz $\quad a/\sin A = b/\sin B = c/\sin C \qquad$ für ein beliebiges Dreieck

Reihen

$e^x = 1 + x + x^2/2! + x^3/3! + \cdots$

$\sin x = x - x^3/3! + x^5/5! - \cdots$

$\cos x = 1 - x^2/2! + x^4/4! - \cdots$

$\ln(1 + x) = x - x^2/2 + x^3/3 - \cdots \qquad |x| < 1$

$(1 + x)^n = 1 + nx + n(n-1)x^2/2!$
$\qquad\qquad + n(n-1)(n-2)x^3/3! + \cdots$

$|x| < 1$. Die Reihe ist für jedes x beschränkt, wenn n eine positive ganze Zahl ist.

Geometrie in rechtwinkeligen Koordinaten

Gerade $\qquad y = mx + c$

$\qquad\qquad y - y_0 = m(x - x_0) \qquad$ durch (x_0, y_0)

Kreis $\qquad (y - a)^2 + (y - b)^2 = R^2 \qquad$ Mittelpunkt bei (a, b)

Algebra

$ax^2 + by + c = 0 \quad \Rightarrow \quad x = \{-b \pm \sqrt{b^2 - 4ac}\}/2a$

$a^2 - b^2 = (a + b)(a - b) \qquad (a \pm b)^2 = a^2 \pm 2ab + b^2 \qquad a^3 \mp b^3 = (a \mp b)(a^2 \pm ab + b^2)$

Geometrie

Kreisumfang	$U = 2\pi r$	
Dreiecksfläche	$A = \frac{1}{2} bh = \frac{1}{2} bc \sin \alpha$	
Kreisfläche	$A = \pi r^2$	
Kugeloberfläche	$A = 4\pi r^2$	
Kegeloberfläche	$A = \pi r(r + l)$	l = Mantellinie
Kugelvolumen	$V = 4\pi r^3/3$	
Kegelvolumen	$V = \pi r^2 h/3$	

$\overline{AX} \cdot \overline{XB} = \overline{CX} \cdot \overline{XD}$ für beliebige Sehnen einschließlich Tangenten

Schwerpunkte

Kreisbogen $\qquad S = (r \sin \theta)/\theta$

Kreissektor $\qquad S = (2r \sin \theta)/3\theta$

Dreieck (ABC) $\qquad S = 2\overline{AM}/3$

Halbkreis $\qquad S = 4r/3\pi$

Hohlkegel (ohne Grundfläche) $\qquad S = 2h/3$

Vollkegel $\qquad S = 3h/4$

Halbkugel $\qquad S = 3r/8$

entlang der Symmetrieachse.

θ ist der Winkel beim Mittelpunkt

M ist der Mittelpunkt von BC.

entlang der Symmetrieachse

auf der Achse, vom Scheitelpunkt aus gemessen

entlang der Symmetrieachse

Literaturverzeichnis

Es würde zuviel Platz beanspruchen, all die bei der Vorbereitung dieses Buches benutzten Arbeiten aufzuführen. Unten genannt ist insbesondere die Literatur, die Informationen über eine größere Anzahl von Substanzen liefert. Die mit einem Stern* gekennzeichneten Quellen sind in jedem Labor nützlich. Die rechts stehenden Buchstabengruppen kennzeichnen die Abschnitte, in denen Werte bzw. Angaben aus der jeweiligen Quelle enthalten sind. GEN kennzeichnet allgemeine Literatur, die für viele Tabellen ausgewertet wurde.

Die meisten dieser Quellen wurden vor der generellen Einführung des SI-Systems publiziert, und die Daten erscheinen daher in einer Vielzahl von Einheiten. Diese wurden in die entsprechenden SI-Einheiten umgerechnet, bevor sie in dieses Buch aufgenommen wurden: Dies macht einen direkten Vergleich schwierig. Als wir das Buch vorbereiteten, fanden wir viele Unstimmigkeiten zwischen den Quellen, die schwer zu beseitigen waren. Im allgemeinen übernahmen wir die neuesten Angaben, wenn diese herauszufinden waren, oder alternativ die aus der letzten veröffentlichten Arbeit. Es wurde nicht versucht sicherzustellen, daß Daten aus verschiedenen Quellen kompatibel sind.

R1*	Kaye, G. W. C. and Laby, T. H. (1966) *Tables of physical and chemical constants*, 13th edition, Longman.	**GEN**
R2*	Weast, R. C. and Selby, S. M. (1969) *Handbook of chemistry and physics*, 48th edition, The Chemical Rubber Company, Blackwell. (In den letzten Jahren ist dieses nützliche Buch revidiert worden und wurde fast jährlich erweitert. Die letzten Ausgaben enthalten eine sehr wertvolle Liste für Datenquellen)	**GEN**
R4*	Gray, D. E., ed. (1963) *American Institute of Physics Handbook*, 2nd edition, McGraw Hill.	**GEN**
R7	Rossini, F. D., Wayman, D. D., Evans, W. K., Levine, S., and Jaffe, I. (1952, 1965, and 1968) *Selected values of chemical thermodynamic properties*, U.S. National Bureau of Standards, Circular 500 and two supplements.	**GEN** **PTA** **PTO** **TEI**
R14	Harrison, G. R., ed. (1939) *Wavelength tables*, 1st edition, M.I.T.	**EMS**
R15*	McGlashan, M. L. (1968) *Physico-chemical quantities and units*, Monographs for Teachers No. 15, Royal Institute of Chemistry.	**EKS**
R17	Smithells, C. J. (1962) *Metals reference book*, 3rd edition, Butterworths.	**FST**
R19	Stull, D. R. and Sinke, G. C. (1956) *Thermodynamic properties of the elements*, Advances in Chemistry Series, Volume 18, American Chemical Society.	**TCE** **PTA**
R22	Kittel, C. (1966) *Introduction to solid state physics*, 3rd edition, John Wiley.	**GAM** **PEE**
R24	Lederer, C. M., Hollander, J. M., and Perlman, I. (1967) *Table of isotopes*, 6th edition, John Wiley.	**NUK** **GEN**
R34	Cotton, F. A. and Wilkinson, G. (1967) *Advanced inorganic chemistry, a comprehensive text*, 2nd edition, Interscience.	
R44	Timmermans, J. (1965) *Physico-chemical constants of pure organic compounds*, 2 volumes, Elsevier.	**PTO**
R45	Dreisbach, R. R. (1955, 1959, and 1961) *Physical properties of chemical compounds*, Advances in Chemistry Series, Volumes 15, 22, and 29, American Chemical Society.	**PTO**
R46 und R47	Das Thermodynamics Research Centre (von 1961 an) hat thermochemische und andere Daten gesammelt (Thermodynamics Research Centre, Texas A und M University, USA). Einige dieser Daten wurden kürzlich veröffentlicht als A.P.I Projekt 44, *Selected values of properties of hydrocarbons and related compounds* (R46); und M.C.A. Project, *Selected values of properties of chemical compounds (organic)* (R47). Ergänzungen und Revisionen werden regelmäßig in Form loser Blätter veröffentlicht.	**PTO** **FLÜ** **GAS**
R48	American Society for Testing Materials *Special Technical Publication 48-J* ist eine von einer Anzahl jährlicher Ergänzungen zu *STP 48-X-ray diffraction data cards for chemical analysis* (1941).	**TCE** **PTA**
R49	Stephen, H. and Stephen, T. (1963–64) *Solubilities of inorganic and organic compounds*, 2 volumes, Pergamon.	**PTA**
R50	Linke, W. F. (1959) *Solubilities*, 4th edition, Van Nostrand.	**PTA**

R51   Gray, C. H., ed. (1966) *Laboratory handbook of toxic agents*, 2nd edition, Royal Institute of Chemistry. — TCE PTA

R52   Pieters, H. A. J. and Creyghton, J. W. (1957) *Safety in the chemical laboratory*, 2nd edition, Butterworths. — PTO TCE PTA

R53   American Society for Metals (1961–67) *Metals Handbook*, Volume I, 8th edition. — PTO FST

R54   Hampel, C. A., ed. (1961) *Rare metals handbook*, 2nd edition, Reinhold. — FST

R55   Woolman, J. and Mottram, R. A. (1964–66) *The mechanical and physical properties of British Standard En steels*, British Iron and Steel Research Association, Pergamon. — FST

R56   The Copper Development Association (1964) *Copper Data*, No. 12.

R57   Siegbahn, K., ed. (1965) α, β, *and* γ-*ray spectroscopy*, North Holland. — FST

R60   Symbols Committee of the Royal Society (1969) *Symbols, signs and abbreviations recommended for British scientific publications*, The Royal Society. — EKS

R61   Kuhn, H. G. (1969) *Atomic spectra*, 2nd edition, Longman. — EIA

R62   Benjamin, L. and Gold, V. (1954) 'A table of thermodynamic functions of ionic hydration.' *Transactions of the Faraday Society*, **50**, 797.

R63   Institution of Electrical Engineers (1967) *Regulations for the electrical equipment of buildings*, 14th edition. — FST

R65   Chemical Society, London (1958) *Interatomic distances*, Special publication No. 11; and (1965) *Interatomic distances supplement*, Special publication No. 18. — GAM

R66   Cottrell, T. L. (1958) *The strengths of chemical bonds*, 2nd edition, Butterworths. — GAM

R67   Pauling, L. (1967) *The nature of the chemical bond*, Oxford University Press. — GAM

R68   Latimer, W. M. (1952) *The oxidation states of the elements and their potentials in aqueous solutions*, 2nd edition, Constable. — TEI

R69   Sillen, L. G. and Martell, A. E. (1964) *Stability constants of metal-ion complexes*, Special publication No. 17, Chemical Society, London. — CHM

R70   British Standards Institute (1967) *Marking codes for values and tolerances of resistors and capacitors*, BS 1852; and (1969) *Enamelled copper conductors polyvinyl base with high mechanical properties. Part I: Round wire*, BS 4516. — FST

R71   Moelwyn-Hughes, E. A. (1961) *Physical chemistry*, 2nd edition, Cambridge University Press. — GEN

R72   *International Encyclopaedia of chemical science*, (1964), Van Nostrand. — GAM CHM TEI

R73   U.S. National Bureau of Standards (1951) *Tables of chemical kinetics, homogenous reactions*: Circular 510; Supplement No. 1 (1956); Supplement No. 2 (1960); Monograph 34, volumes 1 and 2 (1961 and 1964).

R74   U.S. National Bureau of Standards (1953) *Electrochemical constants*, Circular 524.

R75   Parsons, R. (1959) *Handbook of electrochemical constants*, Butterworth. — TEI

R80   German, S., und Drath, P. (1979) *Handbuch SI-Einheiten*, Vieweg — EIA GEN

R81   Ebert, H. (1976), Hrsg., *Physikalisches Taschenbuch*, Vieweg — GEN

Physikalische und mathematische Konstanten

Die Werte sind mit der 1965 erreichten maximalen Genauigkeit[H] aufgeführt und sind international empfohlene Zahlen. Der geschätzte Fehler (dreifacher statistischer Standardfehler um mögliche systematische Fehler einzuschließen) ist in Klammern angegeben, in Einheiten der letzten angeführten Kommastelle. D kennzeichnet einen definitionsgemäß exakten Wert. Die fettgedruckten Größen sind direkt bestimmt. Andere Größen erhält man aus diesen und anderen Experimenten durch Rechnung.

Atomare Konstanten

Größe	Symbol	Wert		Fehler	Einheit	lg
Lichtgeschwindigkeit im Vakuum	c	**2,997**925	$\cdot 10^8$	(3)	$\mathrm{m\,s^{-1}}$	8,4768
Permeabilität im Vakuum	μ_0	**1,256**637	$\cdot 10^{-6}$	(D)	$\mathrm{H\,m^{-1}}$	$\overline{6},0992$
Dielektrizitätskonstante im Vakuum	ε_0	**8,854**186	$\cdot 10^{-12}$	(9)	$\mathrm{F\,m^{-1}}$	$\overline{12},9471$
Elektrostatische Kraftkonstante	$1/4\pi\varepsilon_0$	**8,98**7555	$\cdot 10^9$	(9)	$\mathrm{N\,m^2\,C^{-2}}$	9,9537
Faradaysche Konstante	E	**9,648**46	$\cdot 10^4$	(16)	$\mathrm{C\,mol^{-1}}$	4,9845
Avogadrosche Konstante	$N_\mathrm{A},\ L$	**6,022**05	$\cdot 10^{23}$	(28)	$\mathrm{mol^{-1}}$	23,7797
atomare Masseneinheit	u	**1,660**57	$\cdot 10^{-27}$	(6)	kg	$\overline{27},2203$
Boltzmannsche Konstante	k	**1,380**66	$\cdot 10^{-23}$	(4)	$\mathrm{J\,K^{-1}}$	$\overline{23},1401$
Elementarladung	e	**1,602**19	$\cdot 10^{-19}$	(7)	C	$\overline{19},2047$
Ruhemasse des Elektrons	m_e	**9,109**95	$\cdot 10^{-31}$	(5)	kg	$\overline{31},9595$
spezifische Ladung des Elektrons	e/m_e	**1,758**805	$\cdot 10^{11}$	(4)	$\mathrm{C\,kg^{-1}}$	11,2452
Protonenmasse	m_p	**1,672**65	$\cdot 10^{-27}$	(8)	kg	$\overline{27},2234$
spezifische Ladung des Protons	e/m_p	**9,578**75	$\cdot 10^7$	(2)	$\mathrm{C\,kg^{-1}}$	7,9813
Massenverhältnis Proton : Elektron	$m_\mathrm{p}/m_\mathrm{e}$	**1,836**07	$\cdot 10^3$	(3)	—	3,2639
Ruhemasse des Neutrons	m_n	**1,674**95	$\cdot 10^{-27}$	(8)	kg	$\overline{27},2240$
Ruhemasse des Wasserstoffatoms	m_H	**1,673**43	$\cdot 10^{-27}$	(8)	kg	$\overline{27},2235$
Rydberg-Konstante	R_x	**1,097**3733	$\cdot 10^7$	(3)	$\mathrm{m^{-1}}$	7,0404
	$R_\mathrm{x}c$	**3,289**843	$\cdot 10^{15}$	(4)	Hz	15,5172
	$R_\mathrm{x}ch$	**2,179**72	$\cdot 10^{-18}$	(17)	J	$\overline{18},3385$
Rydberg-Konstante (Wasserstoff)	R_H	**1,096**7758	$\cdot 10^7$	(3)	$\mathrm{m^{-1}}$	7,0401
Plancksche Konstante	h	**6,626**176	$\cdot 10^{-34}$	(36)	J s	$\overline{34},8213$
	$h/2\pi = \hbar$	**1,054**589	$\cdot 10^{-34}$	(40)	J s	$\overline{34},0231$
Verhältnis Plancksche Konstante: Elementarladung	h/e	**4,135**699	$\cdot 10^{-15}$	(12)	$\mathrm{J\,s\,C^{-1}}$	$\overline{15},6165$
Bohrscher Radius	a_0	**5,291**71	$\cdot 10^{-11}$	(4)	m	$\overline{11},7236$

Andere physikalische Konstanten

Größe	Symbol	Wert		Fehler	Einheit	lg
Gravitationskonstante	G	6,672	$\cdot 10^{-11}$	(4)	$\mathrm{N\,m^2\,kg^{-2}}$	$\overline{11},8243$
Hubble Konstante		2,5	$\cdot 10^{-18}$		$\mathrm{m\,s^{-1}/m}$	$\overline{18},3979$
Erdbeschleunigung[A]	g_n	9,80665		(D)	$\mathrm{m\,s^{-2}}$ oder $\mathrm{N\,kg^{-1}}$	0,9915
Dichte von Quecksilber	$\rho(\mathrm{Hg})$	1,35951	$\cdot 10^4$		$\mathrm{kg\,m^{-3}}$	4,1334
Maximale Dichte von Wasser	$\rho(\mathrm{H_2O},\ 277{,}13\ \mathrm{K})$	0,999973	$\cdot 10^3$		$\mathrm{kg\,m^{-3}}$	3,0000
Temperatur des ‚Eispunktes‘	T_Eis	273,1500		(1)	K	2,4365
Molvolumen des idealen Gases[B]	V_m^{298}	2,24136	$\cdot 10^{-2}$	(30)	$\mathrm{m^3\,mol^{-1}}$	$\overline{2},3505$
Gaskonstante	R	8,31441		(26)	$\mathrm{J\,K^{-1}\,mol^{-1}}$	0,9198
Schallgeschwindigkeit in Luft	$c(273\ \mathrm{K})$	3,3136	$\cdot 10^2$		$\mathrm{m\,s^{-1}}$	2,5203

Größe	Symbol	Wert		Einheit	lg
Erdradius [C]	r_E	**6,371** 02	$\cdot 10^6$	m	6,8042
Erdmasse	m_E	**5,976**	$\cdot 10^{24}$	kg	24,7764
mittlerer Abstand Erde–Sonne [C]	AE	**1,496** 00	$\cdot 10^{11}$	m	11,1749
Solarkonstante [D]		**1,40** (± 0.03)	$\cdot 10^3$	W m^{-2}	3,1461
horizontales Erdmagnetfeld [E]	B_H	**1,87**	$\cdot 10^{-5}$	T	$\bar{5}$,2718
vertikales Erdmagnetfeld [E]	B_V	**4,36**	$\cdot 10^{-5}$	T	$\bar{5}$,6395
Dipol, der Erde äquivalent	m	**8,1**	$\cdot 10^{22}$	A m^2	22,9085

Umrechnungsfaktoren

Größe	Symbol	Wert		Einheit
inch	in	0,025 **4**		m
foot	ft	0,**304** 8		m
mile	mile	**1,609** 344 $\cdot 10^3$		m
mile per houre	mile/h	0,447 04		m s^{-1}
gallon (UK) [F]	gal (UK)	**4,546** 09 $\cdot 10^{-3}$		m^3
pound	lb	0,453 592 37		kg
pound-force	lbf	**4,448** 22		N
foot pound-force	ft-lbf	**1,355** 82		J
Britisch thermal unit	BTU	**1,055** 06		kJ
Kalorie (thermochemische) [F]	cal	**4,184**		J
horsepower [F] (UK)	hp	0,**745** 7		kW
pound-force per square inch	lbf/sq in	**6,894** 76		kPa
Millimeter Quecksilbersäule	mm Hg	**133**,322 4		Pa
physikalische Atmosphäre	atm	**101**,325		kPa
elektrostatische Ladungseinheit		$\cong$ **3,336** $\cdot 10^{-10}$		C
elektrostatische Potentialeinheit		$\cong$ **3,00** $\cdot 10^2$		V
Debye-Einheit		$\cong$ **3,336** $\cdot 10^{-30}$		C m
Elektronvolt	eV	$\cong$ **96,48**7		kJ mol^{-1}
atomare Masseneinheit	u	**1,660** 4 $\cdot 10^{-27}$		kg
		$\cong$ **931**,5		MeV

Mathematische Konstanten

$\sqrt{2} = \mathbf{1,414}\,2$

$\sqrt{3} = \mathbf{1,732}\,1$

$\sqrt{10} = \mathbf{3,162}\,3$

$\sqrt[3]{10} = \mathbf{2,154}\,4$

$1° = \mathbf{0,017}\,453$ rad

$\pi = \mathbf{3,141}\,59$

$\pi^2 = \mathbf{9,869}\,6$

$\sqrt{\pi} = \mathbf{1,772}\,5$

$\lg \pi = \mathbf{0,497}\,1$

1 rad $= \mathbf{57,296}°$

$e = \mathbf{2,718}\,28 = 1/0\,367\,88$

$\lg e = \mathbf{0,434}\,3$

$\ln 2 = \mathbf{0,693}\,15$

$\ln 10$ [G] $= \mathbf{2,302}\,59$

Anmerkungen

[A] Diese Größe wird nur in bestimmten Definitionen benutzt. Für genaue experimentelle Arbeiten sollte der genaue örtliche Wert von g benutzt werden.

[B] Bei 273,15 K und 101,3 kPa.

[C] Der exakte Wert hängt von der Definition ab. Der hier angegebene mittlere Abstand Erde–Sonne ist die astronomische Einheit.

[D] Maximale gesamte Sonnenstrahlungsleistung oberhalb der Atmosphäre in einer Entfernung von 1 AE von der Sonne. Angeführt ist die natürliche Schwankung.

[E] Für London, 1960. B_V positiv nach unten. Es ist ratsam, sich den ständig wechselnden örtlichen Wert zu beschaffen.

[F] Einheiten mit gleichen Namen haben unterschiedliche Werte. Vorsicht!

[G] Umrechnungsfaktor für $\log_{10}$ in ln.

[H] Soweit neuere Werte aus R 81 zur Verfügung stehen, wurden diese eingesetzt.

Literaturhinweis: R 1, R 4, R 60, R 80, R 81.

Sachwortverzeichnis

In das Sachwortverzeichnis sind in erster Linie *Eigenschaften*, wie Dichte, molare Masse usw. aufgenommen worden, nicht Substanzen.

Periodensystem der Elemente

	1	2	3	4	5	6	7	8	9	10	11	12	13	14	15	16	17	18
1s	1 H																	2 He
2s / 2p	3 Li	4 Be											5 B	6 C	7 N	8 O	9 F	10 Ne
3s / 3p	11 Na	12 Mg											13 Al	14 Si	15 P	16 S	17 Cl	18 Ar
4s / 3d / 4p	19 K	20 Ca	21 Sc	22 Ti	23 V	24 Cr	25 Mn	26 Fe	27 Co	28 Ni	29 Cu	30 Zn	31 Ga	32 Ge	33 As	34 Se	35 Br	36 Kr
5s / 4d / 5p	37 Rb	38 Sr	39 Y	40 Zr	41 Nb	42 Mo	43 Tc	44 Ru	45 Rh	46 Pd	47 Ag	48 Cd	49 In	50 Sn	51 Sb	52 Te	53 I	54 Xe
6s / 5d / 6p	55 Cs	56 Ba	57 La	72 Hf	73 Ta	74 W	75 Re	76 Os	77 Ir	78 Pt	79 Au	80 Hg	81 Tl	82 Pb	83 Bi	84 Po	85 At	86 Rn
7s / 6d	87 Fr	88 Ra	89 Ac	104 Ku														

4f	58 Ce	59 Pr	60 Nd	61 Pm	62 Sm	63 Eu	64 Gd	65 Tb	66 Dy	67 Ho	68 Er	69 Tm	70 Yb	71 Lu
5f	90 Th	91 Pa	92 U	93 Np	94 Pu	95 Am	96 Cm	97 Bk	98 Cf	99 Es	100 Fm	101 Md	102 No	103 Lr